数据科学与工程技术丛书

HIGH-PERFORMANCE
BIG-DATA ANALYTICS
COMPUTING SYSTEMS AND APPROACHES

高性能计算系统与大数据分析

佩瑟鲁·拉吉（Pethuru Raj）
阿诺帕马·拉曼（Anupama Raman）
[印]　德维亚·纳加拉杰（Dhivya Nagaraj）　　著
悉达多·杜格拉拉 (Siddhartha Duggirala)

齐宁　庞建民　张铮　韩林　译

U0386443

机械工业出版社
China Machine Press

图书在版编目（CIP）数据

高性能计算系统与大数据分析 /（印）佩瑟鲁·拉吉（Pethuru Raj）等著；齐宁等译 . —北京：机械工业出版社，2018.11
（数据科学与工程技术丛书）
书名原文：High-Performance Big-Data Analytics: Computing Systems and Approaches

ISBN 978-7-111-61175-2

I. 高… II. ①佩… ②齐… III. ①高性能计算机 – 计算机系统 ②数据处理 IV. ① TP38
② TP274

中国版本图书馆 CIP 数据核字（2018）第 234674 号

本书版权登记号：图字 01-2017-2012

Translation from the English language edition:
High-Performance Big-Data Analytics: Computing Systems and Approaches
by Pethuru Raj, Anupama Raman, Dhivya Nagaraj and Siddhartha Duggirala.
Copyright © Springer International Publishing Switzerland 2015.
This Springer imprint is published by Springer Nature.
The registered company is Springer International Publishing AG.
All Rights Reserved.

本书介绍了大数据分析所需的高性能基础设施以及高性能大数据分析领域的新技术和工具。在新兴分析类型方面，涵盖了传感器分析、机器分析、运营分析、实时分析、高性能分析、社交媒体和网络分析、客户情绪分析、品牌优化分析、金融交易及趋势分析、零售分析、能量分析、药物分析以及效用分析等。在 IT 基础设施方面，则包含了大型机、并行和超级计算系统、P2P、集群和网格计算系统设备、专业集成和按需定制的系统、实时系统、云基础设施等。

本书适合作为高校大数据、高性能计算相关课程的教材，也适合业务主管、技术专家、软件工程师、大数据科学家、解决方案架构师等专业人士阅读。

出版发行：机械工业出版社（北京市西城区百万庄大街 22 号 邮政编码：100037）
责任编辑：朱秀英　　　　　　　　　　　　责任校对：殷　虹
印　　刷：北京瑞德印刷有限公司　　　　　版　　次：2019 年 1 月第 1 版第 1 次印刷
开　　本：185mm×260mm　1/16　　　　　印　　张：18
书　　号：ISBN 978-7-111-61175-2　　　　定　　价：79.00 元

凡购本书，如有缺页、倒页、脱页，由本社发行部调换
客服热线：（010）88378991　88361066　　　　投稿热线：（010）88379604
购书热线：（010）68326294　88379649　68995259　　读者信箱：hzjsj@hzbook.com

版权所有·侵权必究
封底无防伪标均为盗版
本书法律顾问：北京大成律师事务所　韩光 / 邹晓东

译 者 序

近年来，随着信息技术的发展，特别是互联网和物联网的飞速发展，产生、收集、存储了大量的数据，急需有效的分析方法从数据中挖掘有意义的规律，这使得大数据技术成为当前非常流行的一种技术。

本书同市面上常见的介绍大数据技术或工具的书籍有较大的不同，更侧重于介绍大数据分析所需的高性能基础设施以及高性能大数据分析领域的新技术和工具。本书内容非常丰富，在新兴分析类型方面，涵盖了传感器分析、机器分析、运营分析、实时分析、高性能分析、社交媒体和网络分析、客户情绪分析、品牌优化分析、金融交易及趋势分析、零售分析、能量分析、药物分析以及效用分析等。在 IT 基础设施方面，则包含了大型机、并行和超级计算系统、P2P、集群和网格计算系统设备、专业集成和按需定制的系统、实时系统、云基础设施等。

本书由齐宁、庞建民、张铮、韩林完成主要章节的翻译，刘浩、刘镇武也参与了本书的部分翻译工作。在为期近一年的翻译过程中，虽然我们已经对译稿进行了仔细校对，查阅了大量相关资料，使译文尽可能符合中文习惯并保持术语的一致性，但由于本书涉及的范围非常广泛，错误或不当之处仍难以完全避免，敬请各位读者和同行专家谅解，诚挚希望读者将相关意见、建议发送到电子邮箱 qining2005@126.com。

特别感谢机械工业出版社华章公司的朱劼编辑，没有她的信任、耐心与支持，整个翻译工作不可能完成。

译者

2018 年 9 月于郑州

序

近年来，随着大量融合技术（数字化、连接性、集成、感知、小型化、消费化、商品化、知识发现与传播等）的出现，数据的增长幅度令人难以置信。简而言之，在我们的生活和工作环境中，每个普通物品都互相连接，并且支持使得它们能够无缝地、创造性地加入主流计算中的服务。近期，在设备方面也经历了各种各样的创新。各种数字化工件和设备之间深度、极致的互联是产生大量数据的主因。

这种趋势和变化不仅为 IT 专业人员带来了机遇和挑战，同时也为数据科学家带来了机遇和挑战。数据分析学科必然会在多个维度和方向上发展。较新类型的数据分析（通用的和专用的）必然会出现并快速发展，计算、存储和网络方面的挑战也注定变得更加严峻。随着数据规模、结构、范围、速度和价值的不断增加，所有企业和 IT 团队面临的最大挑战就是如何完美捕获和处理数据并及时获取可行的洞见。内部或外部产生的各种类型的数据都可以通过可用的模式、富有成效的联想、及时的警告、机会等形式提供隐藏的洞见。

在本书中，作者揭示了为什么大数据和快速数据分析需要高性能基础设施（服务器、存储设备、网络连接解决方案）来应对下一代数据分析解决方案。作者要阐明高性能大数据分析领域的最新技术和工具，因此有意识地聚焦在各种类型的 IT 基础设施和平台上。

数据分析：处理步骤　众所周知，在所有数据分析任务中，通常有三个主要的阶段：

1）通过数据虚拟化平台进行数据捕捉。

2）数据处理 / 解释平台用于知识发现。

3）通过大量数据可视化平台来完成知识传播。

新兴的分析类型　随着数据的规模性（volume）、高速性（velocity）、多样性（variety）、变化性（variability）、黏性（viscosity）和真实性（veracity）的增长，大量的分析（通用的和专用的）用例正在被挖掘。各种垂直业务和细分行业正在采用不同类型的分析，目的是从数据中获取可行的洞见。通用的分析类型包括：

- 传感器分析
- 机器分析
- 运营分析

- 实时分析

- 高性能分析

特定领域的分析类型包括社交媒体和网络分析、客户情绪分析、品牌优化分析、金融交易及趋势分析、零售分析、能量分析、药物分析以及效用分析。

新兴的 IT 基础设施和平台　IT 基础设施越来越趋于融合、集中、联合、预集成、优化和有组织，并试图演化成未来企业发展的不二之选。分析平台正在以前所未有的力度冲击市场。对各种形式的数据进行仔细分析在商业运营的竞争力中很重要，理解到这一点，全球的企业开始急切寻找高性能的 IT 基础设施和平台，目的是以有效、高效的方式运行大数据和快速数据分析应用。

作者广泛介绍了现有的和新兴的高性能 IT 基础设施和平台，利用它们能够有效地实现灵活的数据分析。本书所讨论的主要 IT 基础设施包括：

1）大型机

2）并行和超级计算系统

3）P2P、集群和网格计算系统

4）设备（数据仓库设备及 Hadoop 专用设备）

5）专业集成和按需定制的系统

6）实时系统

7）云基础设施

作者在本书中有意识地提出了下一代 IT 基础设施以及大数据和快速数据分析平台的所有增值信息。除了业务主管、决策者和其他利益相关者之外，本书还对技术专家、顾问以及技术布道者、倡导者等非常有用。非常肯定地说，世界各地的软件工程师、解决方案架构师、云专业人员和大数据科学家都会发现本书非常翔实、有趣，能激励人们深刻理解数据分析将如何作为一种公共服务出现，并在让世界变得更加智慧的过程中发挥不可或缺的作用。

IBM Analytics, Orange County, CA, USA

TBDI, Orange County, CA, USA

Sushil Pramanick, FCA, PMP

前　言

　　一些行业趋势以及一系列强大的技术和工具无疑将导致大规模的数据爆炸。不经意间，数据已经压倒性地成为各行各业的战略资产。这些前所未有的数据包括以下值得注意的变化：设备生态系统随着人们不断变化的想象而持续扩展；随着智能仪器和互联技术的发展，机器变得智能，并且产生了高达 PB 乃至 EB 级的数据；个人及专业应用都支持服务，从而可以互相操作，进而实现有益的数据共享；社交网站每天产生 TB 级的数据；我们周围的普通物体都被精密地数字化，以不同的速度产生大量的多结构数据。另一方面，ICT 基础设施和平台被高度优化和组织以进行有效的数据存储、处理和分析，具有适应性的 WAN 技术正在形成以加速数据的安全传输，新的架构模式被融入，过程也系统地变得更加灵活，等等，目的是使数据有意义。

　　仔细分析数据可以提供丰富的信息，这些信息能够彻底改变我们生活的方方面面。这个想法已经在当今 IT 领域演变成为游戏规则改变者，被人们称为大数据分析。考虑到数据的规模、速度、范围和结构，计算、存储和网络基础设施需要非常高效。大数据为 IT 带来了三个关键挑战：大数据的存储和管理，大数据分析，产生利用大数据分析的复杂应用。准确地说，大数据分析（BDA）正在迅速成为下一代高性能计算学科，学生、学者和科学家需要挖掘出有效的算法、模式、方法、最佳实践、关键准则、评价指标等。

　　本书概要介绍这些技术。为了高效率地捕捉、获取、吸收、处理大数据，以便实现知识发现和传播，目前需要对网络和存储基础设施优化进行认真的分析。本书中还包含了大数据分析在各个行业中的应用案例，目的是使读者以简明的方式了解数据分析的重要性。

　　第 1 章：IT 领域的变革以及未来趋势。本章列出了 IT 领域尤其是大数据和快速数据背景下的新变化。对 ICT 领域有前景的、潜在的技术及工具进行了特别介绍，目的是让读者了解本书中会涵盖哪些内容。

　　第 2 章：大数据/快速数据分析中的高性能技术。本章对高性能大数据及快速数据分析中最具代表性的技术进行了分类。

　　第 3 章：大数据与快速数据分析对高性能计算的渴望。本章解释了大数据和快速数据分析的本质，目的是强调高性能计算需求的重要性，从而能够从数据堆中获取可行的洞见。

　　第 4 章：高性能大数据分析的网络基础设施。本章总结了有效地传输大数据的网络基础设施要求。为了能够通过网络有效地进行大数据传输，需要对现有网络基础设施进行一些改动。可以使用的技术包括网络虚拟化、软件定义网络（SDN）、两层 Leaf-Spine 架构、网络功能虚拟化，本章对这些技术进行了详细的讨论。此外，还需要对现有的广域网基础设施进行优化，以有效地传输大数据。本章还讨论了一种名为 FASP 的技术，它能够有效利用 TCP/IP 协议传输大数据。FASP 的一些实现方面的问题也包含在本章中。

第 5 章：高性能大数据分析的存储基础设施。本章总结了产生大数据的应用程序的存储基础设施需求。目前的存储基础设施没有对存储和处理大数据进行优化，现有存储技术的主要问题在于缺乏可扩展性，因此，设计一种能够有效处理大数据的新存储技术是当务之急。在本章中，首先介绍了现有存储基础设施以及它们对处理大数据的适合程度。之后，介绍了一些专门为处理大数据而设计的平台和文件系统，例如 Panasas 文件系统、Lustre 文件系统、GFS、HDFS。

第 6 章：使用高性能计算进行实时分析。本章讨论了实时环境中的分析问题，涵盖了新近的实时分析解决方案，例如机器数据分析和运营分析。本章可以让读者了解数据是如何进行实时处理的，以及实时处理对我们更美好的未来生活的价值。

第 7 章：高性能计算范型。本章详细介绍了多年来高性能计算在大型机上的演变以及背后的原因。几年前，得出的结论是大型机将随着技术的发展而消失，但是像 IBM 这样的公司已经证明，大型机不会消失，而是通过提供曾经被认为完全不可能的解决方案继续发挥作用。

第 8 章：in-database 处理与 in-memory 分析。本章阐明 in-database 分析技术以及 in-memory 分析技术。当业务系统大规模运行时，将数据移入或移出数据存储可能是非常令人畏惧且代价昂贵的。当我们将"处理"移动到"数据"的附近时，数据处理是在数据存储中完成的，这样做可以减少数据移动成本，并使用更大的数据集来挖掘数据。随着企业的发展，速度已经变得至关重要，此时就需要实时数据库来发挥作用。本章涵盖了 in-database 分析技术及 in-memory 分析技术的方方面面，并给出了适当的例子。

第 9 章：大数据/快速数据分析中的高性能集成系统、数据库和数据仓库。在即将到来的大数据时代，对新型数据管理系统有着独特的需求。本章清晰地介绍了新出现的集群 SQL 数据库、NoSQL 数据库和 NewSQL 数据库，并对专用于大数据的数据仓库进行了解释。

第 10 章：高性能网格和集群。本章阐明了可用于支持大数据分析及数据密集型处理的技术和软件工具。全球的企业都面临着降低分析平台的 TCO（总体拥有成本）的压力，同时还要在必要的水平上继续运行。使用这些高性能系统，企业能够满足所需的性能要求。本章介绍了集群和网格计算系统在大数据分析领域的不同用例。

第 11 章：高性能 P2P 系统。本章介绍了大数据分析领域中使用的 P2P 技术和工具。由于数据存储或分析系统的大规模性质，服务器之间通常具有主从关系。这有助于应用程序的并行化，但是当主节点故障时会产生问题——所有的请求都得不到回复。在这种场景下，如果软件结构是分散的，即没有主服务器，那么就不会发生单点故障，因此所有的请求都会得到回复。本章介绍了使用高性能 P2P 系统的不同用例。

第 12 章：**高性能大数据分析的可视化维度**。本章主要介绍可视化技术和工具。随着数据大小以及数据复杂性的增加，理解数据的含义变得更加困难。如果数据或分析输出以某种可视化形式而不是简单的数字显示，用户可以轻松地获取其含义并据此开展工作。本章介绍了大数据分析领域所使用的信息可视化技术的不同用例。

第 13 章：**用于组织增权的社交媒体分析**。本章重点介绍社交媒体分析，这是大数据分析的主要技术用例之一。大数据的主要驱动之一就是社交媒体网络所产生的大量非结构化数据。这导致了一种名为社交媒体分析的新分析潮流的出现。本章讨论了社交媒体分析演变的各种驱动因素，详细讨论了描述社交媒体分析用于组织变革的各种用例，此外还详细讨论了跟踪社交媒体对组织的影响时使用的内容指标。用于社交媒体分析的关键预测分析技术是使用文本挖掘的网络分析和情感分析，本章对这两种技术进行了讨论，此外还讨论了一些用于社交媒体分析的工具。

第 14 章：**医疗保健的大数据分析**。这一章说明了分析在医疗保健领域的重要性。不言而喻，医疗保健的未来是我们所有人的未来。本章涵盖了医疗保健分析的重要驱动因素以及医疗保健中的大数据分析用例。本章提供了一个例子，该例子说明过去未被注意的数据有望以高性价比方式向患者提供优质护理。

目　　录

第 1 章

IT 领域的变革以及未来趋势

1.1 引言

根据大量的报道，IT 领域已经发生了若干可喜的变革以及一些分化。当然，这些变化所带来的后果是多种多样的：灵活的、新一代的特性和功能正在融入现有的以及新兴的 IT 解决方案中；公司和个人正面临着大量的新机会和新可能；新的 IT 产品和解决方案正在以令人难以置信的速度爆发，等等。如同主流市场分析师和研究机构所声称的，有大量颠覆性和革命性的技术正在产生和演化中。例如，Gartner（高德纳，著名市场调研机构）每年都会报告十大技术潮流，这些技术能够给商业组织或大众带来许多微妙的影响。在本章中，为了描述本书的写作背景，将会对 IT 领域的一些相关度最高并最具开创性的趋势进行详细介绍。

有人曾经这样说：IT 领域的第一波浪潮归属于硬件工程。为了满足各种计算、网络、存储的需求，人们细心地设计并集成了各种各样的电子模块（专用的或通用的）。小型化技术带来了大量微米级或纳米级的组件，在硬件的顺利发展中起到了不可或缺的作用。我们即将步入一个计算机无所不在、隐显、用后即弃的时代。IT 领域的第二波浪潮从硬件转移到了软件。从那时起，软件工程开始发挥巨大作用。如今，软件已经变得非常普及且非常有影响力，为人们带来了急需的适应性、可修改性、可扩展性和可持续性，每个有形的事物都通过软件的包裹或嵌入变得智能化。当前 IT 领域处于第三波浪潮之中，这一波浪潮开始于几年前，它是基于对数据（大数据和快速数据）的利用来从硬件和软件的发展中获益。对数据的获取和研究能够产生可行的、及时的洞见（insight），有了这些洞见，就能够实现更聪明的应用程序和设备。

因此，为了通过切实可行的方法实现设想中的智慧地球，数据分析是学习和研究中最令人喜爱和持久的主题。尤其是考虑到异构且分布式的数据源的快速增加，人们对能够满足知识发现和传播目的的数据虚拟化、处理、挖掘、分析和可视化技术情有独钟。数据驱动的洞见使得人们或信息系统能够及时地做出正确的决策。你可以看到席卷 IT 领域的最有前途的趋势就是数据分析，它将给人们带来更好的照顾、选择、便利与舒适。

1.2 新兴的 IT 趋势

IT 消费化 Gartner 的报告详述了移动设备的多样性，包括智能手机、平板电脑、可穿戴设备等。IT 正在日益接近人类，为了个人目的或工作目的，人们能够在任意时间、任意地点、任意设备、任意网络以及任意媒介访问并使用远程拥有的 IT 资源、业务应用和数据。大量时尚超薄输入 / 输出设备的生产，使得终端用户能够直接连接到各种 IT 领域的新产品，并且从中大大受益。IT 消费化的趋势已经发展了一段时间，目前达到了巅峰。也就是说，IT 正在直接或间接地成为消费者无法避免的部分，而且随着"自带设备"（Bring Your Own Device，BYOD）成为普遍要求，需要能够提供健壮、灵活的移动设备管理软件解决方案。另一方面是在大量垂直业务市场中下一代移动应用及服务的出现。在快速变动的移动空间中，有着大量的移动应用程序、地图、服务开发 / 交付平台、编程及标记语言、架构与框架、工具、容器、操作系统等。准确来说，IT 正在由以企业为中心向面向消费者转换。

IT 商品化   商品化是另一个席卷 IT 业的潮流。随着云计算和大数据分析被广泛接受和采用，IT 的商业价值正在急剧上升。代表性的有嵌入式智能正有意识地从硬件封装及装置中抽离出来，从而使得硬件模块能够被大批量地生产并且可以方便快捷地使用。实现这种精细隔离的另一重要需求是基础设施的可负担性，而且供应商锁定这一长期问题目前正在逐步缓解中，任何产品都可以被来自其他厂商的类似设备替代或更换。随着 IT 基础设施的巩固、集中化和商品化，对商品化硬件的需求激增。IT 行业又重新聚焦于各类 IT 基础设施（服务器、存储设备、网络解决方案，如路由器、交换机、负载均衡器、防火墙网关等）的商品化。通过虚拟化和集装化实现的商品化非常普遍且很有说服力。因此，下一代 IT 环境肯定是软件定义的，从而可以引入大量可编程以及基于策略的硬件系统。

接踵而至的设备时代   硬件工程的主题就是可以看到许多见所未见的创新产品。毫无疑问，IT 市场中最近颇受喜爱的就是各类设备。各大主流厂商正将其资金、时间、人才等投入开发下一代智能集成系统（计算、存储、网络、虚拟化以及管理模块）中，这些系统以即需即用的设备形式存在。IT 设备是完全定制化的，而且在工厂内就完成了配置，这样当用户使用它们时，只需要几分钟或几小时就可以发挥它们的作用，而不需要几天的时间。为了尽可能多地自动化，生产预集成、预检测、调试好的融合 IT 栈成为面向设备的主动战略。例如，在 IT 融合解决方案的比拼中，FlexPod 和 VCE 处于领先地位。类似地，有很多专业的集成系统，例如 IBM 的 PureFlex 系统、PureApplication 系统以及 PureData 系统。此外，Oracle 公司的工程系统也逐渐在竞争激烈的市场中赢得份额，例如 Oracle Exadata Database Machine 以及 Exalogic Elastic Cloud。

基础设施优化及弹性   整个 IT 栈会周期性地发生改造，尤其是在基础设施方面，由于传统基础设施的封闭性、僵化性和整体性，很多人正在致力于将传统基础设施改造成模块化、开发性、可扩展、聚合、可编程的基础设施。另一个让人担忧的方面是昂贵 IT 基础设施（服务器、存储、网络解决方案）的低利用率。随着 IT 在不同行业将手动任务自动化，IT 无序拓展的问题也随之出现，很多 IT 基础设施利用率不高，有些甚至长时间都不被使用。理解了 IT 基础设施的这些问题后，有关方面已经采取了大量措施，目的是增加利用率以及优化基础设施。相关的活动包括基础设施的合理化与简化，也就是说，下一代 IT 基础设施正在通过整合、集中、联合、聚集、虚拟化、自动化、共享的方式实现。为了带来更多的灵活性，最近规定必须采用软件定义基础设施。

随着大数据分析平台及应用程序的快速普及，商用硬件正在快速、廉价地完成数据密集和处理密集型的大数据分析，也就是说，我们需要具有超级计算能力以及无限存储的廉价基础设施。解决方法是将各类利用率低的服务器收集在一起并构建集群，从而形成动态的、巨大的服务器池，以有效满足对与日俱增的、间歇性的计算能力的需求。准确地说，云是能够优雅且经济地满足上述需求的新一代基础设施。云技术尽管并非全新的技术，但是代表了多个成熟技术的非常紧密的融合，对商业和 IT 业都产生了令人着迷的影响，实现了虚拟 IT 的梦想，从而进一步模糊了网络世界和真实世界的界限。这正是云计算呈指数级增长的原因，也就是说，在软件工程中久经考验的"分而治之"技术正在稳步地渗透到硬件工程当中。云计算的本质就是将多台服务器分解成大量可管理的虚拟机的集合，然后根据计算需求来组织这些虚拟机。

最后，随着组件技术更快地成熟和稳定，很快将出现软件定义的云中心。目前的云数据中心的各个组件之间仍存在一些关键的灵活性、兼容性、紧密依赖等问题，因此，在当前，仍不能做到完全的优化和自动化。为了实现最初设想的目标，研究人员计划在所有需要的地方均使用软件，从而能够实现合理的分离，这样才可能将利用率显著提高。当利用率提高之后，成本一定会下降。简而言之，基础设施的可编程性的目标可以通过弹性软件的嵌入来满足，从而使得基础设施的可管理性、可服务性和可持续性变得更容易、更经济、更快速。

日益增长的设备生态系统　设备生态系统正在迅速膨胀，因此出现了越来越多的固定设备、便携设备、无线设备、可穿戴设备、手持设备、可植入设备以及移动设备（医疗器械、制造和控制机器、消费电子、媒体播放器、厨房用具、家用器皿、设备、装置、个人数字助手、智能手机、平板电脑等）。如今人们已经可以买到一些时尚、方便、轻薄的小电子设备了。随着 MEMS、纳米技术、SoC 等小型化技术的发展，设备的功能及智能化程度正在不断提高。IBM 用三个术语来刻画设备系统，分别是可操纵的（instrumented）、互联的（interconnected）、智能的（intelligent）。互联的设备无疑对其拥有者更为有用。机器间（Machine-to-Machine，M2M）通信使得机器、仪器、设备都具有自我意识，并且能够感知周边环境。基于云的设备在操作、输出、外观和功能方面都非常通用。例如，基于云的微波设备能够从 Web 下载特定菜肴的适当做法，并且据此自动完成所需的操作。类似地，任何普通设备上都可以附加上不同的传感器和执行器，使得它们在决策和执行上变得非同寻常。

不同环境（智能家居、医院、酒店等）中的新设备的急剧增长所带来的影响是显而易见的。在数据生成方面，机器生成的数据在数量方面远超人所生成的数据，数据增长同设备总数量之间的正比关系清晰地证明了这一点。互联设备数量的爆炸式增长是前所未见的，而且此类设备在未来的几年内可能会多达数十亿，而数字化元件的数量更是很容易达到万亿规模。也就是说，随着被工具支持的数字化过程井然有序地进行，日常生活中，我们的各种休闲娱乐产品都会变得足够智能化。另外一个趋势是随着 RESTful 服务范型的迅速普及，所有设备都将支持服务。每一个有形的元素都将支持服务，从而共享其独特的功能，并且以编程方式利用其他元素的功能。这样，互联以及对服务的支持大幅促进了网络化、资源受限、嵌入式系统的大量产生。

当常见物体数字化、独立对象通过网络互联、每个具体的物体都支持服务时，将会产生大量互联、事务和协作，从而会产生大数据，进而导致大发现。所有这些都描绘了一件事，即数据量非常大，而且必须以极快的速度传输和分析，才能够得到可行的洞见。最近，大量聪明的、有感知力的物体互联，从而能够通过相互的请求和响应实现智能。此外，所有得到远程驻留软件应用和数据支持的物理设备，注定要对我们日常环境中的设备变得主动、具备辅助性和接合性大有帮助。也就是说，据此可以产生丰富的下一代以人为中心的服务，从而为人们提供更好的照顾、舒适、选择和便利。

随着网络解决方案变得普及，做出决策变成了一件容易、快速的事情，能够令知识工作者大幅受益。所有次要的需求会以不显眼的方式得到满足，人们可以聚焦于主要活动。然而，有些方面是数字化需要注意的，其中之一是能源效率。当前各行各业都在坚持走绿色解决方案之路，IT 行业是能源浪费的主要元凶之一，原因就在于广泛存在的 IT 服务器和互联设备。数据中心消耗了大量的电能，绿色 IT 成为全球研究的热点。值得关注的另一方面是被授权设备的远程监控、管理和增强。随着我们日常环境当中设备数量的空前增长，有效的远程校正能力能够显著缓解实时管理、配置、激活、监视、修复（如果出现故障）等问题。

极致的连通性　设备的连接能力已经急剧上升，变得深入且极致。各种各样的网络拓扑不断扩张，使得位于它们当中的参与者和组成要素具有极高的生产率。管理人员和决策者开始关注来自研究机构和实验室的一些统一的、自主的通信技术。各种类型的系统、传感器、执行器以及其他设备被授权构建自组织网络（ad hoc network），从而以更简单的方式来完成特定的任务。目前已经有多种网络、连接解决方案，它们以负载均衡器、交换机、路由器、网关、代理服务器、防火墙等形式存在，目的是提供更高的性能，这些网络解决方案以设备（硬件或软件）模式嵌入。

分布式设备和异构设备之间的无缝、自发的连接与整合可以通过设备中间件或设备服务总线（Device Service Bus，DSB）来完成。设备间通信即机器间（M2M）通信成为街头巷尾议论的主题。不同种类的设备之间基于互联的交互预示着人们将得到一连串的灵活、聪明、成熟的应用。软件定义网络（SDN）是最新的技术趋势，吸引着专业人士关注这一新兴的、引人注目的概念。随着云被强化为核心的、汇集的、重要的 IT 基础设施，设备到云之间的连接正快速实现。这种本地和远程的连接使得普通物品通过独特的交流、协作、认知成为非凡的物品。

服务支持的特点　每一种技术都会推动它被采用的过程。例如，互联网计算必须有 Web 的支持，因为它的本质就是基于 Web 的应用程序。如今，随着时尚、便捷、功能强大的手机的普及，企业和 Web 应用程序正逐渐开始支持手机。也就是说，任何本地或远程应用程序都是可以通过移动中的手机来访问的，从而满足了实时交互和决策的需求。在对服务理念的压倒性支持下，每个应用都支持服务。我们经常看到、听到和感知到面向服务的系统。大部分新一代企业级规模、关键任务、以处理为中心、多用途应用都是通过多个分离且复杂的服务组装出来的。

不仅应用程序支持服务，物理设备也开始支持服务，目的是顺利加入主流计算任务中，为预期的成功做出贡献。也就是说，无论是单独的设备，还是集体的设备，都可以成为服务的提供者或发布者、代理及助推者（booster）以及消费者。主流的理念是物理环境中的任何支持服务的设备都能够同邻近的、远程的设备和应用进行互操作。可以对服务进行抽象，通过服务接口仅暴露设备的特定能力，服务的实现对用户代理隐藏。这种类型的智能分离使得请求设备仅能够看到目标设备的功能，然后连接、访问、利用这些功能来实现业务或人员服务。对服务的支持完全消除了所有的依赖性和不足，因此设备之间可以完美、灵活地交互。

1.3　数字化实体的实现与发展

数字化已经成为一个持续的、势不可挡的过程，并且迅速产生和取得了大量的市场份额。数字化使得我们周围的一切都产生了令人眼花缭乱的迷人效果，并使企业和人的认知以及理解都有了转变。随着前沿技术的日益成熟及可承受性，个人、社会、职业环境中的所有事物都变得数字化。设备逐步被允许变成可计算的、可通信的、可感知的、可响应的。普通物品正在变成智能物品，从而大幅提高了人们的日常生活和工作中的便利、选择、舒适水平。

因此，可以毫不夸张地说，最近在前沿技术领域出现了大量战术乃至战略上的进步。极小的和看不见的标签、传感器、执行器、控制器、贴纸标签、芯片、编码、微尘、微粒、智能尘埃正在被大量生产。通过附加这些小产品，我们日常生活中的物品正在逐渐地数字化，这是为了让它们的行动和反应变得聪明。类似地，在分布方面也收获了更多。由于它在制造和维护各种业务应用方面的显著优势，确保了难以实现的服务质量（QoS）属性，有大量以分布为中心的软件架构、框架、模式、实践与平台用于 Web、企业、嵌入式、分析及云应用和服务。

最终，我们的日常环境中的所有类型的可感知物体都会变得具有自我意识及周边环境意识、可远程识别、可读取、可识别、可寻址、可控制。这样一种意义深远的赋权将会给整个人类社会带来影响，尤其是在建设和维护更聪明的环境方面，例如智能住宅、建筑、医院、教室、办公室、城市。假定发生了灾害，如果灾区的所有事物都是数字化的，那么就有可能快速确定究竟发生了什么灾害、灾害的强度以及被影响的环境中隐藏的风险。提取的所有信息提供了方法来做出好的规划并实施，揭示灾害破坏的程度，传达灾区人民的真实情况。所获得的知识能够使救援和急救小组的领导根据情况做出适当的决策并立即投入行动，尽可能多开展救援，从而最大限度地减小伤害和损失。

简而言之，数字化将会增强我们在个人生活以及职业生涯中的决策能力，还意味着我们学习和教育的方式将发生深刻变化，能源的使用会变为知识驱动的，从而使得我们能够顺利且迅速地实现绿色节能的目标，人身及财产安全也会得到大幅提升。随着数字化日益普及，我们的生活、娱乐、工作以及其他重要场所都将会充满各种电子产品，包括环境监测传感器、执行器、监视器、控制器、处理器、投影仪、显示器、摄像机、计算机、通信器、设备、网关、高清 IP 电视等。此外，类似家具和箱包这样的物品，也可以增加特制的电子产品变得数字化。当我们走进这种数字化环境时，我们携带的设备甚至我们的电子衣服将会进入协作模式，与该环境中的设备构成无线自组织网络。例如，如果有人想打印智能手机或笔记本电脑中的某个文档，并且他进入了某个有打印机的房间，智能手机将会自动同打印机进行会话，检查打印机的能力，然后将希望打印的文档发送给它。会话完成后，智能手机会对主人发出提醒。

数字化能够为人们提供更好的照顾、舒适、选择和便利。下一代医疗服务需要深入互联的解决方案，例如，环境辅助生活（Ambient Assisted Living，AAL）是一个新的潜在应用领域，为孤独、年老、患病、卧床不起以及操劳过度等住在家里的人提供远程诊断、护理、管理，医生、护士以及其他照顾者可以远程监视患者的健康参数。

总之，已经生产了大量从大尺寸到纳米级的、一次性的以及小型的传感器、执行器、芯片和卡、标签、标记、贴纸、智能尘埃等，而且被随机部署到日常环境中，目的是获得环境情报。更进一步，它们被无缝地附加到日常生活（个人、社会和工作场所）中一系列常见的、固定的、无线的、便携的物品中，使得这些物品具备计算、通信、感知、适应和响应的能力。也就是说，各种物理、机械、电子产品都能够加入主流计算当中。总的想法是让普通的物品在行动和反应方面变得非凡。这些技术使得物品能够收集所有值得关注的状态变化（事件）并将它们传送到集中控制应用程序，从而启动适当的应对措施。这种类型的智能物品和感知材料用来实时捕捉环境中发生的各种事情，并将它们传递给正确的系统，从而主动并预先启动正确的相关行动。

1.4 物联网 / 万物互联

最初，互联网是计算机构成的网络。然后，随着无线及有线设备的普及以及实用性的增强，互联网的范围、规模、结构变成了现在的样子，使得设备网络（Internet of Device，IoD）这一概念成为主流。随着服务范型被定位为构建企业级应用程序的最佳、合理和实用的方法，很多服务（业务和 IT）正在被人们构建出来，并且部署到万维网和应用服务器中，然后通过网络上越来越多的输入/输出设备交付给每个人。随着服务的可访问性和可审计性的增加，感兴趣的软件设计师、工程师、应用开发人员能够通过从服务池中选择并组合适当的服务，来快速实现模块化的、可扩展的、安全的应用软件。这样，服务互联网（Internet of Service，IoS）的理念快速传播开来。最近的另一个引起新闻界关注的有趣现象是能源互联网（Internet of Energy），它让我们的个人设备以及专业设备通过它们的互联来获得能量。图 1-1 清晰地揭示了不同的物体如何互联，从而为人类构想、具体化、交付未来式的服务（Distributed Data Mining and Big Data，Intel 的愿景文件，2012）。

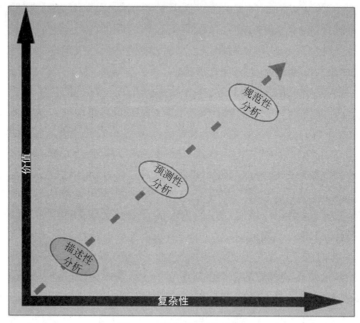

图 1-1　数据分析的演化

　　随着数字化获得越来越多的赞誉和成功，各种日常物品都在相互连接，同时也同云环境中大量远程应用程序连接在一起。也就是说，一切事物都将成为下一代应用程序的数据提供者，从而其个体成为不可或缺的成分，其整体在智能应用的概念化和具体化中也是不可缺少的。有一些有前途的实现技术、标准、平台、工具，它们能够支持物联网愿景的实现。物联网领域可能的成果是大量的智能环境，例如智能办公室、家庭、医院、零售店、能源、政府、城市等。信息物理系统（CPS）、环境智能（AmI）和普适计算（UC）是包含物联网理想的一些相关概念。其他相关术语是工业物联网、重要事物互联网等。

　　在即将到来的时代，不引人注目的计算机、通信器、传感器将会以聪明的方式推进决策。各种不同尺寸、外观和接口的计算机将会被安置、粘贴、植入、插入各个位置，从而实现协调、计算、连贯。人们几乎不需要理解和涉及这些智能的、有感知的对象的操作。有了自动 IT 基础设施之后，更进一步的自动化必然会实现。设备还将处理各种日常需求，对类人机器人的广泛使用将会满足人们日常的体力劳动需求。随着针对不同环境的特定设备的出现，会出现大量的服务和应用，它们将会使得设备更加智能，从而使得我们的生活更有成效。

　　在早期，很多人为了满足日常计算需求，都使用一个大型机系统。如今，每个人都有自己的计算系统来满足信息需求以及知识工作。我们身边越来越多的设备都帮助我们满足计算、通信、内容、认知需求。不仅如此，未来的 IT 必然会为我们提供大量可感知环境、洞见驱动、以人为中心的服务。IBM 在其愿景性的文章里清晰地表示，未来的每一个系统在它们的功能和操作中都会是可操纵的、互联的以及智能的。这一崭露头角的技术领域是为了使得所有普通事物智能化，每一个设备都更加聪明，而每个人都成为最智慧的。

另外，面向服务的理念也变得引人注目。也就是说，每一件有形的物品都将会以服务为中心，形式包括服务提供者、代理者、助推者、消费者、审计者等。服务将会变成包围着的、结成有机整体的、自适应的。随着微服务包罗万象，以及容器作为微服务的最佳运行时环境的出现，服务的制作、运送、部署、交付、管理、编排和增强等活动都将大幅简化。此外，每个系统都具有根深蒂固的正确且相关的智能，从而使我们的环境（个人的以及职业的）、社交活动、学习、购物、决策、科学实验、项目实施、商业活动在完成和交付过程中展现出迄今为止从未听说过的智能程度。通过大量先进技术轻松地嵌入智能，将会产生智能家庭、旅馆、医院、政府、零售店、能源、卫生保健等。

最后，为了实现持续性要求，能源效率是需要一直坚持的主要要求，全世界的杰出人物、远见卓识者、忠实拥护者都聚焦于发掘绿色、清洁的技术，并系统地应用它们来使得我们的数字助手及电子产品能够做到感知能耗。简而言之，所有的物品都有自我意识，而且能够感知周边环境和场景，从而具备感知和认知能力，以完成它们的使命。因此，在我们日益数字化的生活中，每件物品都应具备面向服务、智能、确保持续性等特点。

1.5　对社交媒体网站的广泛采用

社交网站不仅支持阅读，而且可以发布我们的建议、赞美和抱怨，可以表达当时的好恶，可以分享观点、图片，等等。在博客中，人们可以发表沉思或微博，在布局精美的专业网站中，可以显示我们的培训证书、行业经历以及技能特长等。所有这些都让我们的思想活跃，而且可以通过大量平台立即分享给全世界，因此，公开论坛中个人及社会信息的数量、多样性以及产生速度是令人难以置信的。随着 Web 2.0（社交 Web）平台的成熟与稳定，社交网络在全球获得极大流行。分享知识的数字社团正在形成，人们的社交倾向以及产品信息等数据正在不断发布，搜索引擎非常易用，等等。简而言之，未来的 Internet 将是世界上最大的、无处不在的、以服务为中心的仓库，存储着可以公开搜寻、访问、组合和使用的数据、信息、软件应用程序等。Internet 不仅包括计算系统，而且还包括各种类型的设备和数字化实体，因此，Internet 的复杂性将会呈指数级增长。

企业强调拥有互联的应用程序，拥有高度完整、功能多样、多平台、多网络、多设备、多媒体应用程序变得越来越重要。随着社交网站的到来，企业、Web、云、嵌入式、分析、处理、操作以及移动应用程序都将同这些网站进行连接，从而实现高度健壮且具弹性的社交应用。有大量的连接器、引擎、适配器来保证与远程社交网络站点的无缝、自发的同步。有了上述整合，社交媒体分析（Social Media Analytic，SMA）得到了急剧发展，目的是找到适当的方式来实现品牌优化、由外而内的思考，完善产品市场战略，对客户进行全方位观察了解，找出人们在各个社交方面的脉动。这样，为了人们的权益，社交计算必然会同 IT 领域中值得赞赏的其他进步一道，发挥非常重要的作用。

1.6　预测性、规范性、个性化分析时代

如今，机器和人正在以前所未有的速度产生数据。例如，平均每天 AT&T 公司会通过

其网络传输大约 30 PB 的数据，每辆车每小时产生 1.3 GB 数据，每年大约生产 6000 万辆汽车，估计仅汽车每年就会产生 103 EB 的数据。广泛使用的 Twitter 系统每天处理 3.4 亿条推文，大部分均来自移动手机用户。Facebook 每天约产生 10 TB 数据。到 2016 年，年度互联网流量将达到 1.3 ZB，而且数据中的 80% 会是非结构化格式。传统的 IT 基础设施、数据库及数据仓库、数据挖掘技术、分析平台必将面临挑战和约束，需要高效存储和处理数量巨大的高度多样化数据，从而做出明智且实时的商业决策，帮助企业在竞争中保持领先地位。

众所周知，大数据范型正在为企业和个人创造新的机会和可能性。根据主流的市场研究和分析报告的预测，数据爆炸正在真实发生，企业和云 IT 团队所面临的主要挑战是如何有效且快速地捕捉、处理、分析、提取战术操作以及战略洞见，从而有信心地快速采取行动。图 1-1 生动地说明了下一代分析能力日益增长的复杂性和价值。

在数据的世界，有两种截然不同的趋势：大数据（数量和多样性）以及快速数据（产生速度和数量）。人们普遍的认识是：在充满竞争和知识的世界里，为了得到正确决策，不是直觉会发挥重要的作用，而是通过数据启发得到的洞见会发挥重要的作用。这样，数据虚拟化、分析、可视化等学科最近越来越受重视，目的是简化将数据转化为信息及知识的复杂过程。那就是，所有产生、获得、分析的数据都应当转换成实用且可靠的知识形式的逻辑结论，然后这些逻辑结论会传播给人们以及驱动系统来及时衡量下一步动作。为了实现智能计算的愿景，知识发现和知识传播都非常重要。考虑到即将到来的知识时代的理想情况，数据分析领域在业界和学术界都变得愈发活跃。

工业力量以及开源平台和基础设施正在迅猛发展，目的是支持无缝且自发的数据集成、挖掘和分析。最近，为了获得对真实世界的实时洞见，in-memory 计算这一新概念正在被广泛推荐和使用。灵活应对市场情绪、让客户满意、降低风险以及成本、实时分析的能力以及公司高管曾经梦寐以求的灵活性等特性得到了所有组织的极大重视。

> in-memory 计算的突出贡献是轻松地进行快速 / 实时数据分析。这种非常流行的计算范型带来了一系列的数据输入、存储、管理和分析的范型转变，为管理人员乃至执行器、机器人等提供即时生成和交付方面的可行的洞见，从而及时采取正确的决策。在内存技术方面有显著的进步，导致内存成本急剧下降。此外，内存的存储能力有了相当大的提高，而且现代存储模块也正在具备更快的访问速度和更高的耐用性。另外一点是最近的处理器大部分都具有多个内核。
>
> 数据可以从不同的、分布式的来源获取并直接加载到系统内存中。这一技术明显消除了数据延迟，并且有助于更快的业务决策。随着存储和操作在内存中执行，性能得到改善。在传统的数据库中，数据通过关系以及表间的连接存储在表中。对于数据仓库，为了应对复杂查询，创建了多维数据集。在 in-memory 分析的情况下，能够避免多维数据集的创建。直接的好处包括更快的查询和计算，因为几乎避免了构建聚合以及预先计算多维数据集的需要。成功的 in-memory 计算有不同的实现方法，其中最突出的包括关联性模型、in-memory OLAP、Excel in-memory 插件、in-memory 加速器、in-memory 可视化分析。此外，还有很多软件平台及解决方案，例如 SAP HANA，有一些产品在 in-memory 计算领域与 HANA 进行激烈的竞争，例如 VoltDB 以及 Oracle Exalytics。in-memory 数据库以出色的速度以及亚秒级延迟变得日益重要，使得全球企业能够获得强大的、个性化的分析能力。

根据 Intel 发布的文件，采用 in-memory 处理的主要优势包括：减少昂贵的数据库设备中处理的能力；能够集成来自不同来源的数据，并消除或减少在性能调优任务上花费的时间，如查询分析、多维数据集构建和聚合表设计；易于部署的自助分析，提供直观和无约束的数据浏览能力；针对复杂数据集的即时可视化能力。

新的机制坚持将所有传入数据放入内存中，而不是将其存储在本地或远程数据库中，从而消除导致数据延迟的主要障碍。有大量应用领域以及垂直行业迫切期待 in-memory 大数据分析。时效性是信息能够被有效利用的重要因素，正如我们所知道的，硬件设备通常性能较高，从而确保它们具备较高的吞吐量。在这里，考虑到实时获取可信洞见的需求，一些产品供应商采取了软件加硬件设备的路线，目的是大大加速完成下一代大数据分析的速度。为了从大量多种结构数据中快速生成洞见，还一直坚持使用一些新技术，例如 in-database 分析等。

在商业智能（BI）行业，除了实现实时洞见之外，分析过程以及平台正在被调整，目的是提出能够预测商业未来要发生的事情的洞见。因此，高管及其他利益相关者能够主动制定明确的方案和行动计划，进行过程校正，制定新政策并为商业效率进行优化，提供新产品及优质的服务，提供基于投入的可行且增值的解决方案。另一方面，传统的分析是通过制定充分的、全面的计划和解决方案来为企业高管提供帮助，目的是安全实现预测分析所得出的目标。

IBM 推出了一种新的计算范型，即"流计算"，目的是现场捕捉流以及事件数据，及时为高管和决策者得到可用且可复用的模式、隐藏的关联、提示、提醒、通知、即将到来的机会及威胁等，从而可以计划出适当的对策（James Kobielus（2013））。

作为新一代分析处理方法的关键推动者，IBM 公司的 InfoSphere Streams 提供了一个先进的计算平台，该平台能够帮助机构将迅速成长的数据转化为可操作的信息及商业洞见。InfoSphere Streams 是 IBM 大数据平台的关键组成，提供了高度可扩展、敏捷的软件基础设施，能够以前所未有的量级和速度对来自数千个实时数据源的关系型和非关系型数据进行运动分析。有了 InfoSphere Streams，机构可以及时捕捉和处理关键业务数据。

因此，高度胜任的流程、产品、模式、实践和平台负责处理大量变化的数据量、种类、产生速度、真实性、多样性、黏性，以提高商业价值、产量、优化和转换。知名的多结构数据类型包括：
- 商业事务、交互、操作和分析数据。
- 系统及应用基础设施（计算、存储、网络、应用程序、Web 和数据库服务器等）以及日志文件。
- 社交和人的数据。
- 客户、产品、销售和其他商业数据。
- 多媒体数据。
- 计算机和传感器数据。
- 科学实验及观察数据（基因、粒子物理、气象模型、药物研制等）。

因此，数据以不同的大小、结构、范围和速度产生，加速通往更"聪明"的世界的过程。在制定成功的企业级数据策略时，下列的步骤最为关键：

- 聚合各种分布式的、不同的、分散的数据。
- 分析格式化、规范化后的数据。
- 表达被提取出来的可操作的情报。
- 基于获得的洞见采取行动并提高未来分析的标准（实时性、预测性、规范性、个性化分析）。
- 强调商业绩效和生产力。

随着企业获得大数据获取、存储和处理的能力，出现了多种领域专用和独立的分析学科。

情境分析   随着我们身边所有的机器、机器人、执行器、传感器连接在一起，很容易就可以想象应用程序与环境的连接。这些被操纵的、互联的、智能的设备所产生的一个独特的能力就是情境感知，它正在迅速成为 21 世纪的主流。通常，机器的数据产生速度很快，因此为了获得可行的情境信息，快速 / 实时数据分析是前进的方向。如前所述，in-memory 分析平台、流处理平台以及其他实时分析平台使得情境分析成为可能。由于连接的机器数量可能在数十亿，每秒的机器数据点加上空间和时间数据将会使得自治的物品大量出现。另外一个酝酿中的趋势是所有物理实体均通过与网络应用程序及数据（信息物理系统（CPS））的直接关联被增强。为人们提供认知和情境感知服务的自主机器时代已经到来，自助服务将变得常见且廉价。SpaceCurve 公司的 CEO 即 Dane Coyer 曾经提出如下情境感知的应用场景：

- 奶牛联网：荷兰 Sparked 公司开发了精密的传感器，使得农户可以将它轻易地植入奶牛的耳朵里。奶牛的数据通过无线传递给农户，用来确定每头奶牛乃至整个牛群的精确位置和健康状况。农户还可以了解奶牛饮食状况的变化、奶牛如何应对环境因素以及一般的群体行为。展望未来，类似 Vital Herd 这样的公司将会推出功能强大且体积微小的传感器，这些传感器将会植入奶牛体内，从而提供几乎所有生物参数的详细信息。对于奶牛联网来说，帮助它们诊断健康问题、与兽医服务自动协作、兽医服务通过无人机传送药品，这一天并不遥远。

- 车联网：目前生产的汽车包含越来越灵巧的传感器来收集各类信息，从雨刷速度到刹车频率，再到加速模式等。更重要的是传感器和执行器在汽车中被用于安全。通过车内信息系统实现了同外部的连接，然后同车上的传感器进行同步，当事故发生时，可以检测到精确的位置。此外，汽车还可以自动拨打紧急电话或救护电话。车联网还有其他的应用场景，例如弄清楚某个路段上当前有多少辆车，这是路况的直接表现。这样的信息可以告诉即将到达该区域的人。这一数据还可以是特定位置的天气的精确表示。基于汽车的传感器的下一个焦点将是避免碰撞及事故，这将会要求汽车与司机不仅要结合预装的环境数据，还要综合处理附近车辆以及周围环境的信息。无疑，所有这些将会导致无人驾驶车辆的出现。

- 飞机联网：自治的无人机飞到山谷中的某个预设位置，然后打开一个小舱口，沿着道路留下药丸大小的传感器。这些传感器在激活之后，就会建立起通信网络，该网络能够探测和识别即将经过道路的车队，还能确定车队的速度和方向，并将这些信息发送回基地。

总之，小型化技术所获得的可喜进步，为生产大量小型的、一次性的、灵巧的传感器及执行器铺平了道路。目前的传感器大概有米粒大小，新一代的传感器尺寸已经仅有沙粒大小了。此外还有智能尘埃、微粒、标签、贴纸、编码等。当这些前沿技术被植入我们日常环境的各种物品当中后，就会得到由智能的、可感知的材料构成的迷人世界。通过无人机或飞行器在偏远、恶劣环境中大量部署低成本、低功耗、小范围和小尺寸传感器，就可以及时地以数字形式捕捉环境中发生的一切，大力推动前所未见、闻所未闻的新产品的设计，而且可以很容易地提供它们。视觉、感知、认知、决策将会变得精确且无处不在。主要的应用实例包括物理安全和资产管理、空气质量评估、预测危险地区和难以到达地区的风险等。所有这些讨论中有一条共同的线索，即从大量智能对象中产生的数据流的数量会非常大。

数据爆炸对于企业和云 IT 团队而言，都是试金石和长期的考验。因此，IT 部门的任务是利用有弹性且经济、高效的 IT 基础设施以及端到端的同步平台，处理大数据以及快速数据。数据分析的 IT 基础设施必须是高性能的。在后续的章节中，我们将讨论产品供应商推出的各种高效能机制以及解决方案。研究人员正在挖掘各种技术和工具，以确保在分析大数据和快速数据时实现高性能。我们将提供一些好的做法、重要准则、强化评估标准、易于应用的技术诀窍、验证性测试，以便构建用于下一代数据分析的高性能 IT 环境。

1.7 用于大数据及分析的 Apache Hadoop

简单来说，数据的惊人增长是一系列创新所导致的现象。大规模数据存储装置和网络上收集并存储了海量的数据。关于全世界数据增长的前景，有一些示范性的技巧。精确说来，EMC 和 IDC 一直在跟踪"数字宇宙"（Digital Universe，DU）的大小。2012 年，EMC 和 IDC 预测数字宇宙每两年会翻一番，到 2020 年达到 44 ZB。2013 年实际产生了 4.4 ZB，其中 2.9 ZB 由消费者产生，1.5 ZB 由企业产生。EMC 和 IDC 预测，到 2020 年，物联网将增长为 320 亿个互联的设备，并为 DU 贡献 10% 的增量。Cisco 的大规模数据跟踪项目聚焦于数据中心以及基于云的 IP 流量，该项目预计 2013 年的增长速度为 3.1 ZB/ 年（1.5 ZB 位于传统数据中心，1.6 ZB 位于云数据中心）。到 2018 年，预计该数据会增长为 8.6 ZB，而且主要的增长发生在云数据中心。准确地说，我们周边各种有形物品的更深层次的连接以及对服务的支持，使得数据驱动的洞见以及洞见驱动的决策这一开创性的道路成为可能。

随着 Yahoo、Google、Facebook 以及其他公司推动 Web 级交互，常规收集的数据的数量将会很容易就超出这些公司传统 IT 架构的容量，需要新的、弹性的、动态的架构，因此，Hadoop 的出现受到了广泛的欢迎。

Apache Hadoop 是一个开源分布式软件平台，用于高效存储及处理数据。Hadoop 软件运行在工业标准集群以及配置直连式存储（DAS）的商用服务器上。在存储方面，Hadoop 能够在数万台服务器上存储 PB 级数据，而且支持廉价服务器节点动态的、低成本的横向扩展，从而确保大数据及快速数据分析所需的弹性。

MapReduce 是简化 Apache Hadoop 可扩展性方面的核心模块。MapReduce 在将数据（静态以及流）细分为更小的、可管理的部分方面为程序员提供了大量帮助，细分后的数据可以被独立处理。通过使用受欢迎的 MapReduce 框架，并行计算与高性能计算的复杂性正在大幅减少。它负责集群内通信、任务监视和调度、负载均衡、故障与失效处理等。MapReduce 在最新版本的 Hadoop 中进行了更新，更名为 YARN，具有附加的模块来提供更多的自动化，例如集群管理以及各种类型错误的避免。

Apache Hadoop 的另一个主要模块是 Hadoop 分布式文件系统（HDFS），该模块的主要目的是确保可扩展性和容错性。HDFS 通过将大文件分割为块（通常 64 MB 或 128 MB）来实现对大文件的存储，并且会将块在三个或更多的服务器上复制来确保高数据可用性。HDFS（如图 1-2 所示）为 MapReduce 应用程序提供了 API，用于并行读取数据。运行时可以将 DataNode 纳入进来，以满足性能要求。HDFS 分配了一个单独的节点，专门用来管理数据放置并监视服务器的可用性。如图 1-2 所示（来源于 Fujitsu（富士通）发表的白皮书），HDFS 集群可以在数千个节点的集群上轻松可靠地存储 PB 级数据。除了 MapReduce 和 HDFS 之外，Apache Hadoop 还包括很多其他重要组件，如下所述。

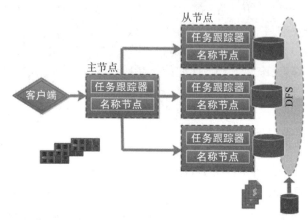

图 1-2   HDFS 参考架构

Ambari：它是一个基于 Web 的工具，为 Apache Hadoop 集群提供配置、管理及监视功能。集群支持 Hadoop HDFS、Hadoop MapReduce、Hive、HCatalog、HBase、ZooKeeper、Oozie、Pig 和 Sqoop。Ambari 还提供了一个指示板用于查看集群健康程度，例如热图，它还提供了可视化查看 MapReduce、Pig、Hive 应用程序的能力，而且还有能够以用户界面友好的方式诊断性能问题的功能组件。

Avro：它用来将结构化数据序列化。结构化数据被转换成比特串，并以紧凑的格式高效保存在 HDFS 中。序列化后的数据包含原始数据的格式信息。借助 NoSQL 数据库，例如 HBase 和 Cassandra，可以高效存储和访问大的表。

Cassandra：没有单点故障的可扩展多主数据库。

Chukwa：用于管理大型分布式系统的数据收集系统。Chukwa 监视大的 Hadoop 环境，收集、处理日志数据并进行可视化。

HBase：可扩展的分布式数据库，支持大型表的结构化数据存储。

Mahout：可扩展的机器学习及数据挖掘库。

Pig：用于并行计算的高级数据流语言及执行框架。它包含一种语言，即 Pig Latin，用来表示这些数据流。Pig Latin 包含用于很多传统数据操作（join、sort、filter 等）的运算符，用户还可以开发自己的函数，用来读取、处理和写入数据。Pig 运行在 Hadoop 上，并且利用 HDFS 和 MapReduce。

Apache Flume：用于将大量数据从多个来源收集、聚合、移动到 HDFS 的分布式系统。随着数据源的成倍增长和多样化，Flume 的作用和责任也随之增长。Flume 特别适合将数据流导入 HDFS，例如 Web 日志或其他日志数据。

　　Apache Sqoop：用于在 Hadoop 与传统 SQL 数据库之间传递数据的工具。可以使用 Sqoop 来将数据从 MySQL 或 Oracle 数据库中导入 HDFS，然后对数据进行 MapReduce 操作，再把数据导出到 RDBMS 中。

　　Apache Hive：它是一种简单的编程语言，用来编写 MapReduce 程序。HiveQL 是 SQL 的一种"方言"，支持 SQL 语法的一个子集。Hive 正在积极增强其功能，以便支持对 Apache HBase 和 HDFS 的低延迟查询。

　　ODBC/JDBC 连接器：用于 HBase 和 Hive 的 ODBC/JDBC 连接器是包含在 Hadoop 发布发行版中的组件。它们通过将标准 SQL 查询转换为 HiveQL 命令提供与 SQL 应用程序的连接，这些命令可以在 HDFS 或 HBase 数据上执行。

　　Spark：Spark 是编写快速、分布式程序的框架。Spark 解决的问题类似于 Hadoop MapReduce 所解决的问题，但它使用了更快的 in-memory 解决方案，而且具有更简洁的函数类型 API。它具有同 Hadoop 以及交互查询分析（Shark）、大规模图处理及分析（Bagel）、实时分析（Spark Streaming）等内置工具进行整合的能力，因此可用于对大数据集进行交互式处理与查询。

　　为了加快编程速度，Spark 在 Scala、Java 和 Python 中提供了简洁的 API。可以在 Scala 以及 Python shell 中交互使用 Spark 来快速查询大数据集。Spark 也是 Shark 的底层引擎，Shark 是完全兼容 Apache Hive 的数据仓库系统，但运行速度要比 Hive 快 100 多倍。

　　JAQL：它是函数式、声明式编程语言，被设计为专用于大量结构化、半结构化、非结构化数据。JAQL 的主要用途是处理用 JSON 文档形式保存的数据，但它也可以作用于各种类型的数据上。例如，它支持 XML、CSV 数据以及平面文件。"JAQL 中的 SQL"的能力使得程序员在部署 JSON 数据模型时能够处理结构化 SQL 数据，该模型比其 SQL 中对应部分的约束要少。具体来说，JAQL 允许你对 HDFS 中保存的数据进行 select、join、group、filter 等操作，非常类似于 Pig 同 Hive 的配合。JAQL 的查询语言受到很多编程及查询语言的影响，包括 Lisp、SQL、XQuery 以及 Pig。

　　Tez：它是一个构建在 Hadoop YARN 上的数据流编程框架，提供了强大且灵活的引擎，用来运行任意的处理自动或交互用例任务的 DAG。Tez 被 Hadoop 生态系统中的 Hive、Pig 及其他框架所采纳，其他商用软件（如 ETL 工具）也采用它，用于取代 Hadoop MapReduce 来作为底层执行引擎。

　　ZooKeeper：它是分布式应用程序的高性能协作服务。

1.8　大数据、大洞见、大动作

　　我们已经讨论了数据爆炸，还讨论了如果数据处理巧妙，那么可行的洞见能够使得决策者提前采取精确且完美的决策，优秀的分析平台以及优化的基础设施正在使上述情况发生。在本节中，我们将讨论为何各个公司都热衷于采用在分析领域所取得的技术进步。随着大数据及快速数据的分析变得常见，IT 系统变得更加可靠、有弹性。有了 IT 的复苏与多样性，业务效率及适应性必定会大幅提升。

　　以客户为中心　IT 一直以来在推动业务自动化、增强、加速等方面做得非常好，但在过去的几年中，技术正逐渐变得以人为中心。已经在之前的发展过程中捕捉到 IT 精髓的全球商行和大企业正在调整它们的焦点，通过隐式嵌入服务质量（QoS）属性的、诱人的高档产品的重新规划，对客户满意度这一难以捉摸的目标产生更大影响。维护客户关系完整、准确捕捉客户喜好、提供新的产品和服务，目的是在保持老客户忠诚度的同时吸引新客户，这些都是企业领先其直接竞争对手过程中面临的挑战。个性化服务、多渠道互动、透明性、及时性、弹性、问责制是全球各公司为它们的股东、职员、合作者、终端用户提供保证的一些区别性特征。为了全面理解并满足客户的需求，关于客户的数据是最抢手的。

一些社交网站和数字社区允许不同的人针对不同的社会问题表达他们的意见，并对各种社会关注、抱怨、产品特性、想法、沉思、知识共享等进行反馈。最近的技术有能力支持各种客户分析需求。大数据分析的最重要环节就是社会数据及其分析，例如客户全面信息分析、社交媒体及网络分析、情感分析等。随着企业和客户更加紧密地同步，能够满足客户的各种期望。

卓越的运营　大数据分析的第二个方面是机器数据。机器会产生大量的数据，这些数据会被系统地捕捉并进行一系列深入的调查，从而产生战术及战略上的洞见，使每种类型的机器都能够充分发挥它们的能力。

通过 IT 创新，业务敏捷性、适应性、可负担性正在不断增强。IT 系统正进一步精简，目的是在结构以及行为方面更加精干敏捷、可扩展和自适应。人们正在持续强调缩小业务与 IT 之间的隔阂，仔细地捕捉操作数据，以便获得各种优化技巧来使 IT 系统保持活力。人们将各种导致减速或故障的因素都积极扼杀在萌芽中，以便不断满足客户的需求。

因此，IT 系统高度优化，而且与客户导向同步，极大地促进了主动进取性，以实现最初设想的成功。新一代分析方法在观察机会并轻松利用机会这一方面得心应手。

数据中心的高管面临着大数据所引发的几个主要问题和挑战。随着知识发现中广泛、具体地使用大数据和快速数据，当前的计算、存储、网络基础设施必然会面临容量和能力问题。容量规划是一个关键问题，IT 资源的可扩展性和可用性对于大数据非常重要，因此，云的思想正是广泛吸取了人们的想象力，目的是拥有高效、统一、集中且联合、汇聚、混合（虚拟化及裸机）的服务器，拥有自治、共享、精心设计的 IT 中心以及服务器群组。随着最近软件定义的计算、存储、网络、安全解决方案的出现，软件定义数据中心将逐渐成为现实。

SAS 在名为《Big Data Meets Big Data Analytics》的白皮书中指出，有三项关键技术可以帮助你处理大数据，并且从大数据中提取有意义的商业价值：

- 大数据信息管理：获取、存储、管理数据，将之作为增强商业能力的战略资产。
- 大数据高性能分析：使用高性能 IT 来利用数据，提取实时和真实的洞见来解决专业、社会、个人的各种问题。
- 大数据的灵活部署选择：为大数据及其分析选择更好的部署方式，例如私有云、公有云、混合云。

大全景　随着优化、自动、基于策略、软件定义、共享的环境组成的高度复杂且同步的平台及基础设施用于应用程序的开发、部署、集成、管理和发布，云空间得到了快速成长，集成的要求也变得更深、更广，如图 1-3 所示。因此，物理世界中的各种实体和元素同网络世界中的软件服务将会变得更加集成，从而为全人类提供更多的多功能应用程序。

各种物理实体将会同公司的服务和数据以及云服务器和存储

图 1-3　总体示意图

装置发生交互，从而支持大量实时应用程序。这种扩展并增强的集成会使得数据泛滥，必须准确恰当地进行各种检查才能及时获得可行的洞见，进而使得机构、创新人员、个人在工作和生活中变得更聪明、更快捷。

1.9 结论

　　IT 已经成为全球商业的最大驱动力，这是一个迷人的旅程。然而，目前的形势发生了一些变化，也就是说，IT 将会成为人们日常工作和生活中的重要组成部分。技术变得更加贴近人们、易于获得、可消费、可用。在这个互联的世界里，科技参与了人类生活的各个方面，并做出了贡献。我们的日常环境（道路、办公室、制造工厂、零售店、机场、饭店和路口等）正在布满智能传感器和执行器。所有这些都将导致数据爆炸，我们必须仔细收集并分析这些数据，才能够得到战术及战略上的智能，为知识驱动、面向服务、以人为本的数字时代的到来铺平道路。

1.10 习题

1. 讨论有助于大数据分析范型演化的 IT 趋势。
2. 针对物联网，简要写一些看法。
3. 讨论情境分析这一概念。
4. 描述高性能大数据分析中的 HDFS 参考架构。
5. 讨论用于高性能大数据分析的 Apache Hadoop 的各种组成部分。

第 2 章
大数据 / 快速数据分析中的高性能技术

2.1 引言

由于一些原因，近期"少费而多用"(more with less)的口号一直颇受关注。由于全球经济形势不明朗，IT 预算不断被削减。人们做出决策非常迟缓，各类项目支出都被精心规划和审核。对于这一号召，人们有着不同的反应。企业高管授权他们的 IT 部门探索并执行在战术和战略上都可靠的方法，例如 IT 合理化、简化、自动化、标准化、商品化、去除多余元素等，从而大幅节省成本（资金以及运营）。还有另一种令人鼓舞的方法，即通过利用大量行之有效的策略和技巧，从系统内部获得更高的绩效。高性能计算就是这样一种尝试，目的是为数据密集型以及处理密集型的工作实现"少费而多用"的目标。计算机、存储设备和网络解决方案也相应变得高性能和可扩展，也就是说，系统需要在预期或预料之外的约束下发挥全部潜力。为此，相关研究者以及 IT 人员在开发适当的解决方案和算法，目的是使得系统能够持续工作并发挥最大性能。最近，IT 领域的另一个时髦词汇是 E 级（百亿亿次）计算。HPC 无疑是一个意义重大的计算范型，它正在持续不断地为有效解决新的 I/O 密集型和处理密集型工作提供解决方案。

根据维基百科的说法，高通量计算（HTC）同高性能计算（HPC）存在很多不同之处。HPC 任务的特点是在较短的时间内需要大量计算能力，而 HTC 任务也需要大量的计算，但可以在更长的时间内完成，例如几个月甚至几年，而不是几小时或几天。HPC 环境通常通过每秒浮点操作次数（FLOP）来衡量。

对 HTC 而言，就不是通过每秒的操作次数来考虑了，而是每月或每年的操作次数。因此，HTC 更关注在较长一段时间内能够完成多少任务，而不是某项任务能够以多么快的速度来完成。作为另一种定义方法，European Grid Infrastructure（欧洲网格基础设施）将 HTC 定义为"一种专注于大量松耦合任务的高效执行的计算范型"，而 HPC 系统往往聚焦在紧耦合的并行任务上，因此它们必须在具有低延迟互联的特定站点中执行。相反，HTC 系统中是独立的、顺序的任务，这些任务可以在跨越多个管理边界的很多不同的计算资源上分别调度。HTC 系统通过使用各种网格计算的技术和方法来实现这一点。HPC 系统支持用户在很多处理器上运行并行软件的单个实例，而 HTC 是一个串行系统，更适合同时在多个处理器上运行多个独立的软件实例。利用并行化来加速任务执行以及数据处理是最受欢迎的高性能方法。

适合 HPC 的领域有很多，例如气象建模、金融服务、科学计算、大数据分析（BDA）、电子设计自动化（EDA）、计算机辅助工程（CAE）、油气勘探、新药研制、DNA 测序与同源性搜索、蒙特卡罗模拟、计算流体动力学（CFD）、结构分析等。

如果决策者能够以快 100 倍的速度获得并分析企业数据，那么他们就能够及时做出更明智的决策，提高企业的生产力以及盈利能力。顾问、架构师、开发人员在这里有很多的工作要做，包括适当选择和设计 IT 基础设施、平台以及编码，从而将长达数小时的分析查询压缩到几秒钟，进而对关键业务问题获得深入具体的洞见，并全面支持实时战略及战术。

在本章中，我们将从 HPC 和 BDA 的战略聚合的角度做一些基本介绍，在后续的章节中，将会介绍战术方面的详细内容以及这种同步对即将来临的知识时代的战略影响。

2.2 大数据分析学科的出现

最近，出现了一些数据密集型和处理密集型的工作，而且它们正在迅速发展。这一现象使得专家教授们开始思考如何有效地完成上述工作，从而及时得到预期的结果。人们正寄希望于 HPC 范型来解决这类应用程序所带来的挑战。随着复杂性不断提高，为了得到高性价比的 BDA，必须坚持利用特殊的基础设施和平台以及自适应过程。

人们正在利用高性能计算系统来处理来自不同的、分布式的数据源所产生的大量数据。因此，HPC 对大数据计算的成熟和稳定具有重要意义。在即将到来的大数据驱动的时代，HPC 必将发挥突出且有成效的作用，以高效地满足大数据获取、索引、存储、处理、分析、挖掘所需的硬性要求。

错综复杂的"大数据范型"
- 数据量变得更大，范围涵盖 TB 级、PB 级、EB 级。
- 数据生成、获取、处理频度大幅增加（速度从批处理到实时处理）。
- 数据结构变得多样化，包括 poly-structured（多结构）数据。

也就是说，数据结构、规模、范围、速度都在提高。大数据以及大规模分析在优化业务操作、提高产能和推出新产品、改善客户关系、发现新的机会等方面越来越重要。因此，BDA 对于企业探索新的途径来获得更多收益具有更大的益处。除此之外，BDA 对 IT 基础设施和平台具有如下长期影响。
- 数据虚拟化、转换、存储、可视化、管理。
- 大数据预处理与分析，从而获得可行的洞见。
- 构建洞见驱动的应用程序。

大数据的主要驱动力　为了满足企业和人们的各种期望，有很多新的技术和工具不断涌现。其中主要有：
- 通过前沿技术实现数字化。
- 分布与联合。
- 消费化（手机及可穿戴设备）。
- 集中化、商品化、产业化（云计算）。
- 泛在网、自治网、统一通信网和自组网。

- 服务范型（服务支持（RESTful API））。
- 社交计算以及无处不在的传感、视觉、感知。
- 知识工程。
- 物联网。

总之，通过令日常物品变得聪明，可以使得各类物理、机械、电子系统和设备变得更聪明，这些是未来更聪明的世界的关键不同。由此带来的感知对象（数万亿的数字对象）和智能设备（数十亿的互联设备）同核心的 IT 基础设施（云）同步，将会产生各种各样的大量数据，继而为人们提供它们所制定和推动的环境感知及复杂服务。最有前途和潜力的场景如下：传感器和执行器遍布各地，机器间通信产生大量数据，这些数据会被仔细捕捉，然后进行大量的调查来产生有用的知识，相关的概念包括物联网（IoT）、信息物理系统（CPS）、智能环境等。同样，对个人而言，我们日常生活中的每样物品都将成为游戏规则的改变者，让人们在日常行为、决策能力、处理中变得更为聪明。这样，随着数据成为全球各个机构和个人的战略资产，HPC 资源正在成为将数据转换为信息并顺利产生实用知识的重要条件。

2.3   大数据的战略意义

明确的结果：数据驱动的世界

- 商业交易数据、交互数据、运营数据、管理数据、分析数据。
- 系统及应用基础设施（计算、存储、网络、应用、Web 与数据库服务器等）的日志文件。
- 社交数据、个人数据、博客。
- 客户数据、产品数据、销售数据及其他重要商业数据。
- 传感器与执行器的数据。
- 科学实验与观测数据（基因、粒子物理、金融与气象建模、新药研制等）。

新的分析方法

下面是一些基于大数据的新的分析方法。大数据分析是产生和使用实时、可行的洞见以便有信心地采取行动的引爆点。例如，各个企业将会采用大量预测分析来正确地想象未来，从而尽可能获取有形及无形的利益（商业和技术）。

通用（横向）	特定（纵向）
实时分析	社交媒体分析
预测性分析	运营分析
规范性分析	机器分析
高性能分析	零售与安全分析
诊断分析	倾向性分析
声明式分析	金融分析

下一代洞见驱动的应用程序

随着很多被验证有效的方法与工具将数据转换为信息以及可用的知识，知识工程正在快速发展。接下来，通过利用符合标准的分析平台，及时有效地捕获大数据中的洞见并将其传播到软件应用程序以及服务中，能够使得它们变得与众不同。总的想法就是通过手持、便携、可植入、移动、可穿戴设备来构建、开发和发布以人为中心的服务。如果利用得当，大数据将会成为更智能世界到来的主要原因。

实现步骤：大数据→大基础设施→大洞见 对于各行各业的企业而言，几乎均面临大数据的挑战，那就是获取所有数据，尽可能快地分析它们，理解它们，并推动明智的决策，从而尽可能快地对业务产生积极的影响。为了及时从数据中提取各种可用的、有用的知识，可以采用不同的方法。从大数据中提取出可行的洞见的常见动作包括：

- 聚合并提取各类分布式的、不同的、分散的数据。
- 对清洗后的数据进行分析。
- 表达提取出的可用于行动的情报。
- 基于提供的洞见开展行动，并提高未来分析（实时分析、预测性分析、规范性分析、个人分析）的门槛，提高业务性能和生产力。

2.4　大数据分析的挑战

毫无疑问，由于大数据的规模性、变化性、多样性、黏性、真实性，对 IT 带来了巨大的挑战。因此，大数据要求高质量的 IT 基础设施、平台、数据库、中间件解决方案、文件系统、工具等。

基础设施面临的挑战

- 用于数据捕获、传输、提取、清洗、存储、预处理、管理、知识传播的计算、存储、网络单元。
- 集群、网格、云、大型机、设备、并行及超级计算机等。
- 为高效满足大数据需求而专门设计、巧妙集成的系统。

平台面临的挑战

我们需要端到端的、易于使用的、高度集成的平台来使大数据发挥作用。当前，相关的平台有数据虚拟化、数据获取、数据分析、数据可视化等，然而，为了加速从大数据中提取知识的过程，当前最紧急的需要就是完整而全面的平台。

- 可分析、分布式、可扩展、并行的数据库。
- 企业数据仓库（EDW）。
- in-memory 系统和网格（SAP HANA、VoltDB 等）。
- in-database 系统（SAS、IBM Netezza 等）。
- 高性能 Hadoop 实现（Cloudera、MapR、Hortonworks 等）。

文件系统及数据库面临的挑战

在意识到传统数据库用于大数据的缺点之后，产品供应商推出了一些可分析、可扩展、并行的 SQL 数据库来处理高度复杂的大数据。除此之外，还有 NoSQL 和 NewSQL 数据库，它们更适合处理大数据。新类型的并行及分布式文件系统，如 NetApp 的 Lustre 等，为大数据增加了许多新的能力。

图 2-1 清晰地展示了大数据分析面临的相关挑战。

2.5　高性能计算范型

由于数据方面发生了一些改变游戏规则的进展，知识工程面临的挑战也逐渐加大。大的数据集正在以不同的速度和结构产生，数据间的关系变得愈发复杂，常规数据和重复数据的数量激增，数据虚拟化和可视化的需求变得至关重要。由于 HPC 能够使企业看到指数级的性能提升、生产能力和盈利能力的提高，并能简化分析过程，因此被认为是最好的发展之路。

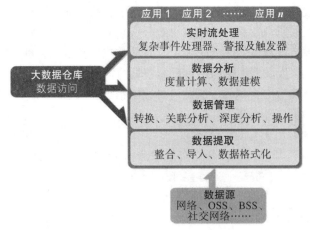

图 2-1 富有挑战性的大数据世界

破解 HPC 之谜 软件应用程序的性能由于多种原因导致千差万别，底层基础设施是其中之一，应用程序的设计者和开发者编写的代码总是被迫针对执行容器和部署环境进行优化。如今随着云成为应用程序的核心、中心以及聚合的环境，软件工程师的任务就是对遗留软件进行必要的更改，从而无缝地通过云来完成迁移、配置、交付，这个过程被誉为云计算实现。现在，应用程序直接在云环境中构建和部署，以便消除开发环境和运行环境之间标准上的冲突，用这种方式编写的应用程序天然适合于云环境。

关键在于应用程序的性能在非云环境和云环境之间有所不同。人们期待应用程序能够在各种环境中都可以发挥其全部性能。有一些方法可以使应用程序的性能大幅提升，包括自动容量规划、成熟的提高性能的工程和增强机制、自动扩展、增强性能的架构模式、动态负载均衡与存储缓存、CPU 突发等。一个广为人知且广泛认可的事实就是虚拟化会带来性能的下降。为了减少由虚拟化理念带来的性能退化，推荐使用容器化技术，相关的开源 Docker 技术也变得越来越成熟稳定。

需要澄清 HPC 相关的术语。性能、可扩展性、吞吐量等术语在计算领域中被以多种方式使用，因此对这些术语有明确的看法和理解至关重要。当我们讨论性能时，它同 IT 系统相关联，同时也与应用程序相关联。多处理器与多核的架构与系统正变得非常普及。

可以基于一些特征来计算应用程序的性能，用户负载和处理能力是决定因素。也就是说，应用程序每秒能够应对多少用户或者每秒能够完成的商业交易的数量。系统的性能是根据它每秒能够完成的浮点操作数量来决定的。高性能系统是指能够每秒处理超过 10^{12} 次浮点操作的系统。

应用程序的性能取决于应用程序架构、应用程序基础设施、系统基础设施。如同我们所知道的，每个基础设施组件在性能上都有理论极限，但是由于一些内部或外部的原因，实际能够达到的性能会远低于理论峰值。传输速度为 1 Gbps 的网络，由于很多相关因素或不足，在任何一个时间点都无法达到 1 Gbps 的速度。其他硬件模块也面临相同的问题。最终，运行在它们之上的所有应用程序都会在性能方面受到影响。Joyent 的白皮书[1]中说，受限的带宽、磁盘空间、内存、CPU 周期、网络连接等共同导致了较差的性能。有时候，应用程序性能较差是其自身设计架构造成的，因为它没有将处理任务适当地分布到可用的系统资源上。棘手的挑战就是如何利用系统模块来达到其理论性能，从而使应用程序高效运行。

吞吐量是系统或应用程序所达到的性能指标。将数据从 A 点传输到 B 点的有效速率就是吞吐量的值，也就是说，吞吐量是原始速度的度量。尽管加大数据的移动或处理速度无疑会提高系统的性能，但系统的速度是由其最慢的部分决定的。一个系统如果部署了 10 Gb 以太网，但是服务器存储器只能够以 1 Gb 的速度存取数据，则该系统仍然是一个 1 Gb 的系统。

可扩展性同性能密切相关。也就是说，即使用户的数量突然大幅增加，也仍然必须保持相同的性能指标，换言之，随着用户负载非计划地增加，处理性能也必须得到相应的提高，从而为所有用户维持之前的响应时间。要维持更高的有效吞吐量和性能，唯一的方法就是增加兼容的资源。在云环境中，系统级和应用级的自动扩展是强制性的。主流的云服务提供商（CSP）确保自动扩展，而类似 OpenStack 这样的云管理平台则用来确保资源的自动扩展。对于大数据分析来说，Savanna/Sahara 项目用来确保自动扩展与收缩。

最近出现了几种计算类型，它们专门用于实现高性能计算的目标。为了得到高性能计算，主要的方法分为集中式计算和分布式计算。毋庸置疑，并行计算是最广泛用来确保高性能和高吞吐量的方法。对称多处理（SMP）和大规模多处理（MPP）解决方案有很多。随着急需高性能计算的领域越来越广，目前对 HPC 技术也越来越重视。特别是对于即将到来的知识世界，用来提取知识的数据分析必将在实现数据驱动的世界的过程中发挥重要作用。随着数据变为大数据，对 HPC 的需求也显著增加。在接下来的章节中，我们将讨论更多的 HPC 模型，它们被认为更适合于大数据分析。由于 Hadoop 能够以低成本来存储和分析大的数据集，因此受到广泛欢迎。通过利用 Hadoop 的数据处理框架 MapReduce 中根深蒂固的并行计算技术，有可能将很长的计算时间缩减到几分钟。这种方法适用于对保存在磁盘中的大量历史数据进行挖掘，但是不适合从实时和运行中的数据来获得实时的洞见。这样，人们仍然在继续努力来构想出高性能方法，以实现实时和高效的大数据分析。

2.6　通过并行实现高性能的方法

下面是使用额外的硬件完成并行工作的主要方法：
- 共享内存
- 共享磁盘
- 无共享

共享内存　对称多处理计算机是广泛使用的共享内存计算机。所有的 CPU 共享一个内存以及一组磁盘，这里所面临的复杂问题是分布式锁。由于锁管理器以及内存池都在内存系统中，因此不需要任何提交协议，所有的处理器都能以受控的方式访问内存。由于所有的内存请求都必须通过所有处理器共享的总线来执行，导致可扩展性成为一个问题。总线的带宽会迅速拥堵。此外，共享内存多处理器要求复杂的、定制的硬件，以确保它们的 L2 数据缓存的一致性。因此，共享内存系统对于各种不同的需求难以进行扩展。

共享磁盘　在这种架构下，会有多个独立处理器节点，每个节点有其专有内存。但是这些节点都访问同一个磁盘集合，通常以 SAN（存储区域网络）系统或 NAS（网络附属存储）系统的形式存在。同共享内存类似，共享磁盘架构也面临严重的可扩展问题。将各个 CPU 连接到共享磁盘的网络可能会成为 I/O 瓶颈，此外，由于内存不是共享的，没有位置来集中存放锁表或缓存池。为了设置锁，锁管理模块必须集中到一个处理器或使用一套复杂的分布式锁协议。该协议必须使用消息来实现缓存一致性协议，这类似于共享内存多处理器用硬件实现的协议。当系统进行扩展时，这两种加锁的方法都有可能成为瓶颈。为了使共享磁盘技术能够更好地工作，供应商实现了一种"共享缓存"的设计，其工作方法同共享磁盘非常类似。

这样的机制非常适合于在线事务处理（OLTP），但是对于数据仓库 / 联机分析处理（OLAP），这种设置就不大好了。数据仓库的查询是通过对数据仓库中的事实表进行顺序扫描来完成的。除非整个事实表位于集群的聚合内存中，否则就需要使用磁盘。因此，共享缓存限制了可扩展性。此外，在共享内存模型中的可扩展性问题也出现在共享磁盘的架构中。磁盘同处理器之间的总线可能会成为瓶颈，而且当 CPU 的数量增加时，对特定磁盘块的资源争用问题会更加突出。

无共享　在这种情况下，每个处理器都有它自己的磁盘组，相互之间不共享任何关键计算资源。对于大数据而言，数据被水平分布到多个节点上，使得每个节点都有来自数据库中每个表的行子集，然后每个节点只负责处理位于它自身磁盘当中的行。这样的架构特别适合于标准数据仓库工作负载中的星形模式的查询，因为只需要将一个或多个维表（通常较小）同事实表（通常要大很多）进行连接，因此需要的通信带宽非常小。

每个节点都维护自身的锁表和缓存池，因此完全不需要复杂的加锁操作以及软件或硬件的一致性机制。由于无共享架构没有总线或资源争用问题，有助于实现数百或数千计算机的动态扩展。无共享集群可以使用商用硬件来构建，所有基于 Hadoop 的大数据系统都主要利用这一成熟的、有潜力的架构来应对各种各样的约束。目前已经有最先进的软件解决方案，可以确保基于变化的需求对计算资源进行动态扩张或收缩。

随着无共享架构的普及，人们越来越多地使用商用服务器来构建计算和数据集群以及网格，从而以低成本高效益的方式来获得高性能。对于大数据分析，即便是商业云也广泛使用商用服务器。此外还有其他通过硬件来加速性能的方式和手段。设备是另一种获取高性能的选择，但是其总体拥有成本（TCO）较高。设备提供了可扩展性来确保高性能。为了方便读者，我们将在其他章节中详细介绍设备的发展趋势以及商业变化。因此，用商用硬件模块搭建无共享数据库系统，在多数大数据场景中看上去是较好的选择。科学家和研究人员正在一起探索软硬件解决方案，目的是通过并行性实现平滑和稳定的高性能或高吞吐量。

2.7　集群计算

近期，集群越来越普及，因为它不仅能够实现高性能的目标，还具有可扩展性、可用性、可持续性。除了提供成本效益外，集群易于搭建也是值得注意的一点。集群构建、监视、度量、管理、维护等技术已经成熟稳定。对基于 x86 的集群的大规模采用无疑大力推动了 HPC。集群所获得的前所未有的成功归功于其简单的架构，它将传统商用服务器通过强大的互联连接在一起，例如千兆以太网和 InfiniBand。

集群通常遵从 MPP 模型。其主要缺点是集群中每个节点都有自己的内存空间，其他节点需要通过系统互联才能够访问它们。显而易见的结果就是增加了软件开发的复杂性，也就是需要将应用程序的数据进行分割，然后分布到集群中，再通过节点间消息传递来对计算进行协调。这种架构方法还需要在集群的每个节点上维护一个操作系统以及相应的软件栈。集群管理往往在系统级和应用级都比较复杂。

另一方面，SMP 平台实现了共享内存模型，系统中所有处理器对整个地址空间进行统一访问。这是通过使用支持 NUMA 的通信架构来将多个处理器及其相应内存聚合到一个节点来实现的，这就意味着不需要切分应用程序数据并协调分布式计算。这种安排为开发者们提供了更自然的编程模型，可以隐式利用现有的软件包。系统只需要一个 OS 实例及软件环境，从而简化了系统升级和打补丁。遗憾的是，SMP 模型由于一些原因输给了集群模型。定制的 NUMA 网络要求增加额外的硬件组件，而且 SMP 模型的运行成本高。Gartner 将大数据集群定义为松散耦合的计算、存储、网络系统的集合，具有一些特殊节点用于管理，并且运行大数据框架。大数据集群的优点包括：

- 集群具有较低的购置成本，并且可以重用已有硬件。
- 易于对集群进行扩展，可以混合使用高端硬件作为管理节点、商用硬件作为工作节点。
- 能够快速改变硬件配置，以便符合工作负载的特殊要求。

不足之处是 Hadoop 软件栈组件的可用性，以及发布的各个版本差异很大。此外，根据选择的供应商，支持能力也千差万别。

虚拟 SMP 替代方案（www.scalemp.com）　集群当前非常流行，而且由于上述原因，SMP 无法达到市场预期。然而，目前人们开始试图将它们的优势结合在一起。做法是将 SMP 的独特能力嵌入集群中，同时对 SMP 的不足也加以高度重视。如果集群能够像 SMP 那样工作，则企业 IT 可以轻易实现相对廉价和可扩展硬件的优势，同时管理复杂度也大幅降低。另一方面，如果 SMP 也能够运行为分布式内存架构构建的 MPI 应用程序，同时不需要传统集群的管理开销，这对于 SMP 而言也非常有利。意识到将集群融合到 SMP 中的独特优势之后，ScaleMP 推出了一款新的产品，该产品反映了 ScaleMP 的价值主张，其 vSMP Foundation（Versatile SMP）产品将传统的 x86 集群转换成一个共享内存平台。它通过软件来实现上述功能，部署一个虚拟机监视器（VMM），将多个 x86 节点、I/O 以及系统互联成为一个单一的（虚拟）系统（图 2-2）。使用集群的本地互联取代 SMP 定制网络架构，从而维护节点间的内存一致性。当前的 vSMP Foundation 产品能够将多达 128 个节点、32 768 个 CPU 以及 256 TB 内存聚合到一个系统中。

vSMP Foundation 为分布式基础设施创建了一个虚拟共享内存系统，这既适用于大数据，也适于分析问题。它允许通过增加节点的方法来进行扩展，同时保留了共享内存的 OPEX 优点。它为小的 Hadoop 部署提供益处，这些部署中 OPEX 成本高，而且当数据不能够轻易进行分布时，可以通过提供共享内存处理环境来处理大数据用例。

Hadoop 集群的提高　Hadoop 是一个开源的框架，用来在由多个异构商用服务器组成的计算集群中运行数据密集型应用程序。Hadoop 集群有很多商业或技术上的用例。Hadoop 传感器采用了很多先进机制，用于提高可扩展性、可用性、安全性、容错性等。通过额外的和外部引入的技术，自动扩展和收缩正在实现。对于大规模数据处理，Hadoop 集群由于其简单的架构变得不可或缺，并在未来仍将大行其道。Hadoop 可以有效分布大量数据处理任务，范围从几台到 2000 多台服务器。一个小规模的 Hadoop 集群可以轻易处理 TB 级乃至 PB 级数据。通过 Hadoop 集群[2] 高效进行数据分析的步骤如下：

步骤 1：数据加载及分发——输入数据保存在多个文件中，因此一个 Hadoop 作业的并行规模是同输入文件的数量相关的。例如，如果有 10 个输入文件，那么计算可以分布

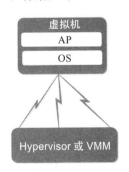

图 2-2　一台虚拟机（VM）的使用

到 10 个节点上，因此，通过计算服务器来快速处理大数据集的能力同文件数量以及用于将数据分布到计算节点的网络基础设施有关。Hadoop 调度器将作业指定到节点上来处理文件。当作业结束之后，调度器会指派另一个作业以及相应的数据到节点上。作业的数据可以位于本地存储中，或者位于网络上的另一个节点。节点会处于空闲中，直到收到待处理的数据为止。因此，对数据集进行分发以及高速数据中心网络都对 Hadoop 处理集群的性能有贡献。根据设计，Hadoop 分布式文件系统（HDFS）通常会在节点间保存三份或更多的数据集副本，从而尽可能避免空闲。

步骤 2 和 3：Map/Reduce——第一个数据处理步骤将 map 函数应用到步骤 1 中加载的数据上。之后，map 函数的中间输出使用一些键（key）来进行划分，具有相同键的数据会被移动到相同的 reducer 节点。最后的处理步骤是将一个 reduce 函数应用到中间数据上，而且 reduce 函数的输出会存回到磁盘中。在 map 和 reduce 操作之间，数据会在节点间移动。在 map 函数的输出中，有着相同键的数据会移动到相同的 reducer 节点。在这两个关键步骤之间，可能还会有许多其他任务，例如 shuffling、filtering、tunnelling、funnelling 等。

步骤 4：合并——当数据进行 map 和 reduce 处理之后，必须合并处理后进行输出和提供报表。

Hadoop 集群的规模可以从几百个节点到上万个节点，可以分析世界上一些大的数据集。对于高性能大数据存储、处理、分析而言，Hadoop 集群是最为实惠和成熟的机制。因此，很显然 Hadoop 框架加上精心设计的计算集群，能够通过高效并行数据分布来解决数据密集型应用程序。由于企业 IT 部门面临降低成本以及快速为市场提供服务和解决方案的巨大压力，因此集群必然会越来越常见。

2.8　网格计算

对于各个行业的高性能工作负载，人们发现当前 IT 系统效率不够高。另一个有趣的任务是充分利用现有 IT 资源，同时为运行高端应用程序准备额外资源。某些领域，包括金融服务、制造业、生命科学、技术计算等，需要 HPC 的新方法和手段。网格计算被定位为一种非常强大的 HPC 范型。网格遵从了分布式计算的理念，真正的优点不是服务器的分布式部署，而是集中式的监视、度量和管理。计算网格使得你可以在分布式计算机的处理器、存储器、内存之间无缝建立连接，以提高它们的利用率，以便更快速地解决大规模问题。网格的好处包括节约成本、通过减少发布结果的时间提高业务敏捷性、特定目标的协作以及加强资源共享。网格计算是一种可扩展的计算环境，可以用低成本高效益的方式确保可扩展性、高可用性和快速处理。网格计算利用"分而治之"的方法，从而出色满足 HPC 的需求。各种可并行工作负载以及数据都可以通过该计算范型而受益。

当前有一些商业因素和力量正在为系统、广泛实现网格计算能力铺平道路。如今，每个人都被许多设备辅助，这些设备相互协作，以便理解我们的需求并且及时地满足这些需求。设备使得我们可以同外部世界连接起来。由于机器被授权为可以同附近的以及远程的系统相互通信，通过机器间以及机器与人之间交互而产生的数据的数量变得非常巨大。庞大的数据使得当前 IT 系统承受极大压力。也就是说，将数据捕捉并转换为信息和知识的机会窗口急剧缩小。越来越多的工业应用程序也要处理大量数据，并且执行超出现有服务器能力的重复计算。在这种令人厌恶的场景下，网格计算成为克服数据挑战的希望，明显的益处包括：

● 可扩展性：长时间运行的应用程序可以被分解成可管理的执行单元，类似地，大的数据集可以被精确地分割成数据子集。这些都可以同时执行，从而加快执行过程。随着大量商用服务器加入处理流程中，应用程序的隔离和数据的分割一定能够做得非常好。此外，运行时增加新服务器的独特能力能够确保流畅的可扩展性。

- 用户增长：多个用户可以访问虚拟资源池，目的是通过对计算资源的最大化利用来提供最短的响应时间。
- 节约成本：为了降低 IT 成本，主要的措施就是利用网络中未使用或未充分使用的计算机。资源共享是网格环境中另一个值得注意的因素。
- 业务敏捷性：网格计算显著增加了 IT 敏捷性，从而提高了业务敏捷性。也就是说，IT 能够根据业务的变化和挑战而快速变化。
- 高度自动化：随着网格环境中实现和集成了强大的算法，管理网格应用程序与平台的自动化程度被提升到一个新的水平。

对于大数据分析，网格的理念非常积极且有建设性。网格提供了典型的工作负载管理、作业调度与优先级、分析作业的细分，以获得更高的生产率。如前所述，系统可用性、可扩展性、持续性都通过网格中的软件充分增强。消除单点故障、嵌入容错等是基于网格的大数据分析的主要驱动力。网格计算可以解析和划分大型分析作业，将其分为更小的任务，这些任务可以并行运行在小的、低成本高收益的服务器上，而不是高端和昂贵的对称多处理器（SMP）系统上。

in-memory 数据网格（IMDG）[3]　尽管 Hadoop 的并行架构可以加速大数据分析，但当应对快速变化的数据时，Hadoop 的批处理和磁盘开销过大。在本节中，我们将解释如果通过将 IMDG 与一个集成的独立 MapReduce 执行引擎结合，实现实时且高性能的分析。这一新的组合为实时数据更快地提供结果，同时也加速了大的、静态的数据集的分析。IMDG 提供低访问延迟、可扩展能力、高吞吐量以及集成的高可用性。IMDG 自动存储并将数据进行负载均衡，分布到弹性的服务器集群中。IMDG 也将数据在多个服务器上进行冗余存储，以便在服务器或网络连接失效时保证高可用。IMDG 集群可以很容易地通过增加服务器来进行扩展，从而动态处理增加的工作负载。

IMDG 需要灵活的存储机制来处理它们存储的数据上的各种不同的要求。IMDG 可以保存有着丰富语义的复杂对象，从而支持类似面向属性的查询、依赖、超时、悲观锁、远程 IMDG 同步访问等特性。典型的 MapReduce 应用程序被用来处理大量简单对象。还有其他的应用程序应对大量非常小的对象的存储和分析，例如传感器数据或推文（tweet）。为了处理这些不同的存储需求，也为了高效使用内存和网络资源，IMDG 需要多种存储 API，例如 Named Cache API 以及 Named Map API。通过这些 API，应用程序可以创建、读取、更新、删除对象，从而管理实时数据。这样，应用程序开发人员可以轻松地保存和分析带有丰富元数据的重量级对象以及高度优化存储的轻量级对象。

运营中的系统通常处理实时数据，如果 IMDG 集成到运营系统中，则专用的分析中对 in-memory 数据的访问会显著加快，提供实时洞见来优化 IT 操作，帮助及时发现异常或风险情况。将 MapReduce 引擎集成到 IMDG 中，大幅降低了分析和响应时间，因为能够在处理中避免数据的移动。先进的 IMDG 示范并行计算能力，能够克服 MapReduce 引入的很多限制，而且能够对 MapReduce 的语义进行仿真和优化。结果就是具有了更快交付的优势。如果编写的一个 MapReduce 应用程序是用来既分析实时数据，也分析历史数据，那么同样的代码可以用在基于 IMDG 的实时环境中，也可以用在 Hadoop 批处理环境中。

将 IMDG 用于实时分析　对于实时分析，有一些活动需要考虑和完成。第一个步骤是消除 Hadoop 标准批处理调度器所带来的批处理调度开销。IMDG 可以在所有网格服务器上预设基于 Java 的执行环境，并用于各种分析中。这个执行环境包含一组 Java 虚拟机（JVM），集群中每个节点上部署一台虚拟机和一个网格服务进程。这些 JVM 构成了 IMDG 的 MapReduce 引擎。同时，IMDG 可以自动部署所有必需的可执行程序和库，从而支持在这些 JVM 间执行 MapReduce，将启动时间大幅降低到几毫秒。

下一个减少 MapReduce 分析时间的步骤 [3] 是尽可能消除数据移动。由于 IMDG 将快速变化的数据放在内存中，MapReduce 应用程序可以直接从网格中获取数据，然后将结果放回到网格中，这样就通过避免从二级存储中访问和提取数据加速数据分析。当执行引擎集成到 IMDG 中后，IMDG 中的键 / 值对可以高效读取到执行引擎中，从而降低访问时间。可以使用特殊的记录读取器（网格记录读取器）来自动将键 / 值对以流水线方式从 IMDG 的 in-memory 存储移动到 mapper 中进行转换。其输入格式为指定的输入键 / 值对集合自动创建适当的分块，在从网格服务器中获取键 / 值对时避免了全部网络开销。类似地，网格记录写入器可以将 Hadoop 的 reducer 中的结果以流水线方式写回到 IMDG 存储中。这样，IMDG 就成为完成数据分析以便及时获得可行智能的出色工具。

in-memory 数据网格非常流行，因为它们解决了两个相关的挑战：

- 为实时用途访问大数据。
- 应用程序性能与规模。

in-memory 数据网格为以上挑战提出了一个巧妙的解决方案：

- 确保数据已经位于易于访问的内存中。in-memory 数据网格提升了极快的、可扩展的读写性能。
- 自动将未使用的数据保存到文件系统中，维护冗余 in-memory 节点以确保高可用性和容错性。
- 弹性地维护分布式节点上下线。
- 自动在整个集群中分布信息，当扩展或需要改变性能需求时，网格能够增长。

GridGain 是基于 JVM 的应用中间件，使得公司可以容易地构建高可扩展的实时、数据密集分布式应用程序，这些程序可以在各种基础设施上运行，从小的本地集群到大型混合云。

为了得到上述能力，GridGain 提供了一个中间件解决方案，将两种基础技术集成到一个产品中：

- 计算网格。
- in-memory 数据网格。

这两种技术适合于所有实时分布式应用程序，因为它们为处理和数据访问的并行化提供了手段，而且它们是极端高负载情况下支持可扩展性的基础能力。

计算网格　计算网格技术为处理逻辑的分布提供了方法。也就是说，它支持计算在多个计算机上进行并行化。更具体地说，计算网格或 MapReduce 类型的处理定义了将最初的计算任务分割成多个子任务的方法，然后在基础设施上并行执行这些子任务，并将子结果聚合（reducing）得到一个最终结果。GridGain 提供了最全面的计算网格和 MapReduce 能力。

in-memory 数据网格　它通过将分割后的数据保存在距离应用程序较近的内存中来提供数据存储并行化的能力。IMDG 允许将网格和云视作一个虚拟内存库，从而巧妙地在参与计算的计算机间划分数据并提供各种缓存和访问策略。IMDG 的目标是提供数据的高可用性，途径是将数据以高度分布（并行）的方式保存在内存中。

总之，显然通过使用 IMDG 以及集成的 MapReduce 引擎，为对实时和运营数据进行实时分析打开了大门。IMDG 的集成 MapReduce 引擎还消除了安装、配置、管理完整 Hadoop 发行版的需要。开发人员可以用 Java 编写和运行标准 MapReduce 应用程序，这些应用程序可以被执行引擎当作一个独立的执行体来运行。简言之，in-memory 数据网格同 Hadoop 引擎能够高效及时地产生结果，从而可以做出明智的决策。通过对网格的利用，IT 基础设施的作用能够显著增加。在一些垂直行业中，具体的用例正在不断涌现和发展，通过利用网格计算这一巧妙的、令人赞叹的理念，必然会得到极大收益。

2.9　云计算

我们已经讨论了集群和网格在满足大数据分析的高性能需求方面的作用，在本节中，我们将解释云范型如何满足 BDA 的高性能需求。众所周知，云的理念的流行归功于它在无缝提升基础设施优化方面的巨大潜力。一般来说，IT 基础设施的利用率为 15%，因此人们在不同层级上采取了一系列的努力，目的是大幅提高资金密集、运作昂贵的 IT 资源的利用率。云范型是不断增加的实用技术和技巧的集合，例如整合、集中化、虚拟化、自动化、共享各种 IT 资源（计算机、存储设备、网络解决方案），从而获得良好组织和优化的 IT 环境。有一些解决方案是虚拟机集群，用于特定用途的高性能和高吞吐量系统。

人们正在开发各种增强功能，从而使得 IT 环境能够通过云来提供。如同在软件工程中普遍存在的那样，最近引入了 API 支持的硬件可编程性，目的是能够在任何网络上激活硬件元素。这意味着硬件元素的远程可发现性、可访问性、可操作性、可管理性、可维护性正得到推动，从而提高它们的可用性和利用水平。值得注意的另外一点是硬件组件中的集中智能正被隔离并表现为一个软件层，从而满足商品化和产业化的长期目标。软件层的引入是为了大幅简化硬件模块的操作，这意味着通过软件完成硬件模块的配置、基于策略的置换、替代等功能将很快实现。这就是最近我们经常听到或看到软件定义基础设施、软件定义网络、软件定义存储等流行词语的原因。简而言之，正在推出一些改变游戏规则的进步，使得 IT 变得可编程、融合、自适应。

企业需要自动化的方式来扩张和收缩它们的 IT 能力，以满足不断变化的需求。成品硬件设备以及基于云的软件交付灵活性可以应对这一挑战。然而，要将这些方法扩展以解决关键任务企业级规模应用程序的极端要求，还需要很多的创新。云支持对一个动态共享池进行泛在的、按需的访问，该共享池由高度可配置资源构成，例如服务器、存储器、网络、应用程序、服务等。这些资源可以以最小的人工干预进行快速部署和重新部署，以满足不断变化的资源需求。也就是说，通过利用云的理念来实现 IT 敏捷性、适应性、可负担性和自治性，对业务的效率能够带来积极影响。

云环境中的可扩展性　当云作为一种技术开始改变 IT 行业时，其核心就是 IT 基础设施。按需启动虚拟机就像社会公共事业（天然气、电力、水）那样。随后，云计算持续发展，如今它的目标是按需提供数据和应用程序，因为按需提供基础设施已经看到了曙光。现在，云服务提供商根据到来的工作负载调整基础设施成为新的竞争内容。随着云范型在不同的维度和方向上不断扩展，如今的企业买家正认识到"实现价值时间"（time to value）远比云中的商业服务器重要。

对于云理念，出现了很多应用、商业、技术实例，通过一系列的白皮书、数据表、案例研究、研究出版物、杂志文章、国际会议和聚会上的演讲等形式大量阐述。无疑，可扩展性是其中的重点内容。当为了恢复或提高应用程序性能，向云中增加更多资源时，管理员可以进行水平扩展或垂直扩展。垂直扩展需要向相同的计算池中增加更多资源（例如增加更多的 RAM、磁盘或虚拟 CPU 来处理增加的应用负载）。反之，水平扩展需要为计算平台增加更多的计算机或设备来处理增加的需求。

云中的大数据分析　随着数据变为大数据，洞见也必然变得更大，因此任何未来应用都必将由大的洞见驱动。这样就很容易理解，技术以及巨大的库存数据量最终会影响企业的战略和战术。也就是说，没有哪个行业部门或业务领域能够摆脱这种数据引发的破坏和改造。随着这一趋势的兴起，我们在很多领域会看到或经历到大数据应用程序，包括资本市场、风险管理、能源、零售、品牌和营销优化、社交媒体分析、客户情感分析等。考虑到处理以及数据存储的庞大，企业渴望具有并行分析处理能力以及可扩展基础设施，该基础设施能够快速适应计算或存储需求的增加或减少。因此，很多大数据应用正准备支持云，并且部署在云环境中，从而具备所有的云特性，例如灵活性、适应性、可负担性。

高性能云环境　有一种普遍的看法是虚拟化环境不适合于高性能应用。然而，云基础设施日益成为虚拟机和裸机服务器的混合体。因此，为了满足 HPC 应用程序的要求，可以使用裸机系统。VMware 已经进行了一系列的测试，以确定大数据分析是否适合在虚拟化环境中运行，根据 VMware 网站发布的报告，结果令人鼓舞。云环境的真正优点在于自动扩展。除了向上和向下扩展之外，向外和向内的扩展才是云的关键不同。自动增加新的资源或撤销已分配资源以满足变化的需求的能力，使得云成为最适合低成本高收益 HPC 的选择。任何并行工作负载都能够在云中有效解决。

并行文件系统，scale-out 存储，SQL、NoSQL、NewSQL 数据库等使得云基础设施成为下一代的 HPC 解决方案。例如，如果环境能够根据需求扩展，那么多个计算机辅助工程（CAE）负载就可以得到更快的处理，这使得云高效、灵活、协作。通过应用成熟的云计算来建立 HPC 和分析基础设施，能够避免各自为战，可以利用共享资源来使得现有集群的运行效率最大化。向大有前途的云范型的逐步过渡可以在很多方面提供帮助。由于云环境的高度且深入的自动化，对资源会进行优化使用，从而实现更加强大和目标明确的计算。

用于 HPC 的云平台　云环境中不仅有软件定义的基础设施，而且还包括先进的 HPC 平台，使得云能够成为优秀的 HPC 环境。近年来，出现了很多实时计算并行平台，主要有 IBM Netezza、SAP HANA、SAS High-Performance Analytics。IBM Netezza 的一个实例被部署在了公有云环境（IBM SoftLayer）中，目的是通过测试来了解它如何在云环境中发挥功能。测试发现数据处理速度非常好，而且推断是 HPC 平台与云基础设施的无缝同步确保了所要求的高性能目标。

类似地，SAP 和 Intel 联合起来验证他们的产品是如何在云环境中组合起来的。他们的工程师团队已经在新的 Petabyte Cloud Lab 中部署了 SAP HANA，由 100 台服务器提供 8000 个线程、4000 个核、100 TB RAM，每台服务器使用 4 插槽 Intel Xeon E7 系列处理器。当前集群中仅有一个 SAP HANA 实例，而且工程师们对 PB 级数据得到了接近线性的可扩展性。

SAS 使用 Amazon Web Service（AWS），通过创建灵活、可扩展、分析驱动的应用程序来帮助企业改进业务功能。这标志着通过在云中应用产品的高级分析功能，在帮助企业主动实现大数据和 Hadoop 方面迈出了关键一步。这不仅降低了成本，而且使得客户能够立即大幅受益，因为向云迁移之后，可以快速有效地在任意地点分析数据，从而迅速做出关键决策。毫无疑问，推动企业采用云范型的主要因素包括：更快获得新的功能、降低 IT 成本、改进现有资源的使用。

毋庸置疑，云是各种技术进步发生的地方，例如 IT 优化、合理化、简化、标准化、自动化等。随着多种技术的融合，云正在成为下一代可负担得起的超级计算机，全面解决由大数据所带来的存储、处理、分析等方面的挑战。大规模并行、混合、特定应用的计算资源可以通过松散耦合、分布式、基于云的基础设施来访问，为许多应对大数据集的复杂应用程序提供了一系列新的机会。

2.10　异构计算

由于竞争性的技术和工具很多，当前 IT 中的异构性成为普遍现象。因此，有必要采用新的异构计算模型来运行充满异构性的大量工作负载。最近，异构计算在许多领域得到了广泛的应用。异构计算是一种实现加速计算的目标的可行机制，是指系统使用多种不同计算单元，例如通用处理器和专用处理器（数字信号处理器（DSP）、图形处理单元（GPU）、用现场可编程门阵列（FPGA）实现的专用电路）。GPU 是众核架构，有多个 SIMD 多处理器（SM），可以并发运行上千个线程。专用集成电路（ASIC）是另一种专用电路。例如，设计用于数字语音记录器或高效率比特币挖矿机的芯片均是 ASIC。近期，加速部件是大大加快特定场合特殊参数的重要解决方案。有些应用程序有专门的算法，这些算法可以从通用 CPU 中解脱出来，交给专用硬件来运行，从而对应用程序实现加速。GPU 是异构计算的主导力量。

为何设计 GPU 集群？　由于单核 CPU 性能停滞不前，目前已经是多核计算的时代。因此，最近人们开始逐步采用 GPU。归因于微米、纳米级电子器件的一系列进步，GPU 的价值和能力激增，各种各样的应用在性能和性价比方面体现出了数量级的收益。GPU 尤其擅长面向吞吐量的工作负载，这些工作负载是具有数据密集或计算密集特征的应用。

然而，程序员和科学家将大部分精力放在了单 GPU 开发上。由于缺少强大工具和 API，多 GPU 集群的编程并不容易，因此利用 GPU 集群来解决大规模的问题还不多见。同 MapReduce 一样，GPU 在并行处理数据方面表现较好。但是目前的 GPU MapReduce 仅针对单 GPU，而且仅能采用 in-core 算法。在 GPU 集群上实现 MapReduce 无疑带来了一些挑战。第一，多 GPU 通信非常难，因为 GPU 无法发起或汇集网络 I/O，因此支持多 GPU 的动态高效通信非常困难。第二，GPU 没有内在的核外支持以及虚拟内存。第三，简单的 GPU MapReduce 实现抽象了 GPU 计算资源和可能的优化。第四，MapReduce 模型不显式支持 GPU 固有的系统架构。意识到这些关键限制之后，参考文献 [4] 的作者设计了明晰的库 "GPU MapReduce（GPMR）"，该库能够克服这些限制。

用于大数据分析的异构计算　在本节中，我们将讨论这一新推出的计算方式如何为高性能 BDA 铺平道路。来自全球的很多研究人员已经做了大量工作，通过高效利用 CPU 核、GPU 核、多 GPU 来改进 MapReduce 的性能。然而，这些新的 MapReduce 的目的并不是有效利用异构处理器，例如一组 CPU 和 GPU。

Moim：多 GPU MapReduce 框架 [5]　众所周知，MapReduce 是著名的并行编程模型，大大降低了下一代大数据应用程序的开发复杂性。这种简单性源于开发者只需要编写两个不同的函数（map 和 reduce）。其中 map 函数制定了如何将输入的 <key,value> 对转换为中间结果 <key,value> 对，reduce 函数接收 map 函数产生的中间结果对，然后将它们归约为最终的

<Skey,value> 对。MapReduce 运行时会以透明的方式处理数据分区、调度、容错等问题。但是 MapReduce 也有一些局限。虽然它被精心设计，以利用商用服务器集群内的节点内并行，但它的设计中并没有利用异构并行处理器提供的节点内并行，例如多核 CPU 和 GPU。还有其他的问题，在 MapReduce 中，作业的中间结果对要根据基于键的哈希机制移动到一个或多个 reducer 中。遗憾的是，这种方法可能会导致作业的 reducer 之间严重的负载失衡，因为键的分布可能很不均衡。由于由多个较小任务组成的并行作业的速度取决于链条中最慢的任务，大幅的负载失衡可能会导致很长的延迟。

为了应对这一挑战，参考文献 [5] 的作者设计了新的 MapReduce 框架，名为 Moim，它在克服了上述缺点的同时，还提供了许多新的功能，目的是增加 MapReduce 的数据处理效率，如下所述：

- Moim 有效利用多核 CPU 和 GPU 提供的并行性。
- 它尽可能多地重叠 CPU 和 GPU 计算，以便降低端到端延迟。
- 它支持 MapReduce 作业的 reducer 间和 mapper 间的高效负载均衡。
- 整个系统被设计为不仅可以处理固定大小的数据，也可以处理可变大小的数据。

云中的异构计算   我们已经讨论了云作为未来的灵活的 HPC 环境的作用，如今由于完全符合异构计算规范的芯片组和其他加速方案进入市场，异构计算时代已经为期不远。另一个突破性的发展是异构计算与云计算的结合正在成为一种强大的新范型，它能够满足 HPC 以及更高数据处理吞吐量的需求。基于云的异构计算是满足不断提升的 HPC 需求的重要一步。"Intel Xeon Phi 协处理器是异构计算的突破口，它能提供卓越的吞吐量和能效，并且解决了之前异构计算解决方案面临的高成本、不灵活和编程困难的挑战"。

通过 Nimbix Cloud 实现基于云的异构计算   Nimbix 推出了世界上第一个 Accelerated Compute Cloud 基础设施（非虚拟化云，为先进处理提供了最新的协处理器），其焦点一直是实现价值时间。此后，他们又推出了 JARVICE（Just Applications Running Vigorously in a Cloud Environment），这是一个集中式平台技术，开发目的是以最低成本更快地运行应用程序。在 Nimbix Cloud 中运行大数据应用程序的好处之一就是它能够自动利用底层的超级计算级 GPU。同很强大台式机和笔记本电脑相比，根据模型，它可以很容易地将渲染的速度加快几十乃至数百倍。NVIDIA Tesla GPU 支持计算，而不仅仅是可视化，而且它远比 PC 上的图形处理器更为强大。因此，有一些供应商正在从云环境中提供高性能异构计算。

有一些公司被异构计算所吸引。IBM 发起的 OpenPOWER 基金会联盟已经有很多组织参与，目的是使得 POWER 架构得以普及并更具影响力。这是为了在下一代计算系统中实现极致优化，从而轻松应对计算密集型工作负载，同时也减轻应用程序开发人员的工作量。未来版本的 IBM Power System 将利用 NVIDIA NVLink 技术，消除了在 CPU 和 GPU 之间传输数据时对 PIC Express 接口的需要。这将会使得 NVIDIA GPU 能够以完全的带宽访问 IBM POWER CPU 内存，提高大量企业应用的性能。Power System 在提供通过分析数据更快获得洞见的解决方案方面位于前沿，被分析的数据包括结构化数据和非结构化大数据，例如视频、图片和传感器内存，还有来自社交网络和移动设备的数据。为了获得洞见并做出更好的决策，企业需要包括专有系统软件和开源系统软件的解决方案，来解决他们具体的痛点问题。为了驱动这些解决方案，设计了安全灵活的 Power System 服务器来通过运行多个并发查询保持数据移动，这些查询利用业界领先的内存和 I/O 带宽。所有这些使得利用率保持在较高水平。

2.11　用于高性能计算的大型机

大型机系统的基本架构是特殊设备的预制网络，这些设备被集中管理和组织，提供 BDA 工作负载所需要的性能和可扩展性。大型机的可靠性水平要比分布式系统高，这是几十年发展和完善的结果，使得它成为关键任务工作负载的理想平台。大型机系统自带硬件资源虚拟化的功能。从硬件角度，大型机不是一台单独的计算机，而是计算组件构成的网络，包含带有主存的中央处理器，以及管理存储网络和外围设备的通道。其操作系统使用符号名，使得用户能够动态部署或重新部署虚拟机、磁盘卷以及其他资源，使得常见硬件资源在多个项目中共享使用变得非常简单。多个这样的系统可以混合在一起。

大型计算机仍然在全球很多机构的 IT 部门中占统治地位。大型机是事务数据的无可争议的王者，全世界大约 60%～80% 的事务数据位于大型机上。关系数据仅仅占大型机上所有数据的一部分，其他重要数据资产保存在面向记录的文件管理系统中，例如 RDBMS 到来之前的 VSAM。XML 数据是另一种被大量产生、捕获和存储的数据。在最近的一段时间里，一个巨大的、大量未开发的数据来自多个内部源或外部源，这些数据是非结构化或半结构化的。这种非大型机（non-mainframe）数据正在以指数级速度增长。以社交媒体数据为例，Twittter 每天会产生 12 TB 的推文。将此类非大型机数据移动到大型机中进行分析是不可取的，也是不实际的。但是，对于多结构数据，有一些战术或战略性的用例。例如，通过梳理社交媒体获取信息，可以增强已经对关系型大型机数据所做的传统分析，这将会非常有用。

IBM 的 InfoSphere BigInsights 是 Hadoop 标准的商业级实现，它运行在 Power 或 IBM System x 服务器上，非常适合接收和处理此类多结构数据。它提供了同 z/OS 的 DB2 的连接器，使得 DB2 进程可以向远程 Hadoop 集群启动一个 BigInsights 分析作业，然后将结果放回到关系数据库或传统数据仓库中，作为大型机数据的增强。大型机数据不会离开大型机，而是通过来自其他来源的数据得到增强和提高。

Veristorm[6] 为大型机发布了 Hadoop 的商业版本。这一版本的 Hadoop 再加上最先进的数据连接器技术，使得 z/OS 数据可以使用 Hadoop 范型进行处理，同时数据不需要离开大型机。由于整个解决方案运行在 System z 的 Linux 中，因此它可以部署到低成本的、专用的大型机 Linux 处理器上。进一步的，通过利用大型机能够在需要的时候激活额外容量的能力，可以使用 vStorm Enterprise 为 BDA 构建高可扩展私有云。vStorm Enterprise 包含 zDoop，这是完全支持开源 Apache Hadoop 的实现。zDoop 为具备 SQL 背景的开发人员提供了 Hive，为采用过程式方法构建应用程序的开发人员提供了 Pig。

在大型机环境中，用户可以将 Hadoop 中的数据同各种 NoSQL、DB2 和 IMS 数据库整合到通用环境中，并使用大型机分析软件对数据进行分析，例如 IBM Cognos、SPSS、ILOG、IBM InfoSphere Warehouse。大型机用户可以利用这种厂家集成的能力 [7]。

- 用于 z/OS 的 IBM DB2 Analytics Accelerator 是基于 IBM Netezza 技术，它通过透明地将一些查询卸载到 Acceleretor 设备的大规模并行架构，大大加快了查询的速度。z/OS 的 DB2 代码能够识别出安装了 Accelerator，自动将能够从此架构中受益的查询引导到该装置上，不需要对应用程序进行更改。
- 用于 Hadoop 的 IBM PureData System 是一个专用的、基于标准的系统，它将 IBM InfoSphere BigInsights 基于 Hadoop 的软件、服务器、存储系统集成到一个单独的系统中。
- IBM zEnterprise Analytics System（ISAS）9700/9710 是基于大型机的高性能软硬件集

成平台，它具有广泛的业务分析能力，可以支持数据仓库、查询、报表、多维分析、数据与文本挖掘。

- 通过将 IBM SPSS Modeler Scoring 集成到 z/OS 的 IBM DB2 中，能够在毫秒级事务中有效地对预测模型进行评分，从而将实时分析事务评分的能力集成到 z/OS 的 DB2 中。

总之，基于 zEnterprise 的 IBM Big Data Analytics 提供了真正现代且有成本竞争力的分析基础设施，具有广泛且集成的功能集，能够进行关键业务分析，并对来自所有数据源的数据进行大数据分析。

2.12　用于大数据分析的超级计算

Cray 公司为其超级计算平台引入了集成开源 Hadoop 大数据分析软件。用于 Hadoop 的 Cray 集群超级计算机使用 Cray CS300 系统以及 Apache Hadoop 软件的 Intel 发行版。Hadoop 系统将包含 Linux 操作系统、工作负载管理软件、Cray Advanced Cluster Engine（ACE）管理软件以及 Intel 发行版。这样，BDA 就成功渗透到超级计算领域。其他公司在将大数据同它们强大的基础设施的同步方面也不甘落后。Fujitsu 公司在 Fujitsu M10 企业服务器家族中提供了高性能处理器，帮助机构满足它们的日常挑战。曾经专门用于数据密集型科学计算的超级计算机现在也用于应对关键任务业务计算带来的挑战，尤其是 BDA 带来的挑战。从到数据源的高吞吐量连接，到高速数据移动，再到高性能处理单元，日本 Fujitsu 公司一直位于提供数据驱动洞见的前列，积极实现和部署关键任务智能系统。

IBM 希望通过新的、免费的 Watson Analytics 工具来为企业解开大数据的秘密。此服务利用了 IBM 的 Watson 技术，允许企业将数据上传到 IBM 的 Watson Analytics 云服务，然后查询并分析结果，以便发现趋势和模式并进行预测分析。Watson Analytics 解析数据，进行数据清洗，然后进行分析，识别重要的趋势，并使它易于通过自然语言查询来进行搜索。该工具可以帮助企业更好地理解客户行为，也可以用来发现销售、天气、时段、客户人口数据等方面的关联。

这样，大数据分析就成为许多人关注的重要趋势。聚焦于超级计算、认知、并行计算模型的产品创新人员和供应商有意识地调整解决方案和服务战略，为 BDA 带来的挑战提供可量化的价值。

2.13　用于大数据分析的设备

毫无疑问，设备代表了下一代 IT 交付方式。设备是专用的、预先集成的，将硬件模块和相关软件库集成在一起，可以快速、轻松、有效地运行特定工作负载。对于中小企业而言，这是一种更便宜、更可行的选择。有些应用程序在设备模式下能够产生更好的结果，而且设备快速地产生更好的投资回报，而且总体拥有成本（TCO）保持在较低水平。由于智能捆绑，自动配置功能使得设备上线和运行速度非常快，而且运转平稳。这是一种加速计算，而且人的干预、指导和参与非常小。设备的出现是 IT 领域一系列创新的重要组成部分，目的是精简和提高 IT 交付。随着设备在企业 IT 环境和云计算中心的使用，IT 生产率必将显著提高。

捆绑已经成为 IT 领域很酷的概念，而且最近的容器化技术就是将所有相关的材料都捆绑在一起，从而实现自动并加速 IT，该技术通过 Docker 所引入的简化的引擎得到了扎实推进。在这种竞争激励的环境下，设备必将取得良好成绩，并在未来国际市场上获得更大的发展空间。随着需求的变化，将会有多种多样的设备出现。设备也可以虚拟化，也就是说，虚拟设备或软件设备可以轻松地安装到特定硬件上。这种隔离增强了设备的灵活性，不同的硬件厂商可以轻易地加入设备这一领域，进而使得设备非常普遍。在接下来的章节中，我们将讨论设备对以下目标的增强作用：

- 用于大规模数据分析的数据仓库设备。
- in-memory 数据分析。
- in-database 数据分析。
- 基于 Hadoop 的数据分析。

2.13.1　用于大规模数据分析的数据仓库设备

随着数据源和数据量的增加，传统 IT 平台和基础设施受到了极大压力。数据管理和分析的传统方法不足以应对大数据带来的全新挑战。数据存储、管理、处理和挖掘是传统 IT 环境的真正痛点。如果利用现有系统来应对大数据，需要耗费大量技术资源，才能够跟上对及时的、可行的洞见的需求。许多产品供应商推出了设备来用较轻易的方式加速数据分析的过程。

IBM PureData System for Anylytics　Revolution Analytics 已经同 IBM 合作，目的是让企业能够把 R 作为其大数据分析战略的重要组成部分。通过多个部署选项，企业可以简单有效地优化分析流程的关键步骤（数据提取、模型开发、部署），最大限度提高性能，获得效率。

PureData System for Analytics 利用 Netezza 技术，在架构上将数据库、服务器、存储集成为一个专用的、易于管理的系统，将数据移动减到最小，从而加速分析数据、分析建模、数据评分的过程。它利用最新的创新性分析技术，对大规模数据（PB 级）提供了极佳的性能。内置分析架构 IBM Netezza Analytics 将 Revolution R Enterprise 作为"插件"。有了 IBM Netezza Analytics，所有分析活动可以合并到一个单独的设备中。PureData System for Analytics 发布集成组件来提供卓越的性能，而且没有索引或调校的需求。作为一种设备，硬件、软件（包括 IBM Netezza Analytics）和存储完全集成在一起，使得部署周期变短，并加快商业分析的实现价值时间。

EMC Greenplum 设备　我们知道商业智能（BI）和分析工作负载与在线事务处理（OLTP）工作负载有着根本的区别，因此我们需要一个完全不同的架构来支持在线分析处理（OLAP）。通常，OLTP 工作负载要求对一个小的记录集合进行快速访问和更新，这项工作通常在磁盘的局部区域执行，使用一个或较少数量的并行单元。所有处理器共享一个大的磁盘和内存的全共享架构非常适合于 OLTP 工作负载。然而，全共享和共享磁盘架构很快就会被全表扫描、多个复杂表的连接、排序、聚合等操作所压垮，而这些针对大量数据的操作代表了 BI 和分析中绝大部分的工作负载。

EMC Greenplum 是下一代数据仓库和大规模分析处理的代表。EMC 为大规模分析提供了新的经济模型，允许客户通过低成本商用服务器、存储、网络构建数据仓库，以较小代价扩展到 PB 级数据。Greemplum 使得企业可以很容易地扩展并利用不断增长的计算机池中成百上千的内核的并行性。Greenplum 的大规模并行以及无共享架构充分利用每个核，具有线性可扩展性以及无与伦比的处理性能。支持 SQL 和 MapReduce 并行处理的 Greenplum 数据库以低成本为管理 TB 至 PB 级数据的公司提供了业界领先的性能。

Hitachi 统一计算平台（UCP） 将数据存储在内存中的能力是通过大数据将企业从传统商业智能转变为商业优势的关键。SAP High-Performance Analytic Application（HANA）是一个 in-memory 分析和实时分析的优秀平台。它使得你能够基于大量结构化数据进行实时业务操作。平台可以作为设备来部署，或者通过云作为服务来发布。Hitachi UCP 和 SAP HANA 的融合，成为高性能大数据设备，帮助加速被采用的过程，并且推动了更快的实现价值时间。

Oracle SuperCluster 它是一个集成了服务、存储、网络和软件的系统，提供极大的端到端数据库及应用程序性能，减少一开始及持续使用中的支持和维护工作量及复杂性，使拥有成本降至最低。Oracle SuperCluster 采用高速片上加密引擎来保证数据安全性，低延迟 QDR InfiniBand 或 10 GbE 网络来连接应用程序基础设施，通过 Oracle Solaris Zones 集成的计算服务器、网络、存储虚拟化，以及关键任务 Oracle Solaris 操作系统。Oracle SuperCluster 提供独特的数据库、数据仓库、OLTP 性能以及存储效率的增强、独特的中间件和应用程序性能的增强，它通过预集成变得非常易于部署，并且通过业内最激进的 SLA 的支持减少开销。SuperCluster T5-8 具有超大的 4 TB 内存，使得很多应用程序可以完整运行在内存中。SuperCluster M6-32 在一个单独的配置中甚至允许将内存扩充至 32 TB。在 Oracle SuperCluster 集群上运行 Oracle in-memory 应用程序提供了极大的性能好处。

SAS High-Performance Analytics（HPA） SAS HPA 是在一个可扩展集群环境中进行高速分析处理的极其重要的一步。Teradata 的创新的 Unified Data Architecture（UDA）代表了在应对大数据带来的各种新挑战方面的进步。UDA 提供了 3 个卓越的、专用的数据管理平台，每个都可以同其他的集成，从而满足特殊的需要。

- Enterprise Data Warehouse：Teradata 数据库是为整个公司提供战略和运营分析的市场领先的平台，这样用户在公司就可以访问单一来源的数据，该数据是一致的、集中的、集成的数据。

- Teradata Discovery Platform：Aster SQL-MapReduce 通过对结构化和复杂多结构数据的迭代分析，为广大商业用户提供数据发现。预先包装好的分析使得企业能够快速启动它们的数据驱动模型，对 SAS Analytics Platform 的分析进行提升。

- Data Capture and Staging Platform：Teradata 使用 Hortonworks Hadoop（它是一个开源 Hadoop 解决方案）来支持高度灵活的数据捕获和分级。Teradata 将 Hortonworks 同健壮的工具集成在一起，用于系统管理、数据访问以及对所有 Teradata 产品的一站式支持。Hadoop 为大量数据提供低成本存储和预处理，数据可以是结构化的，也可以是基于文件的。

SAS HPA 软件平台加上 Teradata UDA 基础设施，为企业用户、分析师、数据科学家提供了所需的能力来满足他们的分析需求。SAS in-memory 架构已经在大数据高速分析处理方面迈出了重要一步。在过去的几年里，新的 SAS 产品的主题之一就是高性能分析，主要使用 in-memory 集群技术，为非常大的数据集提供非常快的分析服务。SAS 在可视化分析方面也向着可承担的分析处理的目标取得巨大进展，使用的也是一种非常类似 in-memory 的架构。

SAS HPA 和 SAS 可视化分析（VA）的关键是集群处理（大规模并行处理（MPP）），这种成熟的、有前途的模型使得 SAS 部署能够扩展集群规模来支持更大的数据、更高的用户并发、更大的并行处理。当然，SAS 用户得到的最大好处是高速。环境和以高速内存为中心的技术都是为了获得非常快的分析速度。例如，SAS HPA 将某个 Teradata 客户分析请求的分析处理时间从 16 小时降到了 83 秒，这是速度方面引人注目的提升。对客户来讲，最大的影响是现在能够让他们的用户"体验更多"，尝试更多先进模型开发技术，并且利用"更快失败"的思路。也就是说，如果失败一次仅需几分钟，那么人们将能够进行更多的试验，以便产生更好的模型。

对 SAS VA 用户也是如此。也就是说，可以在几秒内完成十亿行分析数据集的获取和可视化。用户可以应用不同的分析技术、对数据进行切片和过滤、使用不同的可视化技术，所有这些操作几乎都可以立即得到响应。SAS in-memory 架构有两种数据管理风格，第一种利用 MPP 数据库管理平台存储所有数据，第二种则使用 Hadoop 文件系统集群。两种速度都很快，且可以扩展，尤其是使用先进的集群 MPP 类型数据库模型时。但是，对于许多从事大型大数据项目的复杂机构而言，以上均不是"以不变应万变"的解决方案。

最经济的模型直接对散播在分布式文件系统的节点中的数据利用 Hadoop 运行 HPA。在这种模型下，相对低成本的服务器可用来支持 Hadoop 工作线程，它们通过高速网络互联，通过 MapReduce 管理处理过程。这种分布式处理以更低的成本给很多 MPP 模型数据库带来同样的好处，减少了一些华而不实的配置。用于 SAS HPA 的 Teradata 装置扩展了 Teradata 环境的分析能力，使得 SAS in-memory 架构可以直接加入 Teradata 环境中。通过 HPA 设备，Teradata 为所有 UDA 数据平台扩展了新的 HPA 能力。

Aster Big Analytics Appliance Aster Big Analytics Appliance 是一个强大的、随时可以运行的平台，它为大数据存储和分析进行了预先配置与优化。作为一个用于大数据级分析的专用、集成的硬件和软件解决方案，该装置在久经考验且完全支持 Teradata 的硬件平台上应用 Aster SQL-MapReduce 和 SQL-H 技术。根据工作负载的需要，它可以被配置为仅使用 Aster 节点、仅使用 Hadoop 节点、混合使用 Aster 和 Hadoop 节点。此外，还提供了 Aster 节点的备份节点，用于数据保护。通过将部署时需要移动的部分的数量降至最低，该设备提供了企业级信息发现解决方案的便利且集成的管理，优点包括优化的性能、持续的可用性、线性扩展能力。设备带有 Aster Database，它利用超过 80 个预先包装的 SQL-MapReduce 函数来实现更快的洞见。SQL-MapReduce 框架允许开发者用各种编程语言编写强大且具有高表现力的 SQL-MapReduce 函数，如 Java、C#、Python、C++、R，并且为了获得先进的 in-database 分析，将它们加入了发现平台中。企业分析人员可以使用标准 SQL 通过 Aster Database 调用 SQL-MapReduce 函数，发现平台允许应用程序完全嵌入数据库引擎中，以便对大量数据集进行快速、深入的分析。

2.13.2 in-memory 大数据分析

这是高生产率环境的需求，这样的环境使得分析师能够快速进行分析并快速应用已经发现的知识，这样就能将知识及时交付给个人或软件应用，供它们立即或稍后被使用。即便如此，企业在使用新的 BI 时也会经历三种不同的延迟。

- 发现所需时间：数据科学家需要一些时间来对数据集合进行探索并发现其中有用的知识。
- 部署所需时间：在适当的业务流程中应用发现的知识所需的时间。
- 知识交付时间：BI 应用程序实时交付它的知识所需要的时间。

企业不断寻求更好的方式来基于可信的洞见做出明智的决策，这些洞见是通过对大量数据的深入分析获取的。然而，令人担忧的是我们必须分析的数据的数量正在以指数级增长。

社交与情感数据（Facebook）、博客、个人资料（LinkedIn）、坚持主见的推文（Twitter）、执行器和传感器数据、业务交易数据、实验室数据、生物信息等正在不断产生海量的数据，这些数据被系统地捕获并进行大量研究。同时，更快地做出更好的、基于事实的决策的压力也从来没有像现在这样大。

Salient MPP（http://www.salient.com/）是一个超级可扩展、in-memory、多维分析数据平台，克服了速度、粒度、简单性、使用灵活性方面的传统限制。当与Salient的发现可视化用户接口结合起来之后，它提供了一个总体的分析解决方案，企业高管、分析师、基本用户都喜欢使用它，因为可以比以往更快地执行从简单到复杂的分析。

GridGain In-Memory Data Fabric是一个成熟的软件解决方案，它提供了前所未有的速度以及不受限制的规模，目的是加速提取及时洞见的过程。它支持高性能事务分析、实时流分析、更快的分析。GridGain In-Memory Data Fabric提供了统一的API，涵盖主要的应用程序类型（Java、.NET、C++），并且将它们同多个数据存储相连接，这些数据存储中可以包括结构化、半结构化、非结构化数据（SQL、NoSQL、Hadoop）。图2-3描述了GridGain In-Memory Data Fabric。

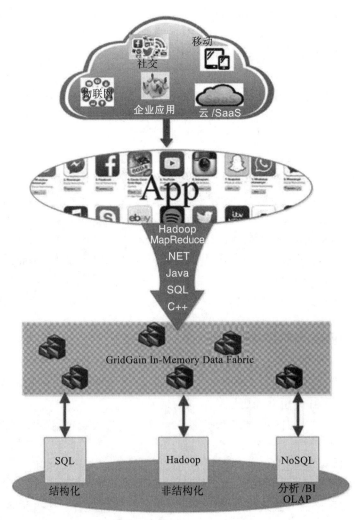

图2-3   GridGain In-Memory Data Fabric

　　将数据保存在随机存取存储器（RAM）中可以令系统处理速度比通过机电输入/输出（处理器到磁盘）操作快数百倍。通过先进的数据压缩技术，MPP可以在处理大量数据的同时充分利用in-memory处理的速度。这种速度上的优势可以通过Salient专有的n维GRID索引模式得到进一步增强，该专利能够让处理器只处理与特定查询最相关的数据部分。MPP还充分利用多线程平台和多处理器计算机来容纳大量并发用户查询，而且不会出现性能降低。增加处理器数量能够将并发用户的数量以接近线性的方式扩展。

　　什么是in-memory流处理？　流处理适合于具有如下特点的一大批应用程序，即这些应用程序不适于传统处理方法和基于磁盘的存储，例如数据库或文件系统。这样的应用程序正在突破传统数据处理基础设施的极限。市场投放处理、华尔街多家金融公司的电子交易、安全与欺诈检测、军事数据分析，所有这些应用程序都以非常高的速度产生大量数据，要求相应的基础设施能够无瓶颈地实时处理数据。Apache Storm主要聚焦于在不需要关注滑动窗口或数据查询能力的前提下，提供事件工作流及导流功能。而CEP系列产品则主要聚焦于提供查询和汇总流事件的广泛功能，通常忽略事件工作流功能。寻求实时流解决方案的用户通常要求既有丰富的事件工作流能力，也有CEP数据查询能力。

　　将数据保存在内存中的确消除了大型的查询从磁盘中读取数据的瓶颈，但是数据在内存中的结构也非常重要。为了能够很好地执行查询和扩展，数据的结果需要仔细为分析而设计。Birst in-memory数据库（http://www.birst.com/）使用列式（columnar）数据存储。为了快速查找和聚合，每一列都进行了完全索引。高度并行的架构意味着随着增加更多的处理内核，性能也应该得到扩展。Birst基于上下文（join、filter和sort）进行动态索引，因此能够最大限度地提高性能并降低内存占用。Birst在处理任意的、稀疏的数据时使用哈希映射，使用位图来处理更加结构化、更密集的数据。当排序性能和内存使用效率最为重要时，就需要使用行集合（rowset）列表了。

2.13.3　大数据的in-database处理

　　这指的是在驻留数据的数据库管理系统中执行分析计算的能力，而不是在应用程序服务器或桌面程序中。它加速企业分析的性能、数据可管理性、可扩展性。in-database处理对于大数据分析而言非常理想，因为所涉及的数据量非常大，使得经过网络重复复制数据不切实际。

　　通过利用in-database处理，分析用户利用的是数据库平台的力量，这些平台是专门为高效数据访问方法而设计，哪怕是包括数百万甚至数十亿行的海量数据集。SAS为Teradata中的一组核心统计和分析函数以及模型评测功能提供in-database处理，利用MPP架构实现可扩展性以及分析计算的性能。这些能力使得分析计算能够并行运行在数百个或数千个处理器上。并行执行能够大幅加快分析计算的处理时间，为更快得到结果提供了显著的性能收益。

　　为了显著简化和加快分析领域的工作，每个IBM Netezza装置都带有一个嵌入式的、专用的、先进的分析平台，用来增强全球企业的分析能力，以便满足并超出他们的业务需求。这种分析解决方案将数据仓库同in-database分析融合成为一个可扩展的、高性能的、大规模并行的平台，非常快地处理PB级别的数据量。这一平台经过专门设计，目的是快速有效地为复杂的业务问题提供更好、更快的答案。这使得它可以将其内置的分析能力同来自不同厂商的各种技术领先的分析工具集成起来，例如Revoluntion Analytics、SAS、IBM SPSS、Fuzzy Logix、Zementis。

2.13.4   基于 Hadoop 的大数据设备

Hadoop 是用于大数据处理的开源软件框架，由多个模块组成。其中关键模块是 Map-Reduce（大规模数据处理框架）和 Hadoop 分布式文件系统 HDFS（数据存储框架）。HDFS 支持 Hadoop 的分布式架构，该架构将计算引擎放置到保存数据的物理节点上。这种新的安排方法将计算带到了数据节点，而不是其他的方式。由于数据规模通常是巨大的，因此将处理逻辑移动到数据是明智的选择。数据堆被分成若干较小的、可管理的数据集，这些数据集被 Hadoop 节点并行处理。各个节点得到的结果会被巧妙地汇总起来，从而得到最初问题的答案。

人们预计 Hadoop 框架将会成为即将到来的大数据时代的通用预处理引擎。粗粒度搜索、索引、清理等任务会分配给 Hadoop 模块，而细粒度分析则通过成熟稳定的数据管理解决方案来完成。最后，除了预处理，Hadoop 可以方便地清除各种冗余、重复和常规数据，最终得到真正有价值的数据。第二个主要任务是将所有多结构数据转换成结构化数据，使传统的数据仓库和数据库能够对转换后的数据进行处理，向用户提供实用的信息。Hadoop 标准既有开源的实现（Cloudera、Hortonworks、Apache Hadoop、Map R 等），也有商业级发行版（IBM BigInsights 等）。Datameer 是用于数据提取、处理、分析、可视化的端到端平台。图 2-4 清楚地描述了数据如何通过 MapReduce 框架被分割、映射、合并、归约，其中使用的是 HDFS 数据存储机制。

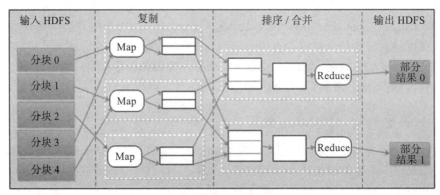

图 2-4   微级别 Hadoop 架构

Hadoop 为何得分较高？   物理存储的成本下降创造了很多机会来对持续增长的数据做更多的工作，例如提取和提供洞见。但是处理器成本仍然是一个问题。1 TB 大规模并行处理（MPP）设备的成本要 10 万～20 万美元，系统的总成本可以达到几百万美元。相反，通过商业服务器集群来实现 1 TB 处理能力，只需要 2000～5000 美元，这就是 IT 顾问倾向于 Hadoop 框架的令人信服的理由。Hadoop 集群所取得的计算成本方面的巨大收益得益于商业集群的成熟的分布式架构，该架构主要用于低成本数据处理和知识传播。设备则采用相反的方法并产生大量的 IT 预算。Hadoop 采用无共享模式，所有 Hadoop 数据保存在每个节点的本地存储中，而不是保存在网络存储器中。处理能力分布在具有独立 CPU 和内存的商用服务器阵列中。该系统是智能的，因为 MapReduce 调度器会对处理进行优化，令处理发生在保存相关数据的相同节点或者位于以太网交换的相同叶子节点中。

Hadoop 天生具有容错性。通过数据复制和投机处理（speculative processing）能够减缓预期的硬件故障。如果容量充足，Hadoop 将会为同一数据块启动相同任务的多个副本。接收第一个完成的任务的结果，其他的任务会被取消并忽略其结果。投机处理使得 Hadoop 能够围绕慢速节点工作，如果在长时间运行的计算中发生故障，不需要重新启动处理。Hadoop 的容错是基于 Hadoop 集群可以配置为在多个工作节点上存储数据这一事实的。Hadoop 的一个重要的好处在于可以上传非结构化文件，不需要首先对它们进行"规范化"。你可以将任意类型的数据转储到 Hadoop 中，并允许程序在必要时才去确定并应用其结构。

正如上面所述，Hadoop 被定位成将正式的和格式化的数据加载到传统数据仓库的工具，然后执行数据挖掘、OLAP、报表等操作，或者将数据加载到 BI 系统中进行高级分析。企业也可以将大量数据转储到 Hadoop 集群中，使用兼容的可视化分析工具来快速理解数据、汇总数据，并将数据导出到分析解决方案中。此外，Hadoop 的分布式处理能力可用来促进提取–转换–加载（ETL）流程，从不同的分布式数据源中将数据获取到数据仓库中。

Gartner 将大数据设备定义为一个集成系统，包括预集成的服务器、存储、网络设备的组合，再加上如同 Hadoop 这样的大数据分布式处理框架。主要的优点包括：

- 标准化配置，并且具有供应商提供的维护与技术支持。
- 融合的硬件与软件，可以减少搭建所需的时间。
- 统一的监视与管理工具，可以简化管理。

缺点包括：

- 昂贵的购置以及增量扩张成本。
- 刚性配置，基础设施调校能力小。
- 规模化运营时，供应商锁定给安全退出设置了重要障碍。

Oracle Big Data Appliance　Oracle Big Data Appliance 是一个高性能且安全的平台，用来运行 Hadoop 和 NoSQL 工作负载。通过 Oracle Big Data SQL，它将 Oracle 行业领先的 SQL 实现扩展到 Hadoop 和 NoSQL 系统中。通过将来自 Hadoop 生态系统的最新技术与 Oracle SQL 的强大能力组合到一个单独的预先配置好的平台上，Oracle Big Data Appliance 是唯一能够支持大数据应用程序快速开发并紧密地同现有关系型数据集成的设备。它预先配置了安全环境，利用 Apache Sentry、Kerberos 网络加密和解密，并且使用 Oralce Audit Vault 和 Database Firewall。

Oracle Big Data SQL 是用于 Hadoop 的新 SQL 架构，可以无缝地将 Hadoop 和 NoSQL 中的数据同 Oracle 数据库中的数据集成到一起。Oracle Big Data SQL 通过两个强大功能从根本上简化了大数据领域的集成和操作：在 Hadoop 上新扩展的 External Tables 和 Smart Scan 功能。Oracle Big Data Appliance 使用 Big Data SQL 和 Oracle Big Data Connectors 同 Oracle Exadata 以及 Oracle Database 紧密集成，无缝支持对企业中所有数据的分析。

Dell In-Memory Appliance for Cloudera Enterprise　Hadoop 平台正越来越多地嵌入强大硬件中来获得强大的设备。很明显，对于所有行业和市场，数据成为新的货币和竞争优势。但是在最近几年，数据已经成为大数据。为了实现大数据所承诺的能力，企业需要有适当的解决方案来促进更快速更容易的数据提取、存储、分析，从大数据中获得洞见。这是 Dell In-Memory Appliance for Cloudera Enterprise 背后的理念。这个新一代的分析解决方案构建在 Dell、Intel 和 Cloudera 的深度工程合作伙伴关系之上，用专用的一站式方案和 in-memory 高级分析数据平台来解决大数据的挑战。

为了支持快速分析和流处理，Dell In-Memory Appliance for Cloudera Enterprise 同 Cloudera Enterprise 捆绑，后者包含 Apache Spark。Cloudera Enterprise 使得企业可以实现强大的端到端

分析工作流，包括批数据处理、交互式查询、导航搜索、深度数据挖掘、流处理，这些都在一个通用平台上完成。通过使用通用平台，不需要为单独的系统维护单独的数据、元数据、安全性、管理，这些维护操作会带来复杂性和成本。

高性能大数据网络　人们正在以前所未有的速度采用物联网技术，为多结构数据的爆炸性增长提供舞台。大量的突破性先进技术以及它们的精细使用，共同推动越来越多的数字化实体的实现。开创性的连接技术和工具，正在使得我们个人和工作环境中的每个智能、感知对象无缝地相互发现并连接，并且拥有远程网络应用程序和数据。支持 IT 的各类物理、机械、电器、电子系统之间各种类型的有目的的连接会产生大量数据，并保存在海量存储系统中。

Hadoop 部署可能会有非常大的基础设施要求，因此设计时的硬件和软件选择对性能以及投资回报率（ROI）有显著影响。Hadoop 集群性能和投资回报率高度依赖于网络架构与技术的选择。尽管千兆以太网是最经常部署的网络，它提供的带宽相对于 Hadoop 工作负载的理想带宽仍然不足，对组成 Hadoop 作业的大量 I/O 密集操作也显得不够。

典型 Hadoop 集群服务器利用一个或多个千兆以太网网络接口卡（NIC）的 TCP/IP 网络连接到千兆以太网（GbE）。最新的商品服务器提供多插槽和多核 CPU 技术，超出了 GbE 网络提供的网络容量。同样，随着处理器技术的显著进步，服务器与网络性能之间的这种不匹配将会进一步加大。固态硬盘（SSD）正在不断进步，等效容量的成本将同硬盘驱动器（HDD）持平，而且它们正在被迅速用于缓存中等规模的数据集。SSD 提供的存储 I/O 性能的进步，使得它已经超出了千兆以太网所提供的性能。所有这些都明显使得网络 I/O 日益成为改进 Hadoop 集群性能的最常见阻碍。

不同部门的人担心将大量数据从内部系统传送到基于云的大数据分析平台的可行性。在开放、共享的 Internet 上传输数十 TB 的数据会引发一些不方便，因为 Internet 是基于云的数据处理和服务交付的主要通信基础设施。

IBM Aspera 解决方案　构建在专利的 FASP 传输技术之上，IBM Aspera 的 On Demand Transfer 套件产品同时解决了 WAN 的技术问题以及云 I/O 瓶颈，为从云中上传或下载大文件或大文件集合的传输提供了无与伦比的性能。Aspera 的 FASP 传输协议消除了传统文件传输技术的 WAN 瓶颈，例如 FTP 或 HTTP。通过 FASP，对云进行上传或下载任意大小的数据都达到了完美的吞吐率、独立的网络延迟，且在极端的丢包情况下仍然健壮。

Aspera 开发了一个高速软件桥，名为 Direct-to-Cloud，它以线性速率传送数据，从源直接传送到云存储。在运行于云虚拟机上的 Aspera 按需传送服务器同云存储之间使用并行 HTTP 流，云内部数据移动就不会再成为总体传送速度的约束。文件被直接写到云存储，不需要在云计算服务器中停留。

总之，随着大数据变得越来越大，对提高处理能力、存储容量、存储性能、网络带宽的需求也随之越来越大。为了满足这一需求，可以在 Hadoop 集群中增加更多的机柜和数据节点。但这种解决方法既不经济，也不高效。它要求更多的空间、增加电力消耗、增加管理和维护开销，而且忽略了一个事实，即慢速的 1 GbE 互联会持续阻碍 Hadoop 节点间以及总体输入/输出速度和集群性能。10 GB 以太网才能够将 Hadoop 集群网络同近期服务器 CPU 和存储技术进步带来的性能提升取得平衡。然而，为了达到最优的平衡，10 GbE 产生的网络 I/O 收益必须有着最优的效率，这样才能将高速网络 I/O 对服务器 CPU 带来的影响降至最低。

2.13.5　高性能大数据存储设备

每两年，存储的数据的数量就会翻番，而且保存这些数据所需的能耗超出数据中心（DC）电能消耗的 40%，几乎每个企业都急需大规模、可扩展、智能存储解决方案，该方案应当高效率、易于管理、成本收益高。由于各种规模的企业都面对大数据时代的艰巨任务，很多人努力在大数据的浪潮中维持他们的生产力和竞争力，但结果却只是陷入困境或对性能产生负面影响。数据方面前所未有的增长率，尤其是非结构化数据，已经给他们带来了一系列的挑战。根据 IDC 的报道，2012 年年底，全世界捕捉和存储的数字信息的总量达到 2.7 ZB。报告中还清晰地指出，90% 的数据是非结构化数据，例如多媒体文件（静态和动态图片、音频文件、机器数据、实验结果等）。在这些数据中寻找有用的信息，对使用现有 IT 基础设施的全球商业机构中的 IT 团队均提出了真正的挑战。但伴随这一前所未有的数据爆炸的，是打造更好的产品和服务的难得的机遇。数据驱动的洞见最终会产生全新的机会和机遇，据此，公司能够寻找迄今尚未开拓的新的收入途径。

在 BDA 中，一个关键要求是要有能够提供必要性能并在扩展中保持性能的文件系统。HDFS 是一个高度可扩展的分布式文件系统，为整个 Hadoop 集群提供了单独的全局命名空间。HDFS 包含了支持直连式存储（DAS）的 DataNode，它存储 64 MB 或 128 MB 的数据块，从而利用磁盘的顺序 I/O 能力，尽量减少随机读取所造成的延迟。HDFS NameNode 是 HDFS 的核心，它通过维护文件元数据镜像来管理文件系统，该镜像包含文件名、文件位置、复制状态。NameNode 能够检测出失效的 DataNode，然后将失效节点中的数据重新复制，从而令这些 DataNode 继续存活下来。

HDFS 在扩展性和性能方面具有一定的局限，因为它采用单一的命名空间服务器。文件系统是存储、组织、提取、更新数据的标准化机制。文件系统解决方案给大多数商业组织带来了额外的负担，需要技术资源、时间以及经济投入。而且更为复杂的是，过多的文件系统选项给寻求大数据解决方案的企业带来了更多的混乱。网络附属存储（NAS）设备一直是工作组或部门设置的流行选择，这里，简单性和能够利用现有以太网是关键的需求。但是，很多 NAS 解决方案不能够充分扩展，不能满足管理大数据和为数据密集型应用程序提供高吞吐量的需要。因此，需要有新的解决方案来应对大数据。有一些文件系统解决方案不允许应用程序和处理内核之间的多路径数据流的并行性。这种方法的最终结果是大的文件仓库，但不能够被多计算机密集型应用程序有效地利用。

考虑到这些约束，类似 Lustre 这样的并行文件系统（PFS）最近开始变得流行起来，尤其是面对大数据带来的严格要求。作为一种更加灵活的解决方案，PFS 代表了大数据时代的希望。PFS 使得节点或文件服务器能够同时为多个客户提供服务。使用名为文件条带化（file striping）的技术，PFS 通过支持多个客户并发读写大幅提高 I/O 性能，从而增加可用 I/O 带宽。在很多环境下，PFS 能够令应用程序在性能上增加 5～10 倍。然而，令 PFS 无法得到更广泛的商业采纳的一个主要障碍就是缺乏安装、配置、管理 PFS 环境的技术支持。

在意识到这一个巨大且未开发的机会之后，Terascala 公司推出了创新性的存储设备来应对大数据和快速数据的挑战。这是第一家推出高性能存储设备的公司，该设备易于部署，易于管理，可以通过 Dell、EMC、NetApp 增强现有系统，使得并行文件系统的投资保护水平达到了之前无法达到的程度。

ActiveStor　ActiveStor 是下一代存储设备，通过企业级 SATA 硬盘的成本收益提供闪存技术在高性能方面带来的好处。它在容量方面可以线性扩展，而且不会出现可管理性和可靠性方面的问题。主要的优点包括：

- 高并行性能。
- 企业级可靠性和灵活性。
- 易于管理。

对于很多大数据应用程序，性能方面的限制因素经常是大量数据从硬盘到 DRAM 的传输。在论文 [8] 中，作者解释并分析了一种可扩展分布式闪存库的架构模式，目的就是以两种方法来克服这种限制。首先，该架构提供了高性能、高容量、可扩展的随机访问存储。它通过共享大量闪存芯片来达到高吞吐量的目的，这些芯片通过由闪存控制器管理的低延迟、片对片背板网络互联。同闪存访问时间相比，通过该网络产生的远程数据访问延迟可以忽略不计。其次，它支持通过基于 FPGA 的可编程闪存控制器在数据附近计算。控制器位于存储与主机间的数据路径上，无须额外延迟即可提供硬件加速。作者已经构建了一个小规模原型系统，其网络带宽随着节点数扩展，而且用户软件访问闪存库的平均延迟小于 70 毫秒，其中包括 3.5 毫秒的网络开销。

很显然，使用最先进的文件系统和存储解决方案对于大数据而言不可或缺。高性能存储设备正在冲击市场，以便有效地促进大数据分析。

2.14　结论

随着每天产生 25 EB 数据的云时代的到来，传统的数据提取、处理、分析技术与方法已经变得受限，部分是因为缺乏并行能力，大多数是因为缺乏容错能力。以融合且弹性基础设施、多功能平台、自适应应用等形式出现的突破性技术被认为是应对海量数据的正确方法。

洞见驱动的战略、规划、执行对于全球的企业在知识驱动和市场为中心的环境中的生存至关重要。在这个竞争激烈的环境中，必须先发、主动决策，才能够保持企业优势。创新必须根植于企业在漫长艰辛的旅程里所做的一切事情当中。数据驱动的洞见是下一代以客户为中心的服务中最为关键的工件。现如今，世界各地的企业拥有大量决策支持和增值数据，处理更复杂的商业问题和体验增加了全球化挑战。这样，必须将数据资产转化为创新，从而最大限度地提高资源生产力，促进可持续增长。

在本章中，我们介绍了端到端大数据框架和高性能 IT 基础设施与平台的重要性，目的是大幅度加快数据处理速度，及时获得可行的洞见，使得人们在个人和职业生涯中变得更加智能。如今，一个简单直观的事实就是计算能力，即竞争力。

2.15　习题

1. 写一篇大数据分析基础设施的简短笔记。
2. 解释 IMDG 的含义。
3. 针对下列内容，撰写简短笔记：
   - Hadoop 即服务（Hadoop as a service）
   - 数据仓库即服务（data warehouse as a service）
4. 说明 NoSQL 数据库的不同数据模型。
5. 说明 Apache Tajo 参考架构。
6. 描述事件处理架构及其变体。

参考文献

1. Performance and Scale in Cloud Computing, a white paper by Joyent, 2011. https://www.joyent.com/content/09-developers/01-resources/07-performance-and-scale-in-cloudcomputing/performance-scale-cloud-computing.pdf
2. Hadoop Cluster Applications, a white paper by Arista, 2013. https://www.arista.com/assets/data/pdf/AristaHadoopApplication_tn.pdf
3. Brinker DL, Bain WL (2013) Accelerating hadoop MapReduce using an in-memory data grid, a white paper from ScaleOut Software, Inc
4. Stuart JA, Owens JD (2012) Multi-GPU MapReduce on GPU clusters
5. Mengjun Xie, Kyoung-Don Kang, Can Basaran (2013) Moim: a multi-GPU MapReduce framework
6. The Elephant on the Mainframe, a white paper by IBM and Veristorm, 2014. http://www.veristorm.com/sites/g/files/g960391/f/collateral/ZSW03260-USEN-01.pdf
7. Olofson, CW, Dan Vesset (2013) The mainframe as a key platform for big data and analytics, a white paper by IDC
8. Sang-Woo Jun, Ming Liu, Kermin Elliott Fleming, Arvind (2014) Scalable multi-access flash store for big data analytics, FPGA'14, February 26–28, 2014, Monterey, CA, USA
9. Chandhini C, Megana LP (2013) Grid computing-a next level challenge with big data. Int J Sci Eng Res 4(3)
10. Colin White (2014) Why dig data in the cloud?, a white paper by BI Research

第 3 章
大数据与快速数据分析对高性能计算的渴望

3.1 引言

过去几年里，数据增长非常显著，原因包括以下几个方面：出现了开创性的技术和工具用于各种软硬件实体之间极致、深入的互联；有了对设备、应用程序、IT 基础设施的服务支持，通过有潜力的标准用来推动无缝且自发的整合；数据虚拟化和信息可视化平台蓬勃发展；分析过程和产品不断强化，能够及时发现和传播知识；人们感受到对智能系统的需求；等等。最终结果就是数十亿的数字化对象及互联设备；数百万的操作系统；企业、Web、云环境中的软件服务；最先进的基础设施等。此外，随时随地可用的服务和应用的数量激增（例如，智能手机激发了当前远程移动云中的数百万服务的产生，类似地，智能家居设备的产生必然会使下一代家居服务概念化等），社交网站和知识社区的日益普及，科学实验和技术计算的激增，高度可编程以及软件定义 IT 基础设施（服务器、存储装置、网络解决方案）的涌现等都极大促进了可用数据的指数级增长。出现了轻薄、可植入、微米及纳米级、一次性及不可见传感器、执行器、编码、芯片、控制器和卡、标签、微尘、微粒、智能尘埃等，它们正在被大量生产并随机部署到不同环境中，用来收集环境数据，感知状态变化和特定事件，将我们日常生活中的普通物品变为非凡的物品。

在日常生活中，明确可以看到有大量的数据产生、捕获、缓冲和传输。无疑，人类和机器所产生的数据正大幅增长。这种变化趋势带来若干挑战，同时也为全球的个人、创新者、机构提供了令人兴奋且持续的基础，基于该基础可以得到崭新的机会。

设备的蓬勃发展　设备生态系统正在快速扩展，有越来越多的固定、便携、无线、可穿戴、漫游、可植入、可移动的设备、仪器、计算机、消费电子产品、厨房用具、家用器具、设备等。优雅、纤细、轻薄的个人电子产品如今非常吸引人，而且成为日常工作和休闲中最为常用的输入/输出模块。人们预计将来日常环境中常用的、随处可见的、廉价的物品都将具备自我、情境、环境的感知功能。也就是说，每一件有形的物品都变得有意识、主动、具有表达能力，从而可以独自或共同加入主流计算中。随着当代的计算趋于认知，智能系统是能够满足智能计算这一目标的最受欢迎的系统。

虚拟世界同真实世界之间存在着战略的、无缝的、自发的融合。这些都清楚地强调了数据创建/生成、传输、存储和利用等 IT 需求一直不断增长。这种积极的、进步的趋势表明有很多关键的事情需要全球的企业、高管、教育者、倡导者、专家认真地考虑。为了能够简化从不断增长的数据中进行知识发现的过程，需要开发新的技术、技巧和工具。这个范围肯定会不断扩大，而且会从大量数据中得到很多新的可能和商机。解决方案设计师、研究人员、学者都需要认识到将数据转换为信息，再转换到知识，是一个非常微妙、充满智慧的任务。也就是说，不断增加的数据量、多样性和产生速度必须通过可行的、有价值的机制来巧妙地利用和应对，从而维持和获得商业价值。知识获取、知识工程、知识阐述将会变得很常见。

在本章中，我们将试图在大数据同高性能计算技术之间建立一种坚固的战略性同步。首先将简要介绍大数据分析，然后，我们提供新数据源的详细信息，充分利用新的分析方法对大数据进行分析。本章主要是为了给出高性能大数据分析的以业务为中心的以及技术的观点。读者可以阅读到高性能大数据分析的主要应用领域以及真心接受这种新范型的令人信服的理由。

3.2　重新审视大数据分析范型

大数据分析目前已经超越了求知欲和倾向的范畴，已经对商业运营、产品、前景带来了具体的、创新的影响。它不再是一种炒作或概念，而是已经成为各种商业企业同其合作者和终端用户产生关联的核心要求。作为一种新型的、不断发展的技术，在采用和适应该技术前，需要进行仔细分析。它的成熟度、稳定性、战略符合程度需要进行彻底调查，从而才能够在开始阶段就完全确定和清晰表达各种可见的和隐藏的风险（可行性、财务影响、技术成熟和稳定程度、资源可用性等）。在萌芽阶段，就可以理解和大幅度消除任何种类的不一致和缺陷，而不是在已经开始漫长艰巨的大数据之旅后。大数据分析是能够在各种业务领域进行利用的通用的理念，因此有望成为全球企业在发展中加以利用的潮流。实时分析是当前的热门需求，很多人正在努力实现这一关键需求。新出现的用例包括对实时数据的使用，例如用来检测工厂或机械是否出现异常的传感器数据，以及对一段时间内收集的工厂和机械的传感器数据进行批处理，以便查找根本原因和故障分析。

描述大数据世界　我们已经讨论了在 IT 和商业领域发生的基本的以及过度的变化。应用程序、平台、基础设施、日常设备对服务的支持以及各种不同的、灵活的连接方法为人以及机器产生的数据打下了坚固的基础。数据收集以及复杂性的巨大增长，吸引了企业和 IT 的领导者采取相应行动来应对这一巨大的、即将到来的、数据驱动的企业增长机会。这是被广泛讨论和论述的大数据计算学科的根源。随着产品供应商、服务组织、独立软件供应商、系统集成商、创新者和研究机构之间更深入的协作，这种范型正在逐渐被确立。在了解了战略意义后，所有的利益相关者联合在一起，创建、持续并维持简化技术、平台和基础设施、集成流程、最佳实践、设计模式、关键指标，目的是使得这一新的学科更具渗透力和说服力。如今，大数据计算的接受水平和活跃水平持续攀升。然而，这也势必会引发一些严峻挑战，但同时，如果商业机构能够认真对待这些挑战，自信地走在正确的路线上是非常明智的。对整合流程、平台、模式、实践和产品的不断挖掘是大数据迎来大发展的好的迹象。

大数据的含义是广泛多样的。主要的活动是对大数据进行基于工具和数学的分析，从而获得大的洞见。众所周知，任何具有快速、简洁利用累积数据资产的机构，必然能够在其运作、提供、追求的目标上取得成功。也就是说，除了直觉的决策，在塑造和引导机构做出明智决策方面还有很长的路要走。因此，仅收集数据变得不再有用，但是从这些数字资产中基于 IT 技术及时获得可行的洞见，对于企业的改进很有作用。分析学是 IT 中的独立学科，研究数据收集、过滤、清理、转换、存储、表示、处理、挖掘和分析的方法，目的是提取有用且可用的情报。大数据分析是在大数据上完成分析操作的新词汇。随着这一新的焦点的出现，大数据分析在全球正在获得更多的市场和认可。随着最近这项创新产生一系列新的能力和竞争力，全球企业纷纷加入大数据分析的行列中来。本章内容将公开大数据分析隐藏的细节以及非凡的智慧。

大数据特性   大数据是用来描述大量数据的通用术语，这些数据没有以关系形式存储在传统企业级数据库中。人们正在开发新一代的数据库系统来高效地存储、检索、聚集、过滤、挖掘、分析大数据。下面是大数据的一般特性：

- 数据存储的容量定义为 PB 级、EB 级等，超出当前存储限制（GB 和 TB）。
- 大数据可以有多种结构（结构化、半结构化、非结构化）。
- 大数据有多种类型的数据来源（传感器、计算机、移动电话、社交网站等）和资源。
- 数据收集、获取、处理、挖掘的速度跨越两个极端，即在实时到面向批处理之间变化。

高性能分析   高性能分析使得企业能够快速自信地做出战略性决策、抓住新的机遇、做出更好的选择、从大数据中创造新的价值。这一切都是为了及时创建大的洞见。有一些现成的弹性平台和其他解决方案能够简化这一复杂的过程。随着数据量变得巨大，如果利用传统方法，通常需要数天乃至数周才能够获得隐藏的信息、模式和其他细节。然而，随着高性能分析过程和产品的成熟与稳定，分析任务已经可以在几分钟或几秒钟内完成，从而使得知识发现和传播变得更快。也就是说，大数据分析要取得压倒性胜利，为复杂问题找到精确答案以获得更好的组织性能和价值是首要议程。

如今的企业正在寻找方法和手段来从大数据和快速数据中迅速获得正确且相关的洞见。分析法对于从数据中提取之前看不见的模式、情感、关联、洞见、机会和关系，并将该信息在合适的时间和地点传递给合适的人等方面很有帮助。重要的是为机构将大数据转变为大洞见，从而能够高效完美地预先规划和执行它们的计划。出现了多种分布式处理机制，如 in-memory、in-database、网格计算，它们均能对大数据进行分析。

- in-memory 分析将分析过程划分为易于管理的片段，将计算并行分布到一组专用的刀片机中。用户可以使用复杂的分析来快速解决复杂的问题，并可以前所未有的速度解决专门的、特定行业的业务挑战。考虑到数据产生的速度，in-memory 数据库是最近业内的新方法，目的是使得公司具有必要的自由来访问和分析数据，以便快速理解数据。这里，可喜的一点就是数据访问、处理和挖掘同传统的通过基于磁盘数据库完成的操作相比，相同任务的速度可以获得指数级增长。这意味着数据分析速度的加快可以使得决策速度变快，或者在相同时间内可以分析更多的数据，从而使得决策更加准确。通过各种分析机制推断和得出的洞见的及时性和准确性必将急剧上升。
- in-database 处理是用大规模并行处理（MPP）数据库架构来更快执行关键数据管理、分析开发及部署任务。相关任务被移动到更接近数据的位置，而且计算会运行在数据库中，从而避免耗时的数据移动和转换。这样就减少甚至消除了大量数据在数据仓库与分析环境间或与数据集市间的复制和移动。
- 网格计算使得你可以创建一个受控的、共享的环境来使用动态的、基于资源的负载均衡快速处理大量数据和分析程序。可以将任务进行分割，然后将分割后的任务并行运行在使用共享物理存储的多个对称多处理（SMP）机上。这使得 IT 团队能够构建并管理低成本、灵活的基础设施，该基础设施可以根据快速变化的计算需求进行伸缩。集中管理使得你可以在指定的一组约束下监视和管理多个用户及应用程序。IT 团队可以通过根据峰值工作负载和变化的业务需要来重新分配计算资源，从而满足服务水平的要求。网格环境中的多服务器使得工作可以运行在最好的可用资源上。如果一台服务器发生故障，可以无缝地将其作业移动到其他服务器上，从而提供高可用的业务分析环境。多处理能力使得你可以将单个作业分成多个子任务，这些子任务并行运行在网格环境中最好的可用硬件资源上。数据集成、报表和分析的快速处理能够加速整个企业的决策速度。

关于如何对大数据应用高性能分析，人们还提出了一些其他的解决方案。在本书的第一章中，我们已经讨论了大部分使用的计算类型和解决方案。

3.3　大数据和快速数据的含义

随着大数据和快速数据领域的兴起，出现了许多机会和可能。企业、IT 团队、研究人员在这里将发挥更大的作用，目的是从这一革命性的发展中获得不可估量的收益。企业必须采用灵活的、面向未来的战略来获得差异优势，而 IT 管理者和顾问巧妙地与企业的方向同步，成为建立和维持洞见驱动企业的主要推动者。研究人员乃至终端用户都应当提出新的应用，以从日益增长的各种分布式数据源导致的数据爆炸中获益。主要影响包括：

- 数据管理（端到端数据生命周期）基础设施。
- 数据分析平台。
- 构建下一代洞见驱动的应用程序。

大数据基础设施　从数据获取到清理数据从而快速容易地提取可用洞见，要求大量的、统一的 IT 基础设施和无缝同步的平台。因此，利用大数据在垂直行业实现更加智能的系统将会是一件具有挑战性的事情。最近出现了存储设备、网络连接方案、裸机服务器、虚拟机（VM）、Docker 容器等被用于受 Hadoop 启发的大数据分析。因此，与存储和网络相关联的计算机器是可预见的未来中数据科学和分析领域的缩影。准确地说，大数据的生命周期管理对于企业和云计算 IT 团队来说，无疑是一项耗时且艰巨的任务。对大数据而言，弹性的、高效的基础设施是最合理的需求。

大数据平台　除了融合的、动态的基础设施外，平台对于数据世界也起着非常重要的作用。在平台方面，最合理的场景是采取集成的平台进行数据采集、分析、知识发现和可视化。可以使用连接器、驱动器、适配器来从不同的数据来源获得数据，例如文件、数据库、设备、传感器、操作系统、社交网站等。Hadoop 平台主要支持粗粒度数据查询和检索。Hadoop 将多结构数据转化为结构化数据，从而使得商业智能（BI）平台能够有效地处理格式化和规范化后的数据。Hadoop 用来删除各种类型的冗余和重复数据，这样总数据规模就会急剧下降，从而使得传统关系型数据库系统和商业智能（BI）解决方案能够容纳数据并进行细粒度的查询和检索。MapReduce 是主要的数据处理框架。任意编程语言和脚本语言都可用于编写 MapReduce 应用程序。Hadoop 分布式文件系统（HDFS）是主要数据存储框架。即便是传统的数据库管理系统也正在进行相应的更新，目的是高效应对数据分析带来的挑战。产生了并行、分析、集群、分布式数据库管理系统来迎合 BDA。还有其他流行的数据库管理系统，例如 NoSQL 数据库、NewSQL 数据库等，它们为大数据分析增加了价值和活力。还出现了中间件解决方案，形式包括数据 hub、消息总线和网络架构、代理等，目的是将粗糙的边界抚平。

人们还实现了集成的解决方案。Datameer（http://www.datameer.com/）就是这样的平台，它被用来简化大数据分析任务。也就是说，它提供端到端的同步解决方案，只需单击即可执行分析。有专门用于完成大数据分析的设备。Hadoop 是主要的大数据分析方法，尤其是在批处理中。但是，还有其他开源框架用于大数据的实时处理，例如 Storm 和 Spark。类似地，有一些专门的分析方法，如运营分析。IBM 提供了一些产品，分别是 SmartCloud analytics for predictive insights（SCAPI）和 SmartCloud analytics-log analytics（SCALA）。Splunk 提供了一个全面的机器分析平台。由于分析占有了越来越多的市场份额，一些初创企业和成熟的产品供应商正大量投资于制作运行良好的分析平台。

大数据应用程序   BDA 正在快速成为学术机构和 IT 组织的研究实验室等学习和研究的一个重点学科，IT 产品供应商也不断努力为大数据分析提供标准化和智能解决方案。因此，随着大数据基础设施和平台的成熟与稳定，产生知识应用与系统的路径正在得到清理。所有同构建洞见驱动服务和知识填充解决方案相关联的外围任务都被抽象，并通过一系列的自动化和标准化程序实现即插即用。也就是说，基础设施和平台实现按需可用，这样软件工程师和程序开发者就更关注他们在概念化和具体化下一代系统的核心能力。因此，连通性、服务支持、通过实时可靠洞见实现认知支持，正逐步推动 IT 和业务应用在行动和表达方面变得智能。简言之，分析产生实用知识，这些知识可以无缝地供系统和人类使用，在展示它们的内在能力方面变得聪明和成熟。随着软件定义的基础设施（SDI）和基于云的平台的稳定，分析即服务（Analytics as a Service，AaaS）的到来已经不远了。知识工程、增强、阐述将会变得轻松、可以负担。

3.4   用于精确、预测性、规范性洞见的新兴数据源

首先，数据爆炸的关键驱动是因为采用了下面列出的技术，然后是因为在小型化技术方面取得了显著的进步，产生了大量传感器、执行器、机器人、消费电子、互联机器、汽车等。

- 由于通过先进技术实现数字化，感知和智能物体的数量多达数以万计。
- 由于 IT 消费化，智能手机和可穿戴设备多达数十亿。
- 设备与服务生态系统的空前增长。
- 运营系统、事务系统、实时系统、交互系统的指数级增长。
- 通过更加深入、极致网络和通信互联的设备和系统多达数十亿。
- 大规模技术计算和科学实验。
- 社交网站（Web 2.0）和知识社区的繁荣。
- IT 集中化、商品化、产业化（云计算）。
- 物联网（IoT）、空间物理系统（CPS）、环境智能（AmI）等技术的采纳。

准确地说，计算变得分布而管理变得集中；通信已经变为自治的、统一的；感知变得无处不在；具有感知能力的物体遍布各处；视觉、感知、决策支持、驱动是普适的；知识捕获和利用强制在系统和服务中实现等，这些都是 IT 领域流行的和突破性的趋势。此外，每一个有形物体的互联；资源受限的嵌入式设备网络（本地或远程）；用于设备/应用集成的标准兼容服务支持和用于远程发现、访问、诊断、可修复性、可管理性、可维持性的可编程基础设施；对基础设施商品化的快速跟踪；端到端融合及动态大数据平台等，均被认为是产生如此大量数据的主要原因，这些数据被收集和储存，然后会进行一系列普通的或专门的调查，

目的是系统地获取和利用其中隐藏的价值。图 3-1 清楚地将大数据放置在大量改变游戏规则的、以人为中心的技术的中央。

图 3-2 揭示了各种各样的通用或专用网络（BAN、CAN、LAN、PAN 等）产生大量有用的数据。

此外，各种电子交易和交互都会产生大量令人难以置信的数据。随着集成场景的升温以及任何物品都能够连接和集成，大的、可信的洞见的范围有望提升，如图 3-3 所示。

其他导致大数据的主要进展如下：

- 设备到设备（D2D）集成。
- 设备到企业（D2E）集成：为了实现远程和实时的监视、管理、维修及维护，同时为了支持决策支持和专家系统，现场异构设备必须同控制级企业包同步，例如 ERP、SCM、CRM、KM 等。

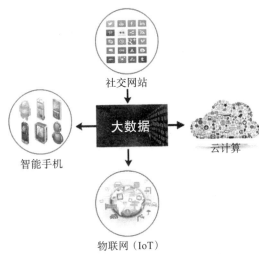

图 3-1　多种推动大数据的技术

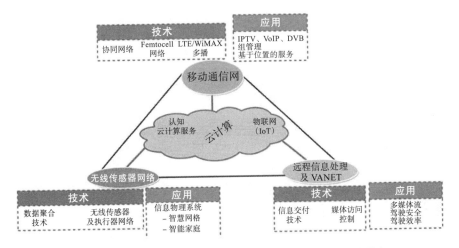

图 3-2　系统、设备、授权对象的网络，它们共同产生大数据

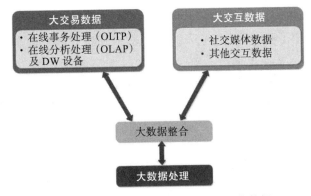

图 3-3　大型交易和交互的集成导致大数据

- 设备到云（D2C）集成：随着多数企业系统移动到云，设备到云（D2C）互联正变得更加重要。
- 云到云（C2C）集成：不同的、分布的、去中心的云正逐步连接起来，以便提供更好的服务。

图 3-4 明显表达了新的场景，即每种设备都同附近的其他设备相互集成。

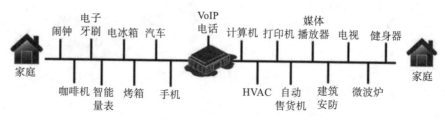

图 3-4   不断成长的互联设备生态系统

图 3-5 列出了新兴的物联网的参考架构，它推动了物理世界同虚拟世界间无缝的、自发的连接。

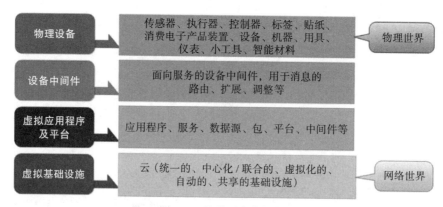

图 3-5   物联网参考架构

3.5   大数据分析为何不俗

对来自不同的、分布式来源的数据进行大规模的收集、索引、存储，为新的变换分析领域的爆发奠定了基础。随着信息管理方面技术、技巧和工具的成熟与稳定，最近出现了特定领域分析和探索性分析。表 3-1 中列出了一些作用在不同数据类别之上的著名的、广泛应用的分析方法。

图 3-6 形象地说明了不同垂直行业采用大数据分析能力和竞争优势后能够获得的商业价值。市场分析师和研究观察家提出了令人鼓舞的商业成果，而这些都是数据驱动的。从基于直觉的决策到数据驱动的洞见的转变正在发生，对于 IT 的繁荣也起了很好的作用。例如，根据计算，美国政府每年仅在医疗上就要花费一万亿美元。如果大数据分析（BDA）在美国全面实施，预测可以使政府节约 3000 亿美元。同样，所有的 11 个主要行业板块都有大数据分析的有效性报告，因此数据分析在各

表 3-1   特定的及通用的分析学科

实时分析	社交媒体分析
预测性分析	运营分析
规范性分析	机器分析
高性能分析	零售与安全分析
诊断分析	情感分析
流分析	环境感知分析

个行业都迅速增长。

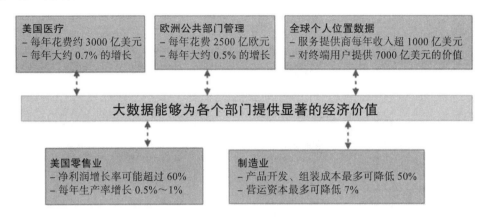

图 3-6　麦肯锡关于大数据分析商业价值的调查结果

图 3-7 描述了如何处理不断增长的大数据和快速数据。

大数据分析的主要应用领域　每个商业领域都充满了大量的数据。随着数据处理和挖掘技术快速成熟，知识发现和传播的需求已经大幅简化。因此，每一个领域都充满了知识，对于利益相关方而言肯定是有深刻见解和令人难以置信的。例如，零售分析给购物者、供应商、OEM、商店老板、零售 IT 团队和其他参与方都带来了大量战术和战略上的优势。图 3-8 显示了大数据分析的主要受益者。

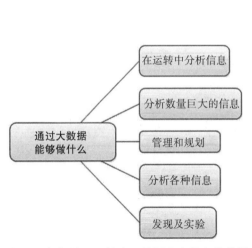

图 3-7　如何处理运转中、使用中和持久的数据

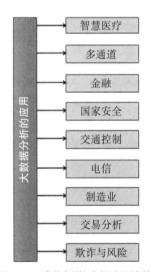

图 3-8　受分析影响的主要领域

3.6　传统的和新一代的数据分析案例研究

通常，家中的电表的读数每个月会被读取并无线传送到集中的服务器（例如，数据仓库（DW））。提取、传送、加载（ETL）工具被广泛用于将传入数据格式化为同 DW 环境兼容的格式。对 DW 进行查询可以得到期望的结果。基于 DW，一些其他的分析系统、客户为中心的系统、报表生成系统、可视化系统等可以采取进一步的处理。例如，会及时生成电费账单并发送给每个家庭，监视并分析用电量以便考虑能源节约方法，或探索对耗电多的人征收额

外税收的可能性。这里的数据采集频度为每月一次，而且数据格式是同构的，因为行政人员会手工填写数据，采用同目标环境兼容的格式。这样，传统分析能够很好地工作。图 3-9 显示了传统架构。

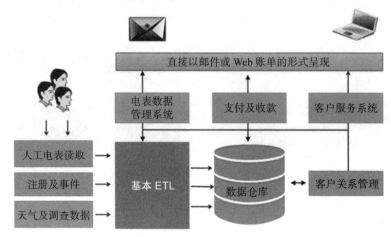

图 3-9　传统智能能源架构

如今，出现了来自多家厂商的、利用不同技术的自动和联网的电表。这些电表采用不同的数据传输技术，数据采集频率从几分钟到几小时再到几个月不等，而且电表产生的数据在格式上也存在巨大差别。这里的关键点在于数据产生的量很大，因此需要使用大数据平台，为消费者、部门（发电、输电、配电）、政府部门等负责。图 3-10 显示了新一代嵌入大数据平台模块的应用架构。

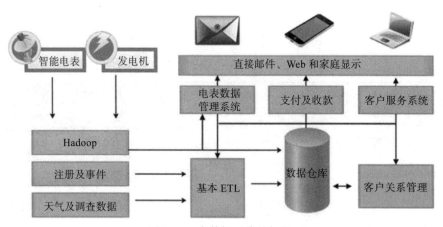

图 3-10　大数据时代的架构

由于成百上千的自动电表产生的数据量非常大，而且数据采集频率在实时到批处理之间波动，因此采用新的架构非常必要。数据的变化也明显增加。Hadoop 平台成为一种平滑机制。也就是说，多结构数据被转换为结构化数据，从而无缝地被企业数据仓库（EDW）使用，不必要的和无关的数据在一开始的阶段就被排除掉，使得传统数据管理平台只处理有价值的数据。准确地说，Hadoop 自身就是一个强大的处理平台。在多数情况下，Hadoop 是作为传统商业智能（BI）技术的补充，目的是大幅提高数据分析的全面性、完整性和准确性。

大数据分析技术架构　为了表现不同的方面与事实，存在大量不同的架构表示。最高级的是参考架构，这是任何新的概念蓬勃发展都必需的。大数据范型预计将会给行业的运行、产出、前景都带来巨大的冲击。如同上面所讲，数据源、采集、组织和存储、知识提取分析、可行洞见的传播等是大数据架构的主要组成部分。如同图 3-11 中所显示的，在每一方面，都有很多技术、工具、技巧可以用来简化任务。

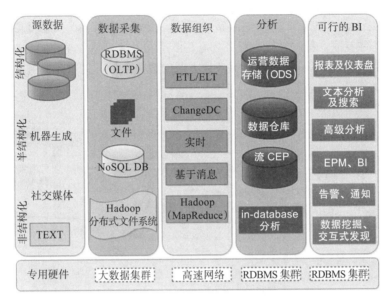

图 3-11　大数据分析的宏观架构

与平台相关联的高度优化的基础设施是从大数据领域中不断获得预期成功的主要支柱。除了数据虚拟化、提取、预处理和分析平台外，还有中间件 / 代理器 / 连接器 / 驱动器 / 适配器解决方案以及不同的数据管理平台集合，例如集群与分析 SQL 数据库、NoSQL 数据库、NewSQL 数据库。可视化工具对于及时地向正确的用户和系统传递信息非常必要。高速、统一的网络对于数据中心的数据传输起着非常重要的作用。Hadoop 正在成为大数据处理的强大标准。还有消息队列和代理用来接收数据和文档消息，事件处理器来解耦事件，引擎用于快速数据和流数据、批处理数据等。这样，对于每一种数据，都有适当的平台可以接收并处理它们，从而得到预期的认知。事务和分析数据库能够支持从数据到信息再到知识的转换，然后可以自信地使用它们。

混合架构　大数据技术的到来并不排斥现有的基础设施或平台，也不排斥知识发现的方法。但是，考虑到大数据以及数据密集型应用程序的复杂性，需要部署一些其他技术和工具来大幅消除其影响。图 3-12 清晰显示了按照标准、聪明的方式来完成大数据分析所需要的附加模块。

随着新类型的数据及其来源的不断涌现，大数据仍然在持续增长。混合架构代表了两种不同架构模式的和谐共存。对于数据采集，有标准的以及具体的、第三方的、专门的连接器。简而言之，数据科学的各个方面都在被不同的实体有意识地参与。Hadoop 和数据仓库解决方案共同行动，简单且精确地及时提供可靠的洞见。

机器数据分析　据估计，每天产生的总数据中有超出 75% 是来自于连接的和认知的机器。也就是说，机器产生的数据在数量上要远超人所产生的数据。因此，机器分析是 IT 中非常重要的战略分析领域之一。在一些数据中心中，有大量企业级运营和分析系统，数据管理系统，成套的、自产的总控系统，以及集成引擎。随着云技术的采用，这些传统的数据中心正逐渐成为强大的私有云环境。另一方面，为 IT 指定的路径，如产业化、消费化、商品化、集中化、整合化、优化等对未来极为重要，它们正在通过成百上千的公共消费云中心来实现。然后，为了建立更智能的环境（智能家居、医院、酒店、制造、零售、能源等），有感知能力的对象、互联的设备、自适应应用、可编程基础设施、集成平台等是至关重要的。智能传感器和执行器被誉为未来 IT 的眼睛和耳朵。正如上面所述，资源受限的嵌入式设备正在被大量装配和互联。每种系统和服务都必将产生并发送大量关于它们的功能、问题、风险、警告等有用的数据。图 3-13 显示了各种类型的数据文件如何被采集并进行一系列深入的调查，从而得到可行的洞见。

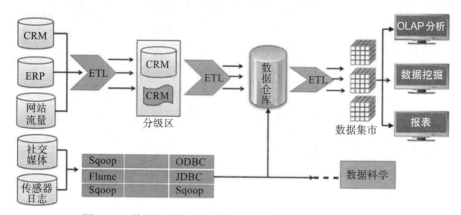

图 3-12   传统架构与新一代分析架构共同构成的混合架构

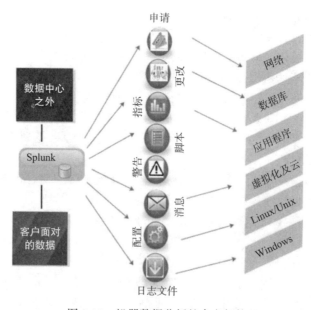

图 3-13   机器数据分析的参考架构

运营分析在 IT 系统和其他电子产品的性能、安全性及其他痛点问题的可视化方面非常方便。

3.7　为何采用基于云的大数据分析

用于大数据分析的公共云　迄今为止,多数传统数据仓库和商业智能(BI)项目都涉及收集、清理和分析从内部关键业务系统中提取的数据。然而这种古老的做法将永远改变,当然,在可预见的将来,很多机构将它们的关键任务系统或数据(客户的、机密的、公司的)移动到公共云环境中进行分析也不大可能。企业正逐步在业务运营和交易中采用云理念。成套的、云原生的应用程序更适合于云环境,而且它们在云中表现良好。云计算的最大潜力是对已经存在于云中心的数据的可负担的、熟练的处理。宜早不宜迟,所有类别的功能网站、应用程序、服务都必然是基于云的。云作为 IT 基础设施(服务器、存储、网络)、商业基础设施、管理软件解决方案和应用的融合的、高度优化且自动、专用和共享、虚拟化、软件定义的环境,其地位正在快速巩固。因此,各种类型的实物资产、物件、工件都无缝集成到基于云的服务中,从而在其行为方面具备智能。也就是说,底层传感器和执行器同基于云的软件越发紧密地集合在一起,从而在其运行和输出方面表现卓越。所有这些进展都清晰地预示,未来数据分析将在云中繁荣发展。

跨国组织的数量正在稳步增长,对 IT 的直接影响就是有多样的、分布式的应用程序和数据源位于多个环境中,包括私有云、公共云、混合云。考虑到安全性需要,客户、机密、公司信息主要保存在私有云中。为满足客户需求,所有企业级业务应用(ERP、SCM、CRM、KM、CM 等)放置在公共云中,并通过全球的各个云服务提供商以软件即服务(SaaS)的形式提供。混合云的发展是为了在公共云和私有云之间提供无缝的、自发的连接。

如今的公共云在它们的基础设施上提供各种大数据分析工具、平台和工具,目的是以极快的速度、合理的成本加速最有前途的数据分析。WAN 优化技术正在快速成熟,目的是在地理上分布的云的系统之间传递大量数据时大幅减少网络延迟。联合、开放、互联、互操作的云模式正在快速得到关注,因此我们可以看到跨云(inter-cloud)的概念正在迅速通过开放和产业力量的标准以及更深入的自动化得到实现。随着新的能力和竞争力的持续采用,如软件定义计算、存储、网络,基于云的数据分析的前景将得到极大增长。简而言之,云正在被定位成所有类型的复杂任务的核心的、中心的、认知的环境。

具体案例中的混合云　预计在未来的几年里,混合云的价值将大幅攀升,因为对于多数的新场景而言,混合的、多站点的 IT 环境更为合适。在分析领域,一个可行的混合云用例是在采集到数据后迅速过滤掉数据集中的敏感信息,然后利用公共云来对其进行复杂的分析。例如,如果分析几 TB 的有价值医疗数据以确定可靠的医疗模式,从而预测某一特定疾病的易感性,则患者的详细身份并不大相关。在这个例子中,只需要一个过滤器就可以去除掉姓名、住址、社会保险号等信息,然后将匿名数据集推送到安全的云数据存储中。

各种软件系统正在逐步现代化,并被移动到云环境中,尤其是公共云,这样就能够作为公网上的服务来进行订阅和使用。另一个值得注意的因素是,大量吸引全球各种不同阶层人群的社交网站正在兴起并加入主流计算中。因此,我们会经常听到、看到、用到社交媒体、社交网络、社交计算等。统计表明,被广泛使用的 Facebook 网站每天至少会产生 8 TB 数据。类似地,除了心得、博客、观点、反馈、审查、多媒体文件、评论、赞美、投诉、广告和其他表达外,其他社交网站还产生大量个人、社会、职业的数据。这些多结构数据在数据分析领域中占很大的比重。

其他有价值的趋势包括企业级运营、交易、商业、分析系统逐渐移动到公共云。我们都知道 www.salesforce.com 是将 CRM 作为服务来提供的公共云。这样,多数企业的数据来源于公共云。随着公共云预期将快速增长，云数据正在成为基于云的数据分析的另一个可行的机会。

关于云是否适合高性能分析，不同的人表达了担忧。然而，这种担忧正在通过一系列的新方法得以克服。一种方法是将高性能平台构建在云基础设施中，如 in-memory 系统和 in-database 系统。因此，在公共云中对大数据和快速数据进行同步处理、挖掘、分析以完成知识获取，正在获得巨大的动力。为了有效地将大数据传递到公共云来满足特定分析要求，使用过滤、去重、压缩和其他知名 WAN 优化技术也非常方便。

企业分析   如今，多数企业已经在大量企业级存储中累积了许多数据。企业需要从数据中创建智能并收集大的洞见和价值，从而制定战略和有价值的战术，对业务进行转型和优化。到目前为止，记分卡和指标、直觉、经验已经成为做出关键业务决策的日常指导。已经证明业务分析对经营绩效无疑有着直接的关系。随着强大的分析技术和工具的出现，及时的、数据驱动的洞见已经被看作是企业的下一代商业分析，可用来解决复杂业务问题、提高性能、通过创新驱动可持续的增长。随着越来越多的数据、用户、应用程序被用来解决复杂的业务问题，要求企业 IT 部门提供一个弹性环境。通常企业分析部门的需求包括：

- 工作负载管理和优先级管理。
- 管理整个 IT 环境。
- 对所有业务处理进行性能优化。

简而言之，高性能计算（HPC）提供快速业务分析能力，对企业的业绩和价值具有开创性的影响。HPC 使得企业能够做出主动、基于事实的业务决策和敏捷战略，在动荡的市场中预测和管理变化。

突出的用例   如上所述，基于云对原生于云的或云中可用的数据进行分析，对企业很有意义。另一方面，考虑到安全性和网络延迟问题，也会采用内部分析。这两种方法都有各自的优缺点，如果能够满足生产力、低 TCO、高回报、可承担、可持续、可扩展等业务要求，那么就应当使用公共云服务。

社交媒体分析（SMA）   如前所述，社交数据的规模正在快速增长。如果能够适当进行各种特定探测，不断增加的社交数据能够产生多种价值增值。社交媒体和网络分析为各种以客户为中心的企业提供对客户的 360 度的观察，加快决策支持过程。通过客户情感分析可以很容易地捕捉到客户的情感。其他著名的用例包括商业机构的品牌增强选项、产品创新、销售倍增机会。还有一些其他数据源，例如点击流、遥测设备、路上的汽车、与社交数据（Facebook、Twitter 等）结合的传感器。在这个用例中，来自每个来源的数据以小批量方式上传，或者直接流入基于云的分析服务中，从而及时获得可行的洞见。

数字商务分析   越来越多的实体商店正在变为网上商店。如今，网上商店和交易已经能够充分满足不同人群的需求。有一些数字商务软件和其他相关解决方案，用于快速推进电子商务、商业、拍卖 / 市场、游戏网站的建立和运营。对于这些公司，监视商业运营、分析客户及用户行为、跟踪市场计划是最重要的。用户基数呈指数级增长，如今每一秒钟就有上百万的人登录电子商务网站来选购商品。在进行电子交易时，会涉及上百的服务器、存储、网络互联解决方案，目的是提高客户体验。运营和交易系统每秒钟都产生大量的数据，这些数据需要仔细采集，然后进行详细分析，以便主动处理任何关注、风险、机会、警告、模式及其他有意义的信息。基于云的系统非常适合于收集和分析所有此类数据，帮助企业管理者有效跟踪和分析整体业务运营和绩效。

运营分析　运营分析是不断增长的分析领域中的新兴学科，因为随着用户、复杂的商业应用程序、复杂的 IT 平台的增多，每种商业模式下的运营系统的数量、规模、范围、种类都在不断增加。为了保持性能水平，防止任何形式的减速和崩溃，IT 基础设施和平台的良好运营分析是至关重要的。

数据仓库扩充　基于云的 Hadoop 平台是用于大数据的性价比高的数据获取、存储、处理和归档的平台。Hadoop 被指定为对大量数据进行预处理的最有效的新机制。一旦被 Hadoop 过滤、清理和改造之后，被格式化、规范化的数据可以进入数据仓库中，从而进行细粒度后期分析。因此，在 Hadoop 与传统商业智能（BI）平台之间有着明确的同步，从而适应不同的数据管理和分析场景。也就是说，用于智能分析的混合环境正在稳步地出现和发展。

随着云被赋予新的功能，基于云的分析将会有更多的用例。正在开发新的分析功能和设施，目的是利用云环境的独特潜力，使得分析更加精确、广泛、富有成效。

3.8　大数据分析：主要处理步骤

数据是得到可行洞见的原材料，有了更多的数据，所产生的洞见也将会更加精确和完美。因此，对所有组织和机构而言，数据分析被视为一种改变游戏规则的举措。如同广泛看到的那样，被技术启发的数据分析具有很多优点。企业能够以简明形式获得对客户的全面、完整的了解；商业战略和战术可以根据新兴的趋势进行相应的修改；基础设施优化、技术选择、架构统一等方面可以得到简化；可以改进当前正在运行的业务流程以实现更好的经营业绩等。

从数据收集到知识发现和传播，当一些发展同时发生时，所有的任务都会变得复杂起来。有一些新兴数据源坚持要求自动数据采集、清理、修正、格式化、过滤等。预处理动作需要同步执行，而且随着数据复杂性的增加，这再也不是一个简单的任务。需要具备高度胜任的平台和工具集，再加上适配器、连接器、驱动器，才能够加速预处理功能。Hadoop 平台被视为最有前途的平台，而且即将成为将要到来的大数据时代的新一代 ETL/ELT 平台。

数据采集　数据被采集并上传到基于云的数据服务中。例如，Datameer 这个端到端大数据平台，它忽视 ETL 和静态模式的限制，使得业务用户能够将来自任意源的数据集成到 Hadoop 中。Datameer 拥有预先设立好的数据连接向导，能够用于所有常见结构化或非结构化数据源，因此，数据集成被极大简化。Datameer 将所有数据以原始格式直接加载到 Hadoop 中。通过健壮的采样、解析、调度和数据保持工具，处理过程得到了优化和支持，使得任何用户都能够快速、高效地获得他们所需的数据。有些用例，如分析不断变化的用户数据，可以在分析运行时将数据流入 Hadoop 中，这样可以确保用户数据总是最新的。Datameer 提供数据链接到具有该目的的所有数据源，快速地集成所有数据。

Treasure Data service（另一个大数据平台服务提供商）使用并行批量数据导入工具或运行在客户本地系统中的实时数据收集代理。批量数据导入工具通常用于从关系型数据库、平面文件（Microsoft Excel、逗号分隔文件等）、应用系统（ERP、CRM 等）导入数据。数据收集代理被设计为实时从 Web 和应用程序日志、传感器、移动系统等捕获数据。由于接近实时的数据对大部分用户而言都很重要，因此多数进入 Treasure Data 系统的数据是使用数据收集代理得到的。数据收集代理会在数据转送到云服务之前进行过滤、转换、聚集。所有数据会被转换为名为 MessagePack 的二进制格式。代理技术被设计为轻量级、可扩展、可靠的。它还使用并行化、缓冲、压缩机制来使性能达到最高、减少网络流量、确保在传输中数据不重不漏。缓冲区大小可以根据时间和数据大小进行调整。

数据存储   大数据存储可使用 SQL、NoSQL 和 NewSQL 数据库。人们关于选择 SQL 和 NoSQL 数据库有一些讨论。基于当前的需求和新兴的情况，架构师应选择适当的数据库管理系统。Treasure Data service 在 Plazma 中保存数据，它是由 Treasure Data 开发的弹性可扩展、安全、基于云的、列式数据库。Plazma 为时序数据进行了优化。实时流数据首先加载到基于行的存储中，较老的数据被保存在压缩的列式存储中。查询会自动执行在这两个数据集上，因此分析过程能够将最新的数据包含进来。这对于动态数据源或依赖于分析最新可用数据的用例是非常理想的。在加载到 Plazma 并进行灵活模式访问之前，数据会被转换到 JSON 格式。

数据分析   这是大数据分析的关键阶段。Hadoop 平台是有效实现大数据分析的最受欢迎的平台。Hadoop 有多种实现和多个发行版本。市场中既有开源的实现，也有商业级 Hadoop 软件解决方案。

Datameer 是一种端到端的大数据解决方案，用户能够通过基于向导的数据集成、迭代式点击分析、拖曳式可视化来从任何数据中发现洞见，不论数据规模、结构、来源和速度。Datameer 并没有自己的与 Hadoop 兼容的分析平台，而是同成熟的产品供应商（Cloudera、Hortonworks、IBM 等）捆绑在一起，提供无缝的、同步的数据分析。也就是说，任何数据分析平台都可以同 Datameer 集成。Datameer 是完全可扩展的解决方案，可以集成现有的数据仓库（DW）和商业智能（BI）解决方案。Datameer 的用户还可以通过 Datameer App Market 获得及时的洞见，它通过大量用例和数据类型提供数十个预先搭建好的分析应用程序。Datameer 提供了最完整的解决方案来分析结构化及非结构化数据。它并没有受限于预先构建的模式，而且其点击式的功能将数据分析带到了一个新的高度。即便是大量数据集的最复杂的嵌套连接，也可以通过使用交互式对话框来完成。它通过查询引擎来接收并处理用户查询，然后，通过数据处理和解释模块来及时提取并产生适当的答案，使得用户能够进行精确、完美的决策。

知识可视化   知识发现必须要传播给已授权和认证的系统及人，使得他们能够睿智地思考如何采取最佳行动。可视化一直是学习和研究如何尽可能自动化的主题，最近，可视化正通过一系列新的机制得以推动，例如高保真仪表板、报表、图表、地图、图、表格、信息图像以及其他可视化手段等。此外，不仅台式计算机，大量笔记本、手机、可穿戴设备、小科技产品等均开始利用下一代可视化技术。

与此同时，还有一些进展令分析更加智能。人们正在实验一些高端算法和方法，已经成熟的数据挖掘领域正在经历大量的冲击和变化，尤其是要为大数据时代做出改变。聚类、分类以及其他数据挖掘方法正在得以加强，以便利用即将到来的机会。

3.9   实时分析

由于前所未有的数据爆炸，大数据在一段时间以来一直是业内的一个突出的、进步的方面，而且人们已经意识到数据正在成为所有企业砥砺前行的战略资产。实时数据是最近席卷 IT 领域的一种相对较新的现象。运行状态的系统通常会产生大量实时数据，这些数据将会迅速、系统地被先进的基础设施和平台捕获并智能处理，从而产生有效的洞见。数百万的传感器和机器以极高的速度产生大量数据。举世闻名的 Twitter 代表另一个吸引全球数百万人的有趣的趋势，它无时无刻在产生数十亿条的推文，这些信息需要实时处理，才能够预测现实生活中的很多事情。

因此，快速的数据或连续的数据是一种新的趋势，它吸引着人们的想象力。也就是说，数据生成、收集、传输的速度得到了大幅的提高。数据正在从不同的位置和来源产生，因此流处理学科正在突飞猛进地发展，以便产生一系列新的技术、工具、技巧，来有效应对流数据。因此，这里的挑战是如何实时接收并进行相应分析，及时提取有用的信息和知识，并据此采取行动。

长期以来，消息传递一直是一种数据和文档的标准封装机制，目前用于通过网络集成不同的、分布的本地系统及远程系统，从而可以同时获得每种系统的独特能力。有很多开放的、与标准兼容的消息代理、队列、中间件服务用来对消息进行处理。不仅数据消息流行，还有事件消息也很流行。在某些快速变动的垂直行业里，业务事件发生的次数以百万计。来自不同产品创新者的事件引擎有的简单，有的复杂，它们用于精确捕获和处理成千上万的业务事件，或者将简单事件聚合成复杂事件，以简化知识提取和知识工程中的数据和处理密集型活动。

总之，如图 3-14 所示，通常大量结构化和半结构化数据保存在 Hadoop 中（数量 + 多样性）。另一方面，流处理用于快速数据需求（速度 + 多样性）。两者相辅相成。

简而言之，现代技术，例如社交、移动互联网、云、物联网等，都是直接或间接导致大数据的重要原因。与它们相关联的数据集快速进化，而且往往是自描述的，包含诸如 JSON 和 Parquet 等复杂类型。

Hadoop 是大数据时代的典型批处理解决方案。即数据被收集和保存在商用服务器和磁盘中，进而采用许多不同的处理技术来在预定的时间内获得洞见。批处理方式通

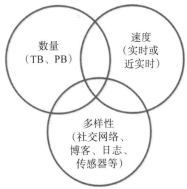

图 3-14 大数据特性的图形化表示

常需要几分钟的时间来从数据产生输出，而且随着最近的数据爆炸现象的出现，处理过程的时间可能会增加到几小时。然而有新的业务需求坚持实时捕获和处理数据，以便产生及时的结果。这样，数据速度成为大数据时代的另一个重要因素。如上所述，实时数据或快速数据、事件数据、连续数据、流数据要求实时分析能力。运营数据是一种实时数据，用于产生运营智能。不仅 IT 基础设施和平台，定制的、自产的、成套的业务应用程序也产生大量运营数据，形式包括日志文件、配置文件、策略文件等，通过对它们进行分析，能够消除系统故障或维修所导致的各类损失。

下面是现实世界的例子，在城市范围内对不同交通信号灯下的车辆数量进行计数，并将详细信息发送到 Hadoop 平台或 Spark 系统，从不同角度和参数来对数据进行分析。主要的输出可以是"交通热点"以及其他能够充分利用的相关洞见。在使用获得的洞见时，可以带来明显的改善，从而有效且高效地规划车流，得到更好的方案，执行质量必然会得到进一步提高，汽车流量预测和交通指示将会更加具体。

在业务方面，有几个场景逐渐被注意到，体现了快速数据的特点。这样，为了在垂直行业建立和维持更新的实时应用程序和服务，实现实时分析的技术与工具的更快的成熟和稳定被视作一个积极的发展。下面是实时分析的一些用例：

1）入侵、监视、欺诈检测。

2）实时安全性和监视。

3）算法交易。

4）医疗、运动分析等。

5）对生产、运营、交易系统的监视、度量和管理。

6）供应链优化与智能电网。

7）智能环境，如智能汽车、智能家居、智能医院、智能旅馆等。

8）车辆与野生动物追踪。

9）环境 / 状况感知。

实时分析使得你可以在数据到达时就对它们进行分析，并且在几毫秒至几秒内做出重要决策。

实时分析平台　批处理会首先在一段时间内收集数据，然后只有当所有数据已经收到之后，才会去处理数据。基本上，首先会等待 30 分钟的数据收集时间，然后当过了 30 分钟之后，再尽可能快地处理它们。然而，实时处理则存在相当大的差别。传统 Hadoop 平台难以应对实时分析的各种要求。当事件的数量激增时，数据的规模也会指数级增长。在几秒钟之内查询并接收响应并不是一个容易完成的任务。我们需要先进的技术和创造性的方法来处理收集到的数据。数据并不是先存储再处理，而是在数据运动的过程当中就进行分析。为了做到这一点，巧妙地利用多台机器，并行地在几秒钟内从数据集中获得实用的、预测的甚至是规范性的信息，看来是可行的解决方案。图 3-15 描述了批处理与实时处理之间的区别。

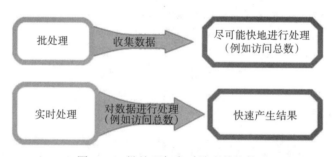

图 3-15　批处理与实时处理的比较

Apache Drill 是用于 Hadoop 和 NoSQL 的开源、低延迟 SQL 查询引擎。Apache Drill 的目的是自底向上地在规模快速增加的多结构化数据集上提供低延迟查询。Apache Drill 对自描述的数据、文件（例如 JSON 和 Parquet）及 HBase 表中的半结构化数据提供直接查询，不需要在集中的仓库中定义和维护模式，例如 Hive metastore。这意味着用户可以自己在数据到来时进行研究，而不是花上数周或数月的时间进行数据准备、建模、ETL 以及后续的模式管理。

Drill 提供了类似 JSON 的内部数据模型来表示和处理数据。这种数据模型的灵活性使得 Drill 能够查询简单和复杂 / 嵌套数据类型，而且可以不断改变 Hadoop/NoSQL 应用中常见的应用驱动模式。Drill 还对 SQL 提供了扩展，以便处理复杂 / 嵌套数据类型。

in-memory 分析数据处理的现状是使用 Hadoop MapReduce 并处理来自磁盘的数据。这种处理必然会在大多数情况下引起延迟问题。也就是说，CPU 保持空闲，直到磁盘中的数据到达。针对这种情况，产生了 in-memory 这种新的计算范型。

你可能已经听说过 SAP HANA，它因其 in-memory 计算方法而非常著名。VoltBD 和 MemSQL 是市场上获得足够关注的另外两种著名的 in-memory 数据库。随着内存模块的成本持续大幅下降，基于内存的临时存储、处理、分析得到了广泛接受。图 3-16 所示的 MemSQL 数据库为快速数据处理和实时报表聚合了事务与分析能力。根据网站上发布的信息，主要的区别包括：

- 加速应用程序并增强实时运营分析。
- 基于商用硬件灵活扩展，最大化性能及 ROI。
- 同时分析实时和历史数据。
- 将关系型数据和 JSON 数据合并。

MemSQL 的 in-memory 存储是一种可用于事务与分析工作负载混合的理想方式，可用于要求高的应用程序和实时分析。通过它完全集成的列式存储，MemSQL 扩展 in-memory 工作负载，如图 3-16 的架构图所示。

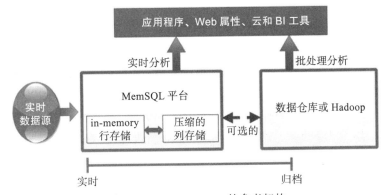

图 3-16　MemSQL DB 的参考架构

VoltDB 是最新的 NewSQL 数据库，它成功地处理由云、移动互联网、社交应用及智能设备所产生的快速数据。快速持续的流数据的可用性和丰富性提供了巨大的机会，人们可以及时提取有用的情报，获得可靠的洞见，并利用它们。这些洞见被及时传递给各种常用系统、服务、应用，使得它们在其行为中变得智能。也就是说，智能系统可以通过网络互相连接，也可以同远程云环境中的应用连接，可视化地、优美地实现智能电网、智能家居、智能医院、智能酒店、智慧城市等。人们希望软件应用程序越来越多地展示出自适应性行为，这需要适当的、及时的、洞见驱动的增强、加速和自动化。

SAP HANA 在内存中聚合了数据库和应用程序平台能力，用来转换事务、分析、预测、空间处理，从而使得业务可以实时运转。通过消除事务与分析之间的分隔，SAP HANA 使得你能够实时地在任何地方回答所有业务问题。SAP HANA 能够提高性能、加快处理、真正地给商业带来了革新。

in-database 分析　in-database 分析是一种允许在数据库内进行数据处理的技术，它将适当的分析逻辑嵌入数据库当中。这种安排免去了转换数据以及将数据在数据库和单独的分析应用程序间来回移动所需的时间和工作。通常一个 in-database 分析系统包含一个构建在分析数据库平台上的企业数据仓库（EDW）。这种平台组合提供并行处理、分区、可扩展和优化能力，能够简化分析需求。此外，in-database 分析使得分析数据集市能够无缝地合并到数据仓库中。在这样的设置下，数据检索和分析更快，而且企业 / 客户 / 机密信息的安全性完全可以得到保证，因为它根本不需要离开数据仓库。这种独特的方法对企业很有价值，因为它使得企业能够做出关于未来商业风险和机会的数据驱动的决策以及洞见启发的预测，确定趋势，发现异常，从而更加有效且经济地做出明智的决策。

公司为需要密集处理的应用程序使用 in-database 分析。例如，欺诈检测、信用评分、风险管理、趋势和模式识别、综合评价卡分析被视为是 in-database 分析中最有前途的应用，它们也极大地促进了专门的分析。

PureData System for Analytics 这是一款先进的数据仓库设备，由 Netezza 公司推出，为大数据推出了一系列改变游戏规则的变化。除了数据仓库设备自身的特性和优点之外，这种新的设备还具有额外的软件来利用大数据带来的机会，而且具有领先的商业智能。数据仓库设备还包含了软件许可证，用于商业智能（BI）软件 IBM Cognos、数据集成软件 IBM InfoSphere DataStage、为数据仓库增加 Hadoop 数据服务的 IBM InfoSphere BigInsights、实时流分析软件 IBM InfoSphere Streams。

3.10 流分析

从数据实时产生洞见的分析平台正在吸引企业来采用它们并进行相应的调整。开源社区提供了流分析平台，此外具有各种功能和设施的商业级供应商也提供流分析平台。随着事件、运营和流数据的突然激增，实时数据分析、快速数据分析、连续数据分析等学科此时非常热门。在过去的十年里，我们听说过很多都是关于事件处理的。已经有简单的以及复杂的事件处理引擎，用来从事件流中攫取洞见。简单事件通常不会有较多的贡献，因此，离散的、原子的、基本的事件会捆绑在一起，共同形成复杂事件，基于这些复杂事件有望实现可用的情报。预计这两种理念（事件和流）将会汇聚并将对垂直行业具有更大的影响。随着 Hadoop 成为大数据的实际标准，在 Hadoop 上出现了一些值得注意的增强，例如 Storm 和 Spark，用于加速流分析的处理。也就是说，如果 Hadoop 平台对于从大数据中进行知识发现非常流行，则实时分析平台的令人兴奋之处就在于捕获、压缩、处理流数据，以便加速"获得洞见所需的时间"。

实时处理将会变得不可或缺，因为出现了一种名为"易逝的洞见"的现象。也就是说，如果企业没有建立起合适的技术，那么就很有可能会错失战术或战略洞见。企业需要根据获得的洞见及时采取行动。流分析被描述和预期为能够从感知对象、智能传感器、连接的设备、硬件及软件基础设施、应用事务和交互等产生所有易逝洞见的技术，并且能够为公司将它们转化为可应用的洞见，从而使公司可以领先于竞争对手。

开发人员正在快速熟悉一些用于实时分析的流操作符。主要包括过滤、聚集、关联、定位、时间窗口操作符、时序操作符、补充操作符以及各种定制和第三方操作符。软件开发者需要理解并巧妙组合这些操作符，才能从流数据中及时得到可行的洞见。通常情况下，传感器数据并没有附加价值，除非同来自其他传感器、执行器、运营系统、事务和分析系统等的数据组合在一起，从而派生出实用的和潜在的动作、警报、触发器、关联、模式等。流已经存在很长一段时间了，如今广泛应用于金融服务业。例如，股票交易是流数据的一个著名用例。这里的思路是创建一个由处理节点（用于维持状态）构成的图，数据在流经该图时会被处理。流分析的主要用例如下所示：

- 业务流程管理与自动化（过程监视、BAM、异常报告、商业智能）。
- 金融（算法交易、欺诈检测、风险管理）。

- 网络与应用监视（入侵检测、SLA 监视）。
- 传感器网络应用（RFID 读取、生产线调度与控制、空中交通）。

3.11　传感器分析

有明确的迹象表明，传感器和执行器将成为未来 IT 的耳目。由于目前智能传感器能够组成无线自组织网络，在高风险和危险的环境中协作完成艰难的任务，因此很多垂直行业中传感器应用的数量和质量都在稳步增长。对智能环境的关注推动着强大传感器以及网络化、资源受限嵌入式设备的发展。环境监视、资产管理、日常生活中常见的、廉价物品的数字化实现都是传感器领域中值得注意的进步中的独特的衍生物。

为了构建自适应商业和 IT 应用，随着高度先进数据融合算法的出现，传感器价值也持续经受各种各样的融合。因此，传感器数据融合目前成为一个更深入的、决定性的课题，因为人们愈发意识到不应仅为了特定原因在特定位置使用一个传感器，而是应当大量部署各种不同的传感器，用来提取不同的数据点。传感器数据的累积能够产生更精确的结果。举个例子，几年前，在英国总理府发生了火灾报警，急救和消防车辆迅速到达了现场，幸运的是，并没有火灾发生。导致此乌龙事件的原因是仅部署了火灾传感器。后来提出的解决方案是使用不同的传感器来获得不同的参数，例如火、温度、压力、燃气、出现的人员等，并且利用强大的算法来计算发生火灾的概率，那么就不需要这些车辆的紧急出动了。因此，互相配合的传感器被认为是最佳的做法，能够带来许多以人为中心的智能系统。

此外，不仅多个传感器能够产生价值，单个传感器同大量 Web、社交、移动、嵌入式、企业、云应用程序同步，也能够为更高级、更智能的系统带来价值。也就是说，捕获并分析与 IT 和业务数据关联的传感器数据，能够产生一批先进的、以人为中心的应用程序。如同我们在实时分析和流分析中看到的，有强大的平台和工具集可用来快速对流数据和事件数据进行分析。传感器分析将会智能地把传感器数据同来自别的数据源的其他决策支持数据集成起来，以获得可行的洞见。

3.11.1　大数据分析与高性能计算的同步：附加价值

如同已经反复强调的，HPC 通过满足大数据分析的基础设施要求，成为新功能和竞争力的巨大推动。HPC 解决方案能够最优地使用和管理 IT 基础设施资源，提供卓越的可扩展性和可靠性，而且在将大数据资产迅速转换为实际商业价值方面贡献巨大。人们还提出了其他 HPC 解决方案来简化大数据分析和快速数据分析。in-database 分析被用来大幅减少数据移动，而且可以快速部署模型。如同本章一开始所述，in-database 解决方案在数据库中执行数据管理和分析任务，这样可以通过减少不必要的数据移动来提高数据一致性。in-database 解决方案通过使用大规模并行处理（MPP）数据库架构，为企业提供预测模型并快速得到结果。in-memory 计算是另一种解决复杂问题的流行的 HPC 方法。最近，随着 in-memory 计算解决方案的流行，并发的、多用户的数据访问变得可能，而且可以执行非常快速的分析操作。云计算也正变成高性能的，云通过分布式部署和集中式监视增加了效率。网格计算和云计算范型是分布式计算的体现，也是优化的、具有成本效益的超级计算机。大数据分析是最适合于分布式计算的。

最后，数据仓库和 Hadoop 设备正在全力冲击市场。很多产品供应商，例如 IBM、Oracle、Cisco、Teradata、EMC 等，生产了大量目的明确的设备作为高性能 IT 解决方案。对于小规模和中等规模的企业，设备是最有效的。

3.12 结论

本章中，我们讨论了大量大数据相关的分析。除了支持 MapReduce 的大数据批处理，实时处理也变得越来越重要，因为与实时分析相关的用例很多。出现了 in-memory 和 in-database 分析平台，它们能够推动实时分析。SAP HANA 是流行的 in-memory 数据库解决方案，具有较高的市场份额，能够用于交互分析和特定分析。图 3-17 描述了针对不同需要可以采用哪些解决方案。

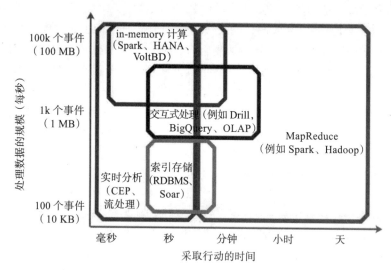

图 3-17 大数据分析和快速数据分析的不断变化的需求

纵轴代表数据的数量（数据规模或者事件数量），横轴代表得到结果所需的时间。它显示了每种技术在怎样的情况下有用。HPC 被认为是最适合处理大数据分析的各种需求的方式。

3.13 习题

1. 描述大数据分析的宏观层次架构。
2. 讨论物联网的参考架构。
3. 讨论机器数据分析的参考架构。
4. 针对下列内容，书写简短注解：
   - 传感器分析
   - 流分析
5. 讨论传统分析和新一代分析的混合架构。

第 4 章
高性能大数据分析的网络基础设施

4.1 引言

　　各个级别的机构都越来越重视大数据，它是当今最热门的技术之一。如今的机构正在从类似视频、音频和其他社交媒体等大数据集中获得更多的价值。但是处理这些类型的数据不是一项简单的任务，需要对 IT 硬件相关的各个方面进行重构，例如网络基础设施、存储设备、服务器、中间件组件，甚至是应用程序。为了满足大数据日益增长的需求，IT 基础设施正在发生巨大的变化。一些明显的趋势包括用固态硬盘取代普通硬盘，设计新的、能够并行处理大量数据的文件系统，使用软件技术将功能与底层硬件组件解耦等。然而，在存储和处理大数据方面，基础设施的准备仍存在较大的差距，如下图所示。

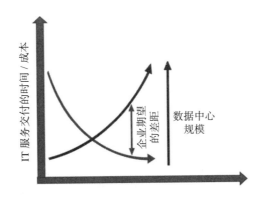

　　IT 基础设施缩小这一差距的关键要求之一是横向或纵向扩展现有基础设施的规模。首先让我们来理解一下这些术语在 IT 基础设施方面的含义：

- 横向扩展（scale-up）：通过使用更高性能和更大容量的组件来扩展基础设施。例如，对于服务器，意味着使用具有更多 CPU、内核和内存的服务器。对于存储设备，可能意味着使用具有更高性能和存储容量的设备，例如固态硬盘。对于网络，可能意味着使用 20 Gbps 或 40 Gbps 的以太网替换 10 Gbps 的以太网，以获得更好的数据传输速度。
- 纵向扩展（scale-out）：基础设施的纵向扩展是增加更多的组件，从而可以并行执行更多的处理，进而加快处理的速度。对于服务器，这意味着增加更多的服务器。对于存储设备，这意味着增加更多的存储设备。但是，对于网络，纵向扩展不能立即完成，因为网络有很多交织的组件，增加其中的一种，可能就需要进行大量的重新配置。然而，网络在大数据处理中起着非常关键的作用，如下图所示。

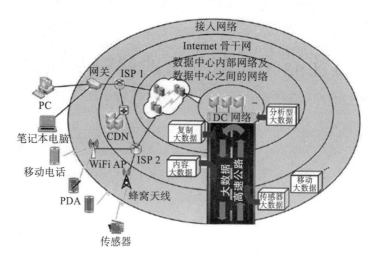

由不同类型 M2M 设备（例如手机、传感器、笔记本电脑）所产生的数据，通过某种有线或无线网络收集。然后这些数据使用某些网络技术传送到数据中心，例如广域网或 Internet。在数据中心，这些数据被加以分析，分析结果使用网络传回给用户或机构。因此，如今需要专注于网络技术和组件的设计，这些技术和组件能够高效地处理大数据。在了解用于大数据的网络组件设计的更多细节之前，需要首先理解现有网络在处理大数据方面的能力限制。下一节中将对此进行详细分析。

4.2 当前网络基础设施的局限

在本节中，我们将分析当前网络在处理大数据的能力方面的一些局限：

1）网络的静态性　当今的网络基础设施有一系列的协议，用于可靠地连接距离很远的系统，同时提供好的性能和安全性。但是，多数协议是为特定需求而设计的，因此，它们倾向于将网络隔离为筒仓状，这增加了处理它们以及在需要时对它们进行改变的复杂性。例如，为了增加任何特定网络设备，会要求改变多个网络组件，例如访问控制列表、交换机、路由器、防火墙，有些情况下甚至要改变门户。由于改变这些组件的复杂性，当今的网络或多或少都具有静态性，因为 IT 人员不愿意因试图改变这么多的网络组件而导致服务中断。但这是当今的要求么？在当今的基础设施中，服务器虚拟化是一种优化服务器资源使用的常见趋势。有了服务器虚拟化之后，数据中心的每台服务器可能需要同数百或数千的服务器进行通信，而这些服务器可能在同一个数据中心里，也可能位于地理上分散的数据中心里。这与现有的架构是相反的，现有架构通常支持一台服务器同多个用户之间的交互，或者是一台服务器同数量有限的其他服务器间的交互。但随着虚拟化程度变得非常深入，每台服务器必须同数百台服务器进行通信，而这些服务器可能在它们的虚拟机中运行多个其他应用程序。为了增加容错性和容灾性，虚拟机还有类似 VM 实时迁移的技术，这更加增加了复杂性。这些同虚拟机相关的各个方面对传统网络的设计提出了严峻的挑战，例如寻址模式、命名空间、路由等。

除了虚拟化，另一个对现有网络基础设施提出严峻挑战的是聚合网络（converged

network）的概念，即使用相同的 IP 网络处理不同类型的 IP 数据，例如声音、数据、视频流。尽管大多数网络能够为不同类型的数据调整服务质量参数，但是大多数处理此类数据的配置任务都需要手动来完成。由于网络设计的静态性，网络缺乏根据应用程序和用户的需求变更来改变其参数的能力，例如 QoS、带宽等。

2）刚性的网络策略　由于现有网络基础设施的刚性和孤立性，在其中实现新的网络策略是一项非常繁杂的任务。为了改变某特定网络策略，可能必须改变网络中数百个不同的网络设备。在试图根据新的策略来修改所有网络组件时，网络管理员可能会为黑客或其他恶意元素引入多个攻击面。

3）无法扩展　现如今的基础设施在设计时考虑了大规模并行算法，目的是加快数据处理的速度。这些并行算法涉及处理 / 计算所使用的各个服务器间的大量数据交换。这种场景要求高度可扩展高性能网络，而且应当只需要很少的干预或人工的干预。当前网络的固化和静态特性无法满足机构的此类需求。

如今不断发展的另一个突出的趋势是多租户的概念，原因是基于云的服务交互模型的扩散。这个模型要求为不同用户组通过不同应用程序提供服务，而且可能具有不同的性能要求。在传统网络基础设施下，这些要求很难实现。

4）供应商依赖　目前的机构在网络基础设施中要求大量新特性，从而帮助它们根据业务环境的需求变化进行扩展。但是在许多情况下，可能无法实现这些特性，因为它们不受网络基础设施设备供应商的支持。这使得如今的机构非常困难，需要将组件同底层硬件解耦，因为这将大幅减少对供应商的依赖。

活动时间

既然你已经了解了传统网络基础设施的局限性，那么哪些技术可用来克服这些局限，使得网络基础设施能够支持大数据？

提示：使用上面讨论的每项挑战，然后将它们转换为一种可能性。将你的观察结果写在下面的空白处：

1. ....
2. ....
3. ....

一些关于 YouTube 视频的有趣事实

- 每个月有超过 10 亿名用户访问 YouTube。
- 每个月，YouTube 上的视频被观看的时间超过 60 亿小时，几乎平均为地球上每人观看 1 小时。
- 每分钟上传到 YouTube 上的视频多达 100 小时。
- 80% 的 YouTube 流量来自美国以外。
- YouTube 在 61 个国家实现了本地化，支持 61 种语言。
- 根据 Nielsen 的统计，访问 YouTube 的 18 ~ 34 岁的美国成年人比观看有线电视网的人数还要多。
- YouTube 的全球观看时间中有几乎 40% 是来自移动手机端。

大数据分析的一个有趣用例

移动设备制造商可以监视你的手机在使用中的一些参数，例如平均屏幕亮度、WiFi 连接、信号强度等，也可以通过在购买时已经安装到你的手机中的组件监视更多参数。这些设备数据每天都会收集并发送到由设备制造商维护的高性能集群中。该集群可以分析这些使用数据并通过推送通知的形式来为用户提供有用的建议。自动通知的一些实例包括打开自动调整屏幕亮度、当信号强度较弱时开始使用无线网络等。

4.3   高性能大数据分析网络基础设施的设计方法

下面是我们用来描述高性能大数据分析所需的网络基础设施的方法。

网络虚拟化	软件定义网络
两层 Leaf-Spine 架构	网络功能虚拟化

网络虚拟化   网络虚拟化将网络功能同提供它们的底层硬件解耦。这是通过创建虚拟实例实现的，这些实例可以插入所有即买即用（off-the-shelf）平台并立即使用。

软件定义网络（SDN）   SDN 为底层网络流量的编排和控制提供了一个集中的点。这是通过名为 SND 控制器的专用组件的帮助来完成的，该控制器的功能类似于网络的大脑。

两层 Leaf-Spine 架构   这是一种使用两种类型的交换机的胖树架构：一种用于连接服务器，另一种用于连接交换机。同传统三层架构相比，这种架构提供了更大的可扩展性。

网络功能虚拟化（NFV）   这是指网络服务的虚拟化。指的是一组加速网络服务提供速度的技术，而且不依赖于底层硬件组件。它仍在发展当中。

本章将会对这些技术进行详细讨论。

4.3.1   网络虚拟化

网络虚拟化是指在一个网络基础设施上创建多个逻辑网络分区。这种分段将网络划分成多个逻辑网络。这种使用网络虚拟化技术逻辑分割得到的网络被称为虚拟化网络或虚拟网络。对于连接到虚拟网络的节点，虚拟网络会呈现为实际物理网络。两个连接到同一虚拟网络的节点可以不需要对帧进行路由来进行通信，即使它们位于不同的物理网络中。当两个位于不同虚拟网络的节点间进行通信时，网络流量必须进行路由，即使它们连接到相同的物理网络也是如此。虚拟网络中的网络管理流量，包含"网络广播"，不会传播到属于其他虚拟网络的任何节点中。这使得我们可以对虚拟网络中具有共同需求集合的节点进行功能分组，不需要考虑节点的地理位置。逻辑网络分区是通过使用很多网络技术来创建的，例如虚拟局域网（VLAN）、VXLAN、虚拟存储局域网（VSAN）等，本章稍后将对这些技术进行介绍。下图给出了关于网络虚拟化概念的高层次的概述。

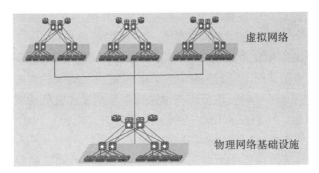

网络虚拟化是通过虚拟机 hypervisor 和物理交换机操作系统（OS）来完成的。这些软件允许管理员在物理机网络和虚拟机网络上创建虚拟网络。

物理交换机运行一个操作系统来进行网络流量交换。这个操作系统必须具有网络虚拟化功能来在交换机上创建虚拟网络。hypervisor 具有内置的网络化及网络虚拟化功能。可以利用这些功能来创建虚拟交换机并配置虚拟网络。这些功能也可以通过第三方软件提供，这些软件可以安装到 hypervisor 中。这样，第三方软件模块就取代了 hypervisor 中自带的网络功能模块。

下面是网络虚拟化的主要优点：

- 确保访客（guest）与合作伙伴访问的安全：很多机构允许客户及其他业务伙伴使用 Internet 访问它们的某些资源。虚拟化网络有助于为他们提供单独的访问。同时这也有助于保护机构的机密信息以及其他机密资产。
- 基于角色的访问控制实现：信息访问策略定义了谁可以访问哪些数据和资源。使用网络虚拟化技术，有可能创建单独的用户组或业务部门。这将有助于确保只有特定的用户组 / 业务部门能够访问属于他们的特定敏感信息。
- 设备隔离：出于安全或性能的原因，有些设备 / 设备组件可能需要同其他设备 / 设备组件隔离。例如，银行可以将 ATM 隔离到一个专用的虚拟网络中，从而保护交易以及客户隐私。
- 安全的服务交付：许多机构可能需要为多个客户提供服务，同时确保每个客户的隐私和数据的安全性。这可以通过将每个客户的数据通过专属于他们的虚拟网络进行路由来实现。
- 提高利用率并降低资金支出：网络虚拟化使得多个虚拟网络可以共享同一个物理网络，这改善了网络资源的利用率。网络虚拟化还通过为不同的节点组采购网络设备减少了资本支出（CAPEX）。

网络虚拟化的一些重要用例包括：

- 兼并和收购：当今的机构为了商业利益、增加新产品技能 / 领域等原因，聚焦于收购。在这种情况下，有必要以无缝的方式合并机构的基础设施。网络虚拟化在这种场景下变得非常重要，可以合并多个机构的各种网络组件，确保平滑、同步的功能。
- 企业全球化：如今的机构在全球都有分支机构。但是它们在工作中或多或少都使用了无边界企业的理念。网络虚拟化被证明可以通过创建多个虚拟化域来方便地处理此类情况，这些域的划分可以根据业务部门、访客和合作伙伴的访问、IT 维护与管理、地理区域等来完成。在这里需要注意的一个重要方面就是虚拟化域并不会成为根据变化的业务需求时不时共享资源、工具、工作人员的障碍。网络虚拟化有助于优化网络的使用并提供更好的性能。

- **零售业**：零售业是一个快速发展的行业，世界各地都有新的零售业巨头在市场中不时地出现。大多数零售集团倾向于将维护方面的业务外包给第三方机构或合作伙伴。在这种情况下，虚拟化网络有助于将第三方机构或合作伙伴的流量同零售店的流量隔离开来。这确保了网络资源的优化使用，并提供了更好的性能。
- **遵从法规**：美国的医疗机构被要求按照医疗保险携带和责任法案（HIPAA）来确保患者数据的隐私性。网络虚拟化在这些情况下非常有帮助，因为它可以根据访问控制许可来为不同种类的人创建单独的网络。
- **政府部门**：政府部门由很多不同部门组成。为了安全性和隐私性，必须确保这些部门使用不同的网络。政府的 IT 部门可以使用网络虚拟化技术来分割部门服务、应用程序、数据库和目录。这样做又有利于资源整合和提高成本效益。

在介绍了足够多的网络虚拟化用例之后，我们将讨论虚拟网络的一些重要组成。

虚拟网络的组成部分　虚拟机运行在一个完整的系统之上，在该系统中已经实现了某种虚拟化软件。但这些虚拟机（VM）还需要一个虚拟网络，该网络具有物理网络的所有组件和特性。它们还需要连接到服务器中的虚拟交换机上。虚拟交换机是逻辑层 2（OSI 模型）上的交换机，驻留在 hypervisor 中的某物理服务器中。通过 hypervisor 来创建和配置虚拟交换机。虚拟交换机的高层次图如下所示。

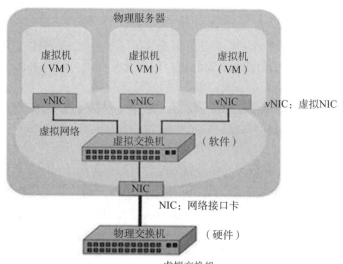

虚拟交换机

虚拟交换机提供流量管理，方式是将数据包路由到驻留在 hypervisor 中的虚拟机。对数据包进行路由需要物理地址（MAC）来指定数据包将要路由到的目标 VM。这些虚拟机 MAC 地址被保存和维护于一个 MAC 地址表中。除了 MAC 地址外，该表还维护虚拟交换机端口的细节，数据包需要通过这些端口来转发。

虚拟交换机也有利于同一服务器内部的 VM 间的通信，直接将 VM 流量导向物理网络。VM 流量交换到物理网络，使得 VM 能够同它们的客户端或驻留在其他物理服务器中的 VM 进行通信。虚拟交换机可以连接到多个物理网络接口卡（NIC）上。这样通过将 outbound 流量分布到多个物理 NIC 上，有助于进行流量管理。它还提供容错功能，允许虚拟交换机在特定 NIC 发生故障时将流量路由到备用的 NIC。为了处理不同类型的流量，虚拟交换机中配置了不同类型的虚拟端口。各种虚拟交换机端口类型如下所示：

- uplink 端口：它们将虚拟交换机连接到服务器的物理 NIC 上，虚拟交换机通过该 NIC 呈现。虚拟交换机只有在通过 uplink 端口连接多个或至少一个 NIC 时，才能够将数据传送到物理网络。
- VM 端口：它们将 VNIC 连接到虚拟交换机。
- hypervisor kernel 端口：它们将 hypervisor kernel 连接到虚拟交换机。

端口分组是一种将端口根据特定标准进行分组的机制，例如安全性、流量类型等。可以通过多种方式来完成端口分组。通常使用的方法之一是基于策略的端口分组。这涉及根据特定需求来为一组虚拟交换机端口创建并应用策略。这通常由管理员完成，而且提供了很大的灵活性，并可以通过一次为一组交换机端口创建通用配置，而不是耗时地为每个端口进行配置，节省大量时间。虚拟交换机可以根据需要拥有多个端口分组。

虚拟网络的另一个重要组成是虚拟网络接口卡（VNIC）。

一台虚拟机可以连接到多个虚拟网络接口卡。VNIC 的工作非常类似于物理 NIC，主要的区别在于 VNIC 用于将虚拟机连接到虚拟交换机。

虚拟机的客户操作会使用设备驱动软件将数据发送到 VNIC。VNIC 通过帧的形式将数据路由到虚拟交换机。每个 VNIC 有唯一的 MAC 地址及 IP 地址，根据 Ethernet 协议进行帧的传输。这些 MAC 地址由 hypervisor 生成，在虚拟机创建的过程中指派给每个 VNIC。下一节将会讨论用于实现网络虚拟化的机制。

4.3.1.1 实现网络虚拟化的技术

虚拟 LAN（VLAN）

VLAN 是在某个 LAN 上或多个包含虚拟和物理交换机的 LAN 上创建的逻辑网络。VLAN 技术可以将一个大的 LAN 划分为多个小的虚拟 LAN，或者将多个 LAN 合并为一个或多个虚拟 LAN。通过 VLAN，可以根据机构的功能需求在一组节点间通信，无论节点位于网络中的什么位置。一个 VLAN 中的所有节点可以连接到一个单独的 LAN，或者分布到多个 LAN 中。

虚拟 LAN 是通过对交换机端口进行分组实现的，分组方式是所有连接到这些特定交换机端口的工作站都接收到发送到这些交换机端口上的数据。这将会根据特定业务需求在 LAN 中的工作站之间创建一个逻辑分组或分区，具体需求包括项目、领域、公司部门等。简言之，它确保整个网络划分为多个虚拟网络。由于这种分组机制主要使用交换机端口作为分组的基础，因此这些类型的 VLAN 也被称作基于端口的 VLAN。基于端口的 VLAN 技术的高层级实现如下图所示。在下图中，VLAN 是基于机构中不同的部门来创建的。

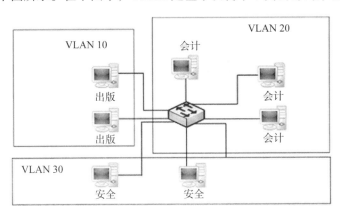

在基于端口的 VLAN 中，交换机端口被指派了一个 VLAN ID。连接到特定交换机端口的工作站将会自动得到该特定 VLAN 的成员身份。上述实例有关的一个简单场景如下表所示。

端口号	VLAN ID
1	10
2	10
3	20
4	30

VLAN 的优点如下：

- 特定 VLAN 内的广播流量不会传播到另一个 VLAN 中。例如，节点会接收到它所属 VLAN 中的所有广播数据帧，但是不会接收到来自其他 VLAN 的。这为进入特定 VLAN 的流量引入了限制。这种 VLAN 流量限制为用户流量节省了带宽，因此提高了性能。
- VLAN 提供了简单、灵活、成本低的管理网络的方式。VLAN 是使用软件创建的，因此，它们易于配置，且与为各种通信组构建单独的物理 LAN 相比，更加迅速。如果需要对节点重新分组，管理员可以简单地改变 VLAN 配置，不需要移动节点并重新布线。
- VLAN 通过将敏感数据隔离在 VLAN 间提供了增强的安全性。还有可能在 OSI 第三层路由设备中引入限制来防止 VLAN 间路由。
- 由于多个 VLAN 可以共享一个物理 LAN 交换机，交换机的利用率得以提高。减少了为不同节点组采购网络设备的资金支出（CAPEX）。
- 由于 VLAN 为工作站提供了通过改变交换机配置从一个 VLAN 变动到另一个 VLAN 的灵活性，因此使得虚拟工作组的建立变得很容易。这使我们可以建立虚拟工作组，同时推动了机构资源的共享，例如打印机、服务器等。

VLAN Tagging

很多情况下，有必要将一个 VLAN 分布到多个交换机上。尽管存在很多种方法来完成这一点，但最流行的方法是 VLAN Tagging。我们以上面给出的 VLAN 实例来理解 VLAN Tagging 的必要性。在该实例中，假定 VLAN 20 分布在多个交换机间。当一台交换机接收到 VLAN 20 的广播数据包时，它有必要确保交换机知道该数据包需要被广播到为 VLAN 20 中的成员的其他交换机。

这是通过名为 VLAN Tagging 的数据帧标记技术来完成的。这种技术的唯一限制就是它要求改变以太网报文头部（Ethernet header）的基本格式。VLAN tagging 需要将 4 个额外字节插入以太网数据包的头部。加入这 4 字节后的以太网头部结构如下图所示。

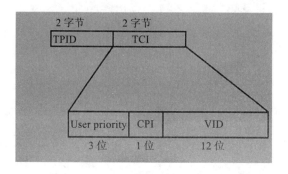

头部的主要字段是 TPID 和 TCI。

- **TPID**：这是标记协议标识符。TPID 的主要目的是表示存在标记头部的事实，并且包含以下字段：
- **User priority**：这个字段包含 3 位，表示数据帧中需要包含的优先级信息。一共有 8 个优先级别：0 表示最低优先级，7 表示最高优先级。
- **CPI**：这个字段仅包含 1 位，而且对于以太网交换机，它总是设置为 0。这个字段主要用于指示以太网和令牌环网间的优先级。如果这个字段的值为 1，则表示数据帧不能够转发到未被标记的端口这一事实。
- **VID**：这个字段同虚拟 LAN 标识符对应，而且该字段对 VLAN 分布到多个交换机上起着关键作用。

下面让我们来了解这种标记机制如何帮助解决前面章节中描述的问题。为了更好地理解它，我们以到达一个特定交换机端口的广播数据包为例。这个数据包同 VLAN 20 相关，也就是说，它的 VLAN ID 为 20。假定这台交换机的端口 10 连接到同为 VLAN 20 的一部分的交换机的端口 15 上。现在需要配置 VLAN tagging，确保端口 10 和端口 15 被配置为 VLAN 20 的被标记成员端口。这通常是通过网络管理员来完成的。一旦完成上述配置，它使得交换机 1 明白一旦它接收到广播，则需要通过端口 10 将它作为广播数据包发送出去，并且在标记中注明 VLAN ID=20。它使得交换机 2 明白它应当接收被标记的数据包并将它同 VLAN 20 关联起来。交换机 2 还会将数据包发送给 VLAN 20 的所有成员端口。这使得交换机 2 很容易理解需要对属于 VLAN 20 的数据包做些什么。因此简单来说，这个理念可以总结如下：

- 如果某端口被标记为特定 VLAN 的成员，则所有通过该 VLAN 发送到端口的数据包应当将一个 VLAN 标记插入它内部。
- 如果某端口接收到带有特定 VLAN ID 的被标记的数据包，那么该数据包需要同该 VLAN 关联起来。

虚拟 LAN 有其自身的局限，主要的局限是它的可扩展性。如果网络用于云基础设施中，那么可扩展性就成为更大的问题。这些可扩展性问题可以通过使用名为虚拟可扩展局域网（VXLAN）的技术来解决。该技术大量用于数据中心，因为对于数据中心，大规模可扩展性是一个重要的需求。下面将对其细节进行介绍。

4.3.1.2 虚拟可扩展局域网

很多时候有必要将虚拟机从一台服务器移动或迁移到另一台服务器，目的可能包括负载均衡、灾难恢复、流量管理等。目前已经有很多技术可以确保 VM 的实时迁移。但是这里关键的问题是要确保 VM 必须保持在它的子网中，从而使得它们在迁移过程中仍然可以访问。当子网、虚拟机、服务器的数量非常巨大时，这会成为一个严重的问题。此时，就需要有 VXLAN 了。VXLAN 通过使用第二层的隧道功能，有助于克服 IP 子网所引发的限制。它帮助数据中心管理员实现很好的三层架构，同时确保 VM 可以无限制地跨服务器移动。VXLAN 使用技术将多个第三层子网同第三层基础设施组合起来。这使得多个网络上的虚拟机可以就像位于同一个子网那样通信。VXLAN 的高工作层级如下图所示。

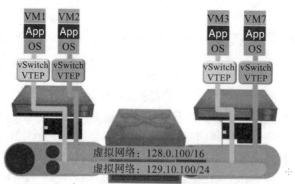

L2 网络：172.22.98.0/24   L2 网络：172.22.99.0/24

VXLAN 流量被多数网络设备透明地管理。对于 VXLAN，IP 封装的流量像普通 IP 流量那样进行路由，封装和拆封是由 VXLAN 网关完成的，它也被称为虚拟隧道终点（Virtual Tunnel End Point，VTEP）。这些 VTEP 在 VXLAN 中起着很重要的作用。VTEP 可以通过以下方式来实现：

- hypervisor 中的 virtual bridge。
- 可感知 VXLAN 的虚拟机应用程序。
- 支持 VXLAN 的交换机硬件。

每个 VXLAN 网络分片有着 24 位的唯一标识符。这个标识符也被称作 VXLAN Network Identifier 或 VNI。24 位地址空间能够大量扩展虚拟网络。但是，在多数情况下，可用虚拟网络地址的数量受到多播以及网络硬件的限制。逻辑层 2 中的虚拟机使用相同的子网，并且被映射为使用相同的 VNI。这种映射使得虚拟机能够相互通信。需要注意的是，物理层 2 中所遵循的 IP 寻址规则同样也可以应用到虚拟网络。

VXLAN 通过组合虚拟机的 MAC 地址以及 VNI 来保证虚拟机的唯一性。这有时候会导致数据中心中 MAC 地址的重复。在这种场景下，唯一的限制是相同的 VNI 中不能够出现重复的 MAC 地址。属于某个特定子网的虚拟机不需要任何特殊配置就可以支持 VXLAN 流量。这主要是因为 VTEP 的存在，它通常是 hypervisor 自身的一部分。VTEP 的配置应当包括层 2 或 IP 子网到 VNI 网络的映射以及 VNI 到 IP 的多播组映射。第一种映射允许构建转发表来推动 VNI/MAC 流量的流动。第二种映射帮助 VTEP 在网络上执行广播或多播功能。

接下来，我们将介绍存储局域网中的虚拟网络。这被称为虚拟存储局域网（VSAN）。

虚拟 SAN 是服务器或存储设备的逻辑分组，创建在存储局域网上，目的是便于有着共同需求的一组节点之间的通信，无论它们的物理位置是怎样的。VSAN 在概念上与 VLAN 的工作方式相同。

每个 VSAN 都是一个独立的 fabric，而且被独立管理。每个 VSAN 有着它自身的 fabric service 集合、配置、独特的光纤通道地址集合。对某一特定 VSAN 进行配置不会对任何其他 VSAN 产生影响。类似于 VLAN tagging，VSAN 有它的 tagging 机制。VSAN tagging 的目的类似于 LAN 中的 VLAN tagging。

4.3.1.3　虚拟网络中的流量管理

必须对网络流量进行管理，才能够优化性能和网络资源的可用性。有很多技术可用来在物理网络中监视和控制网络流量。其中有一些可以用来管理虚拟网络流量。管理网络流量的一个主要目的是负载均衡。这是一种将工作负载分布到多台物理机或虚拟机上，并且并行化网络链接的技术，目的是防止过度使用或未充分使用这些资源并优化性能。这是通过专用的软件或硬件来提供的。

网络管理员可以应用策略来将网络流量分布到多个 VM 和网络链路上。网络流量管理技术还可用来设置策略以确保网络链路上的网络流量失效转移。当网络发生故障时，流量可以基于预先定义的策略，从失效链接中转移到另一条可用的链接。网络管理员可以根据需要灵活地改变策略。

当多个 VM 流量共享带宽时，网络流量管理技术确保每个 VM 产生的流量的服务水平。流量管理技术允许管理员为不同类型的网络流量设置分配带宽的优先级，例如 VM、VM 迁移、IP 存储和管理。在本节中，我们将讨论用于流量管理的一些技术。

4.3.1.4　链路聚合

链路聚合是用于将多个网络连接聚合为一个连接的技术，目的是提供更高的吞吐量，从而提供显著的性能改善。一些可以应用到虚拟网络的链路聚合技术的一些变体如下：

- VLAN 中继：VLAN 中继是一种允许多个 VLAN 的流量穿过一个链路或网络连接的技术。这一技术允许任何两个联网设备之间的单独连接，例如路由器、交换机、VM、存储系统，可以有多个 VLAN 流量穿过相同路径。多个 VLAN 流量可以穿过的单独的连接被称为一条中继链路。VLAN 中继使得联网设备上的一个端口可以用来通过一条中继链路发送或接收多个 VLAN 流量。能够传输同个 VLAN 相关的流量的端口被称为中继端口。为了支持中继，必须确保发送和接收的联网设备需要至少有一个端口配置为中继端口。联网设备上的中继端口被包含在定义在该联网设备上的所有 VLAN 中，并且为所有 VLAN 传输流量。用于实现 VLAN 中继的技术被称作 VLAN tagging，如前所述。

- NIC 分组：NIC 分组是一种对连接到虚拟交换机的物理 NIC 进行逻辑分组的技术。这样做的目的是为了均衡网络流量，确保发生 NIC 故障或网络链路失效等情况时的故障转移。同一组内的 NIC 可以被配置为活跃的和备用的。活跃的 NIC 用于发送数据帧，而备用的 NIC 保持空闲。负载均衡允许将所有 outbound 网络流量分布到活跃的物理 NIC 中，比单独的 NIC 能够提供更高的吞吐量。备用的 NIC 不会被用于转发流量，直到某一个活跃的 NIC 发生故障。当 NIC 或链路发生故障时，该故障链路中的流量会转移到另一个物理 NIC 中。NIC 分组成员内的负载均衡和故障转移受到在虚拟交换机上配置的策略的管理。

4.3.1.5　流量整形

流量整形控制网络带宽，通过限制非关键流量，避免对关键业务应用流量造成影响。它还有助于确保被要求的服务质量。流量整形可以在虚拟交换机级别进行启用和配置。流量整形使用三个参数来对网络流量进行调节和整形：平均带宽、峰值带宽、突发大小。

平均带宽的配置是为了设置一段时间里允许的虚拟交换机的数据传输速率（每秒位数）。由于它是一段时间里的平均值，虚拟交换机的某个端口的工作负载可以在短期内超过平均带宽。不考虑排队或丢帧的情况，为峰值带宽提供的值决定了允许通过虚拟交换机的最大数据传输速率（每秒位数）。峰值带宽的值总是要比平均带宽的值高一些。

当虚拟交换机的传输速率超过平均带宽时，被称为突发。突发是一种间歇性事件，而且通常仅在短期内存在。突发大小定义了突发期间允许传输的最大数据数量（字节），并假定它不会超过峰值带宽。突发大小可以通过带宽乘以突发存在的时间间隔来计算得到。因此，可用带宽越高，对于特定突发大小而言，突发能够持续的时间越短。如果突发超出了配置的突发大小，剩余的数据帧会放到队列中稍后再进行传输。如果队列满了，那么数据帧会被丢弃。

4.3.2 软件定义网络

软件定义网络（SDN）是将网络控制从底层网络设备解耦的一种范型，并且嵌入名为 SDN 控制器的基于软件的组件中。这种控制的分离使得网络服务从底层组件中抽象出来，有助于将网络当作逻辑实体来对待。SDN 的高层架构如下图所示。

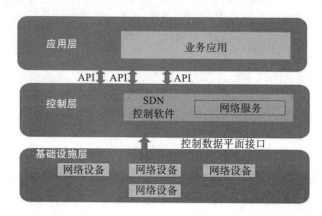

所有运行在网络上的业务应用都是应用层的一部分，所有网络组件都是基础设施层的一部分。SDN 软件组件位于控制层，并且与应用程序和基础设施组件都进行交互。

SDN 的核心是名为 SDN 控制器的软件组件。整个网络可以由 SDN 控制器来控制，而且 SDN 控制器相对于其他网络组件起到逻辑交换机的作用。SDN 控制器可用来监视和控制整个网络的运行。这大幅消除了配置成百的网络设备的麻烦。网络管理员可以通过 SDN 程序动态改变网络设置。SDN 控制器使用 SDN API 同业务应用交互，通过使用控制一些类似 OpenFlow 的协议同网络的基础设施组件交互。OpenFlow 是 SDN 中使用的最重要的协议，当然 SDN 还使用很多其他协议。SDN 使用控制层中的软件程序帮助网络的智能编排和供应。用于 SDN 的开放的 API 正在发展当中，这将会为 SDN 架构提供大量的供应商独立性。到目前为止，所有使用通用 SDN 协议进行通信的供应商设备都可以被 SDN 控制器集中控制。

4.3.2.1 SDN 的优点

- 集中控制多家供应商的网络设备：所有使用通用 SDN 协议进行通信的网络设备可以使用 SDN 控制器集中控制，不论是哪家厂商生产的该设备。
- 通过自动化降低复杂性：SDN 框架提供了自动化和管理多种网络相关功能的特性，否则若手工实现这些功能会非常耗费时间。这种自动化会降低运营成本，并且减少由于手工干预而引入的错误。
- 提高网络可靠性和安全性：过去常常需要几个月才能完成的网络策略，现在可以在几天内完成。SDN 框架消除了单独配置每台网络设备的需要，进而减少了安全漏洞以及策略实现过程中可能出现的其他违规的可能。
- 更好的用户体验：SDN 架构提供了根据用户需要动态改变配置的灵活性。例如，如果用户为音频数据流要求特定级别的 QoS，可以使用 SDN 控制器动态进行配置。这提供了更好的用户体验。

SDN 的主要用例包括：

- 校园
- 数据中心
- 云
- 运营商和服务提供商

OpenFlow

OpenFlow 是第一个为 SDN 架构定义的标准通信接口[2]。它允许对网络设备的直接访问和配置，如交换机和路由器（可以是物理的或虚拟的（基于 hypervisor））。正是由于缺少这样的开放接口，才导致了传统网络的整体性、封闭性和类似大型机等性质。OpenFlow 在 SDN 领域非常流行，以至于很多情况下 SDN 和 OpenFlow 可以互用。

活动时间

将课堂学生分为两组，每组包含相同的人数。对每个组布置任务，找出用于 SDN 架构／框架的 OpenFlow 之外的协议。

4.3.2.2　两层 Leaf/Spine 架构

传统网络架构包含三层，如下图所示。

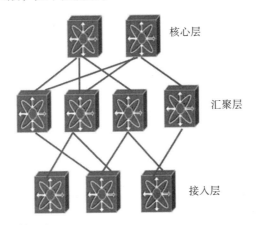

三层交换机的功能分别如下：

- 层 1（接入交换机）：接入交换机用来连接服务器与其他存储设备，这些存储设备是网络的一部分。
- 层 2（汇聚交换机）：接入交换机使用以太网介质连接到汇聚交换机。汇聚交换机汇聚来自接入交换机的转发流量，并将它们发往核心交换机。
- 层 3（核心交换机）：核心交换机或路由器将来自服务器和存储设备的流量转发到局域网或 Internet。

这种架构的主要限制是它们使用层 2 转发技术，而不是层 3 转发技术。除此之外，通常在接入层有超额的带宽，而汇聚层的带宽较少。这也会导致延迟。所有这些事实限制了架构根据现有需求的可扩展性。为了克服由此架构导致的限制，设计了两层 Leaf/Spine 网络架构。两层 Leaf/Spine 网络的高层架构如下图所示。

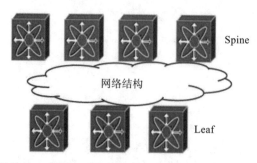

在两层 Leaf/Spine 架构中，只有两层交换机：一层用来连接服务器 / 存储设备，另一层用来连接交换机。这种两层架构创建了一种无延迟、无阻塞的架构，因此提供了高度可扩展的架构，非常适合于传输大数据。

4.3.3　网络功能虚拟化

网络功能虚拟化（NFV）指的是使用虚拟化技术来提供具体网络相关服务，而不需要为每种网络功能使用定制硬件设备。这是 NFV 所提供的主要价值。NFV 的实例包括虚拟防火墙、虚拟负载均衡器、虚拟 WAN 加速器、虚拟入侵检测服务等。NFV 可以被视为虚拟化和 SDN 的组合，而且其关系如下图所示。

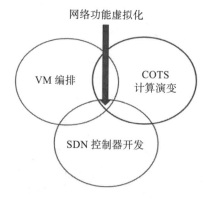

并不一定需要使用 SDN 来实现 NFV，如今的虚拟化技术已经强大到足以构建 NFV。但是，SDN 的编排和管理能力大幅增强了 NFV 的能力，因此建议在 NFV 的开发中使用 SDN。网络服务的虚拟化并不一定意味着分离 hypervisor 划分的包含每个服务实例的 VM，也可以意味着 [3]：

- 在有着多个 / 分隔的 OS 的计算机中实现的服务。
- 在单个的 hypervisor 中实现的服务。
- 作为分布式或集群实现的服务。
- 在裸机中实现的服务。
- 在 Linux 虚拟容器中实现的服务。

这些技术可能会使用一些类似 NAS 的存储设备来共享它们的状态。

NFV 仍然是一个发展当中的领域，但是，在设计 NFV 时，需要牢记下面的这些问题 [3]：

- hypervisor 的使用以及用相同的底层物理硬件来交付虚拟化服务可以导致物理资源的冲突。这可能会导致与特定组件相关的服务交付的性能下降。NFV 编排系统应当非常小心地监视这样的性能降级。NFV 编排系统还应当跟踪 hypervisor 以及物理资源，从而可以在不损失性能的情况下仔细地辨别出资源争用。

- 虚拟化的服务驻留在 hypervisor 组件上,该组件可能成为单点故障。这个故障会影响所有运行在该服务器上的 VM,而且还会破坏那些 VM 所提供的服务。

- 如果尝试为 hypervisor 上运行的不同 VM 的多个 vNIC 提供服务,则 hypervisor 中的虚拟交换机可能会出现过载。因此 hypervisor 应当有机制用来识别和优先控制流,这样可以避免应用和管理发生故障。

- hypervisor 有能力让应用程序不知道物理机状态的变化,例如 NIC 端口故障。SDN 控制器和编排协作,应当弥补这方面的差距,并及时采取行动。

- 在某些情况下,作为高可用性(HA)战略的一部分,虚拟机应当可以从一个服务器迁移到另一个。这种迁移可能会以多种方式对服务的交付产生影响。因此需要采取适当的步骤来确保不会发生破坏服务的情况。

4.4 用于传输大数据的广域网优化

在当前的大数据环境中,确保大数据在全球范围内的快速、可靠移动非常重要。这一因素已经成为每个垂直行业中业务成败的决定性因素。传输控制协议(TCP)是广域网中数据传输的主要协议,但是 TCP 具有很多性能瓶颈,对于有着高网络往返时间(RTT)和丢包的网络更是如此,在高带宽网络中,这些瓶颈变得更加突出。下面的图清晰显示了此场景[4]。

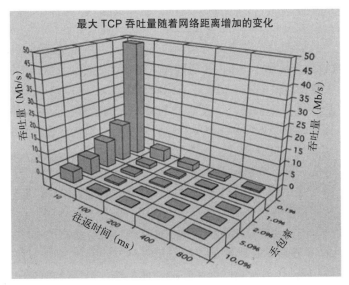

这些性能瓶颈是由于 TCP 的 AIMD 拥塞避免算法导致的。AIMD 算法按照如下的方式工作:

1)探测网络的可用带宽。

2)根据可用带宽增加包传输速率。

3)增加包传输速率,直到检测到丢包。

4)检测到丢包后,将包传输速率进行指数级减少,这又导致网络性能的急剧下降。

除此之外,由于物理网络介质导致的丢包,也会在 TCP 网络中造成包传输速率的下降。当然,TCP AIMD 中基于丢包的拥塞控制是 TCP 网络中降低吞吐量的主要因素。在 TCP AIMD 中,包的丢失会导致包的重传,并且使得数据无法传递到目的地,直到丢失的包的重传完成。这导致了类似大数据这类大容量数据可靠传输的主要瓶颈，因为这些数据并不要求按顺序（字节流）传送数据。这一 TCP 限制严重影响了传统文件传输协议的性能，下面这些协议构建在 TCP 之上，它们是 FTP、HTTP、CIFS 和 NFS。当基于广域网进行长距离传输时，这些性能瓶颈会变得更为明显。通过一些 TCP 加速技术，可以对这些协议进行一定程度的性能优化，这类技术可以使用硬件设备来实现。但是，这些 TCP 加速技术对于长距离传输并没有很好的效果。

近些年，大量新版本的高速 TCP 协议和实现这些变体的 TCP 加速设备已经被开发出来。高速 TCP 协议认识到 AIMD 的根本缺陷，对基于窗口的拥塞控制算法进行了修改，减少它所导致的瓶颈，并提高了长期平均吞吐量。这些协议的最高级版本通常会通过测试更丰富的信号（例如网络排队延迟）改进拥塞监测，而不是在发生丢包事件前一味地增加吞吐量。这有助于防止 TCP 流产生包丢失，从而避免拥塞，提高几乎不丢包的网络的长期吞吐量。

然而，这种改进在广域网中迅速消失，在广域网中，由于物理介质错误导致的丢包或背景流量突发导致缓冲区溢出变得不可忽略。这些网络中，丢失一个包就会导致 TCP 发送窗口急剧缩减，多个包的丢失将会对数据吞吐量造成灾难性后果。每窗口数据中超过一个包的丢失通常会导致传输超时，而且导致从发送方到接收方的带宽时延积（bandwidth-delay-product）流水线耗尽，而且数据吞吐量会降到零。发送方基本上必须重新启动数据传输。

为了以最大速度传递大批量数据，必须有一种在整个传输路径上使用可用带宽的端到端方法。Aspera FASP[4] 是一种高效、创新的大批量数据传输技术，它为通过公共或私有的基于 IP 的广域网文件传输提供了可行的替代方案。Aspera FASP 在应用层实现，而且被用作一种终端应用协议。因此，它不要求对标准网络基础设施做任何改动。FASP 能够为通过任意 IP 网络传输大批量数据提供 100% 的带宽效率。采用 FASP 的数据传输同网络延迟和数据包丢失无关，这为大数据传输提供了高性能下一代解决方案。

Aspera FASP 克服了 TCP 的缺点，而且它为需要大批量数据传输（不涉及字节流传递）的应用程序提供数据的可靠传输。FASP 的另一个关键特性是它将可靠性和速率控制等方面同数据传输完全隔离开来。这是通过在传输层使用标准 UDP 来实现的，这有助于通过使用一个理论上最佳的方法，该方法精确重传信道中的丢包，有助于在应用层实现拥塞控制与可靠性控制的解耦。基于速率控制和可靠性的解耦，新的数据包不需要像基于 TCP 的字节流应用中那样，减慢速度来重传丢失的数据包。传输中丢失的数据以同端到端路径中可用带宽精确匹配的速度进行重传，或者以配置的目标速度重传，没有重复的重传。

某具体路径中的可用带宽的数量是通过使用一种基于延迟的速率控制机制来找出的。FASP 基本上使用排队延迟作为衡量网络拥塞的一种手段，而且仅在网络中维持一个小的队列。数据传输速率根据队列的大小进行调整（例如，如果队列规模变得非常小，意味着有更多的可用带宽，因此传递更多的数据，反之亦然）。FASP 周期性地向网络发送探测包，目的是评估数据传输路径中存在的排队延迟。如果 FASP 检测到排队延迟的增加，则根据目标队列同当前队列之间的差距成比例地减少数据传输，从而避免过度使用网络，当它检测到排队延迟减少时则反之。

FASP 的自适应速率控制机制有很多优点，如下：

- 它使用网络队列延迟作为主要的拥塞控制参数，将丢包率作为二级拥塞控制参数。使用这些参数，FASP 能够精确估计网络拥塞的程度，不需要因为数据包的丢失降低数据传输速度。

- FASP 使用内置的快速响应机制来在多个数据同时传输时自动减慢数据传输速率。它也有自动加速数据传输的机制，这确保了数据的高效传输。
- 先进的反馈机制使得 FASP 会话速率快速收敛到均衡状态。稳定的数据传输速率为用户提供 QoS 体验，无须为 QoS 硬件或软件增加任何额外的投资。
- 网络带宽的稳定利用倾向于将网络利用率和效率保持在 100%。

文件传输瓶颈可能以各种类型和形式出现。很多时候，传输一组小规模的文件同传输与之大小总和相同的大文件相比，速度要慢一些。通过一种新的文件流化技术，FASP 为传递大量小文件也提供了很高的效率。因此，FASP 能够消除基于 TCP 或 UDP 的文件传输技术的根本瓶颈，例如 FTP 和 UDT。FASP 还加速了通过公共或私有 IP 网络进行的数据传输。FASP 去除了不完美的拥塞控制算法导致的人为瓶颈，丢包（物理介质、背景流量突发、粗粒度协议本身），以及可靠性与拥塞控制之间的耦合。此外，FASP 这一创新正在消除来自磁盘 IO、文件系统、CPU 调度等所产生的瓶颈，并且即便是在最长、最快的广域网中，也能获得全线速度（full line speed）。

4.5　结论

在本章的第一部分，我们讨论了当前的网络为了传递大数据所需要满足的各种需求。我们还分析了当今网络的各种考虑，它们导致了这些网络不适用于传输大数据。

在本章的第二部分，我们讨论了机构应当采纳的各种方法，以便使得它们的网络能够用于大数据。讨论的各种方法包括网络虚拟化、软件定义网络、两层 Leaf/Spine 架构、网络功能虚拟化。此外还讨论了实现网络虚拟化的各种方法以及虚拟网络的关键组成，并详细讨论了虚拟网络中使用的流量管理技术。SDN 的各个方面以及 SDN 的架构也在本章进行了描述。最后，本章对 NFV 进行描述，并介绍了使用 NFV 设计服务交付时需要牢记的问题。

4.6　习题

1. 解释当前网络的缺点。
2. 简要描述网络虚拟化技术。
3. 详细解释 VLAN tagging 的概念。
4. 解释 SDN 架构。
5. 简要描述 NFV。
6. 解释在设计 NFV 过程中需要牢记的设计问题。
7. 解释使用 FASP 进行 WAN 优化的概念。

参考文献

1. https://www.youtube.com/yt/press/en-GB/statistics.html
2. A white paper on Software Defined Networking -The New Norm for networks by Open Networking Foundation
3. A book on Authoritative review of network programming technologies by Thomas. D. Nadeau & Ken Gray and published by Oreilly publishers
4. http://bridgesgi.com/wp-content/uploads/2014/04/Bridge-Solutions-Group-Aspera-fasp_a_critical_technology_comparison.pdf

第 5 章
高性能大数据分析的存储基础设施

5.1 引言

首先，我们将研究传统 HPC 存储系统中的不足，它们使得这些系统不适合当前高性能计算架构和应用程序的需求。主要的缺陷有：

- 集成来自多个供应商的技术栈：当前的存储系统使用来自不同供应商的技术栈中的不同组件，因为它们缺乏设计和交付端到端 HPC 解决方案的能力。这大幅增加了系统的复杂性，并且使得类似测试和质量控制等许多方面变得非常困难。多供应商 HPC 存储系统还占用了更多的空间，并且运转的能耗要求也更高。这些存储系统还会导致 I/O 瓶颈，从而阻碍 HPC 应用程序对它们的采用。这种多供应商 HPC 存储系统会给用户带来困扰，尤其是涉及类似长期维护等方面时。

- 配置和调优过程中有限的自动化：多供应商 HPC 系统通常会包含一个逐步安装的过程，由于涉及来自多家供应商的各种组件，因此该过程通常周期非常长、难度非常高。这一耗时的安装和配置过程可能会影响项目的期限，使得系统非常不适于当前系统动态变化的需求。缺少集成设置还会阻碍用户与多供应商系统的全部组件有效进行交互的能力。根据 HPC 应用程序的要求，可能需要很多调优周期来对系统的性能进行调优。所有这些因素使得传统 HPC 系统的效率和可靠性降低。

- 缺少对管理软件的关注：管理软件是 HPC 存储系统中非常关键的组成部分，因为它在整个系统的顺利运行中起着非常重要的作用。但很讽刺的是，传统 HPC 存储系统对存储系统管理软件的设计和开发不够重视。结果，HPC 存储系统的用户在试图捕捉和记录存储系统的各种参数（例如性能）时会遇到非常大的困难。缺少精巧的诊断工具也使得日志分析和故障排除等变得异常困难。所有这些限制迫使机构花费更多的时间和工作来管理和维护它们的 HPC 存储系统。

当机构规模增加后，问题变得更加困难。配置管理、维护、集成任务非常困难，而且解决这些挑战的成本也呈指数级增长。当前的所有这些问题，使得机构需要采用专门的存储基础设施以满足高性能计算应用的需求。但是，一些传统存储基础设施也通过对架构和设计进行更改来适应当前的 HPC 存储。在本章中，我们将研究与存储基础设施相关的各个方面，考察它们是否能够满足当今高性能应用程序的需求。

5.2　直连式存储

在演进的早期阶段，存储区域网络（SAN）通常被设计为一个客户端 / 服务器系统，服务器通过名为总线的互联介质的方式连接到一组存储设备上。在一些情况下，客户系统直接同存储设备通信。这些类型的存储架构中的客户端 / 服务器系统直接同存储设备通信（不需要任何通信网络），被称为直连式存储（DAS）。DAS 系统的高层架构概览如下图所示。

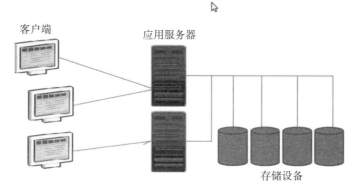

客户端　　　　应用服务器

存储设备

上面给出的架构中主要有三层，它们分别是：

层 1：访问应用的客户端系统
- 它们通常使用某些类型的交换机或连接器来连接到应用服务器。

层 2：驻留应用的应用服务器
- 应用服务器具有 I/O 控制器来控制与连接的存储设备的输入 / 输出操作。I/O 控制器被设计为根据用于连接到存储设备的具体接口开展工作。如果连接的存储设备支持不同类型的接口，则会为每种类型的接口提供一个 I/O 控制器。

层 3：存储设备
- 它们用于保存运行在应用服务器中的应用所生成的数据。

DAS 架构中的存储设备支持的流行 I/O 接口

小型计算机系统接口（SCSI）： 它是由美国国家标准协会（ANSI）开发的流行的电子接口之一。并行 SCSI（也被称作 SCSI）是流行的存储接口之一。SCSI 连接器 / 接口主要用于将磁盘驱动器及磁带驱动器直接连接到服务器或客户端设备。SCSI 连接器还可以用于建立到其他外围设备的连接，例如打印机和扫描仪。源（客户端、服务器设备）与相连的存储设备使用 SCSI 命令集进行通信。最新版本的 SCSI 被称作 SCSI Ultra320，能提供 320 MB/s 的数据传输速率。SCSI 有一种名为 SAS（Serial Attached SCSI，串行 SCSI）的变体，执行串行传输。同 SCSI 相比，它能够提供更好的性能以及可扩展性。当前的 SAS 支持的数据传输速率最高可达 6 Gb/s。

IDE/ATA： 它实际上代表了一种双重命名约定。IDE 部分指出用来连接到计算机的主板并同连接的设备进行通信的控制器的规范。ATA 部分指出用于将存储设备连接到主板的接口，这些设备包括 CD-ROM、硬盘驱动器、磁带驱动器。最新版本的 IDE/ATA 被称为 Ultra DMA（UDMA），它支持的数据传输速率最高可达 133 MB/s。IDE/ATA 规范还有一个串行的版本，被称作串行 ATA（SATA）。它能够提供更高的数据传输速率，最高可达 6 Gb/s。

活动时间

打开你的计算机并列出所有用于在 DAS 架构中同存储设备进行通信的 I/O 接口。比较并确定最好的 I/O 接口选项。考虑类似数据传输速率、支持的外围设备类型、支持的设备最大数量等参数。

磁带驱动器与磁盘驱动器：哪个更好？

同磁带驱动器相比，磁盘驱动器是存储介质中更流行的选择，原因在于磁带驱动器具有如下局限：

- 数据以线性方式保存在磁带上。数据的搜索和提取操作使用顺序操作来完成，需要花费几秒的时间。这限制了实时应用程序和其他性能密集型应用程序对磁带的使用。
- 在一个多用户环境中，不可能让多个应用程序同时访问保存在磁带中的数据。
- 在磁带驱动器中，读写头会接触磁带的表面，导致磁带表面的快速磨损。
- 同磁盘驱动器相比，管理磁带介质所需要的空间和管理开销非常大。

然而，即便有这些局限，磁带仍然是保存备份数据和不经常访问的其他类型数据的首选的低成本选项。磁盘驱动器允许对保存在它们当中的数据进行随机访问操作，而且它们也支持多用户 / 多应用程序的同时访问。同磁带驱动器相比，磁盘驱动器也具有更多的存储容量。

第三层由存储设备组成。这些存储设备的连接是由连接到应用服务器的 I/O 控制器来控制的。

5.2.1 DAS 的缺点

1）静态配置：如果总线的配置需要动态改变来增加新的存储设备，从而解决 I/O 瓶颈，DAS 架构不支持这种选择。

2）价格昂贵：DAS 系统的维护非常昂贵。DAS 架构不允许根据服务器工作负载的变化在服务器间共享存储设备。这就意味着每个服务器需要有自己的空闲存储容量来供峰值负载时使用。这将会大幅增加成本。

3）受限的可扩展性和支持的数据传输距离：DAS 架构的可扩展性受每个存储设备上可用端口数量的限制，而且也受到用于连接服务器与存储设备的总线和电缆的数据传输距离的限制。

磁盘驱动器的 RAID（独立磁盘冗余阵列）

RAID 是用来组合一组磁盘并将它们用作单独存储设备的机制。RAID 的基本目标是提高磁盘驱动器的性能和容错性。这些目标是使用两种技术来达到的：

- 分段：将要写入的数据划分到多个磁盘驱动器上，目的是通过均衡各个磁盘驱动器上的负载来提高磁盘驱动器的性能。
- 镜像：将数据的副本保存在多个磁盘中，目的是确保即便某块磁盘发生故障，其他磁盘中的数据也能够当作备份副本。

5.3　存储区域网络

DAS 架构存在若干缺点，这导致了另一类别的网络的兴起，它用来将服务器同存储设备连接起来。这种类型的网络被称作存储区域网络（SAN）。下图描绘了 SAN 的高级通用架构（图 5-1）。

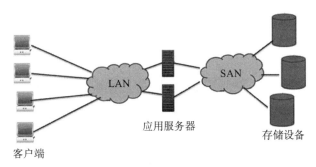

客户端　　　　应用服务器　　　存储设备

图 5-1　存储区域网络的架构

如上所述，在这种架构中，应用服务器通过专门的网络来访问存储设备。这种专门用于访问存储设备的网络被称作存储区域网络。使用专门的网络来处理存储设备流量有利于集中存储和管理，它也为系统架构增加了大量可扩展性。大部分 SAN 所使用的两种主要传输协议是光纤通道协议（FCP）和 TCP/IP 协议。基于它们所使用的协议，SAN 被分为 FC SAN 和 IP SAN。从存储设备中访问数据主要有三种方式，分别是块级访问、文件级访问、对象级访问。其中，高性能大数据应用程序主要使用基于对象的访问机制。

5.3.1　块级访问

块级访问是 SAN 中使用的一种典型数据访问机制，数据的访问以块的方式来完成。块的大小是固定的，多数场景下通常为 512 字节。数据的块级访问通过指定线性块地址来完成，块地址同数据在磁盘中的存储位置对应。

5.3.2　文件级访问

在文件级访问机制中，数据访问是以文件的形式来完成的，文件通过指定它们的名字和路径来获取。这种方法最常用于从文件服务器中访问文件。文件服务器提供共享的存储基础设施，可以通过使用 IP 网络进行访问。这些文件服务器被称作网络附属存储（NAS），本章稍后将会对 NAS 进行更详细的叙述。

5.3.3　对象级访问

在对象级访问机制中，数据是通过被称作对象的大小不同的块的形式来访问的。每个对象是一个容器，其中保存有数据及其关联的属性。基于对象的访问机制对于访问非结构化数据而言是最优选择，原因如下：

- 巨大的可扩展性。
- 扁平的地址空间而不是层次化地址空间，能够提供更好的性能。
- 能够保存同每个对象关联的丰富的元数据。

基于对象的存储提供的一个主要特性就是能够为保存其中的每个对象提供丰富的元数

据。元数据有利于有效的数据操纵和管理，尤其是对于非结构化数据。下图显示了在一个基于对象的存储系统中能够附加到某个对象的大量元数据。

基于对象存储设备中的数据是使用命令来进行操作的，这些命令中会包含一个完整的对象。例如，在基于对象的存储设备中使用的命令实例是 create、delete、put 等。每个对象通过名为对象 ID 的标识符来唯一表示。对象 ID 是在一个 128 位随机数生成器的帮助下生成的，这用来确保对象 ID 是唯一的。其他关于对象的细节，例如位置、大小等，均以元数据的形式保存。

保存在基于对象的存储设备中的数据可以使用 Web 服务 API 来访问，例如表述性状态转移（REST）或简单对象访问协议（SOAP）。某些类型的基于对象的存储设备还提供了对类似超文本传输协议（HTTP）、XML 等协议的支持。基于对象的存储设备执行并发读 / 写、文件加锁、权限管理时引发的负担很小。这为基于对象的存储设备提供了显著的性能改进和大量扩展能力。除此之外，同每个对象关联的丰富的元数据支持进行非常有效的分析操作，因此，基于对象的存储设备非常适用于保存高性能大数据应用程序产生或使用的数据。在本章的下一节，我们将讨论保存大数据所需要的存储基础设施。

5.4 保存大数据的存储基础设施需求

大数据包括大量来自不同来源的不断变化的数据，而且是结构化和非结构化数据。使用大数据的主要目标是通过执行分析操作获得可行的洞见。由于大数据的特殊性，用于存储大数据的存储基础设施应当具有一些独特的特点，从而使得它们适合于处理大数据。这些特点包括：

- 灵活性：它们应当能够存储不同类型、不同格式的数据。这主要适用于适应大数据的 3V，即数量、速度、多样性。
- 支持异构环境：它们应当包含具有能够从 LAN 或 SAN 中访问文件的能力的应用服务器，这将有助于它们访问来自不同来源的数据，而且无须对配置进行任何额外的更改。
- 支持存储虚拟化：存储虚拟化是一种有助于高效管理存储资源的技术。它提供了聚合异构类型存储设备并将它们视作一个单元的能力。这非常有助于根据大数据应用程序不断变化的存储需求来分配存储资源。
- 高性能：大数据应用程序的一个关键需求就是它们的很多操作要求实时或接近实时的响应。为了支持这一需求，存储基础设施应当具备高速数据处理能力。
- 可扩展性：它们应当能够根据大数据应用程序的要求来快速扩展。

在后面各节中，我们将分析各种存储区域网络技术，而且还会观察它们对大数据应用程序的适用程度。

存储区域网络技术以及它们对存储大数据的适合程度

- FC SAN
- IP SAN
- FCoE

更适合于大数据的存储选择

- 网络附属存储
- 云存储
- Hadoop 分布式文件系统
- Google 文件系统
- Panasas 文件系统

5.5　光纤通道存储区域网络

光纤通道存储区域网络（FC SAN）是最受人们欢迎的存储区域网络技术之一，它使用光纤通道协议（FCP）进行高速数据传输。存储区域网络简单说来就是指 FC SAN。FC SAN 的高层架构如图 5-2 所示。

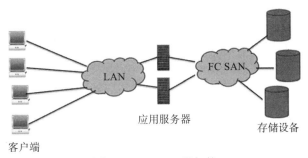

图 5-2　FC SAN 的架构

注意：该架构可能存在若干变体。

FC SAN 的主要组成部分是：

- 客户端。
- 支持 FC 协议的存储设备／存储阵列。
- 利于传输的光纤。

- 交换机/路由器。
- 将应用服务器或主机系统连接到存储设备的主机总线适配器。

FC SAN 使用块级访问机制从存储设备中访问数据。它们通过提供非常高的数据传输速率来提供优秀的性能。FC SAN 近期的版本提供的数据传输速率可以高达 16 Gb/s。FC SAN 架构是高度可扩展的。FC SAN 的主要问题是构建基础设施的成本非常高，因为 FC SAN 要求定制的线缆、连接器、交换机。

构建 FC 网络的高基础设施成本以及它无法支持文件级访问是两个阻碍大数据应用程序采纳它的主要因素。如今，同 FC 技术相比，10 Gb 以太网和其他基于 IP 技术的成本要低很多。

5.6 互联网协议存储区域网络

互联网协议存储区域网络（IP SAN）也被称作 iSCSI（SCSI over IP）。在这种网络中，存储设备是使用 SCSI 命令通过基于 TCP/IP 的网络来访问的。以太网是用于数据传输的物理介质。以太网是一种成本效益高的选项，使得 IP SAN 比 FC SAN 更加流行。IP SAN 中的数据也是使用块级访问机制来访问的。IP SAN 的高层架构概览如图 5-3 所示。

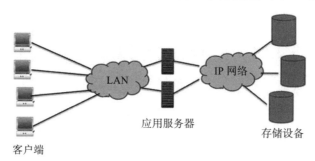

图 5-3　IP SAN 的架构

无疑，iSCSI 是大数据存储的首选技术，原因如下：
- 它使用 1 Gb 或 10 Gb 以太网传输，显著降低了网络复杂性。
- 同 FC SAN 相比，成本较低。
- 由于提供了利用现有 IP 基础设施的选择，提供了更多的灵活性。
- 提供优良的性能，因为它有多个支持 iSCSI 的存储阵列，能够提供数百万的 iSCSI IOPS 来处理大数据应用程序的巨大性能要求。

但是，为大数据选择 iSCSI 的主要缺点是它不能够支持文件级访问。

5.6.1　以太网光纤通道

以太网光纤通道（FCoE）技术可以通过传统以太网络封装和传输光纤通道数据帧，不需要使用以太网的默认转发模式。FCoE 的这一特性允许使用通用 10 Gb 网络基础设施来传输 SAN 流量及以太网流量。这使得机构能够通过相同的网络基础设施来合并它们的 LAN 和 SAN。通过减少电缆、网络接口卡（NIC）、交换机的数量，FCoE 能够使得机构降低基础设施成本。FCoE 基础设施的主要组成是 FCoE 交换机，它对 LAN 和 SAN 流量进行区分。

FCoE 不是大数据应用程序的首选技术，原因如下：
- FCoE 若想正常工作，确保存储流量与 LAN 流量的完全分离是非常必要的。对于大数据存储应用这是不可能的，因为有不可预测的大量数据需要被存储和频繁检索。

- 应当有某种强健的错误检测和恢复机制来确保传输过程中不会丢失存储数据包。这主要是因为光纤通道协议在恢复数据包错误方面非常缓慢。这也是实际实现中需要考虑的另一个困难因素。

5.7　网络附属存储

网络附属存储（NAS）是可共享的存储设备／服务器，它执行保存文件的专用功能，这些文件可以被连接到网络的各种类型的客户端和服务器所访问。简言之，NAS 是专用可共享文件服务器。NAS 是通过 IP 网络访问的，由于它具有最小的存储开销，所以它是首选的文件共享选项。NAS 将文件共享的任务从昂贵的应用服务器移除，使它可以用于执行其他关键操作。NAS 中最经常使用的文件共享协议是网络文件系统（NFS）和通用互联网文件系统（CIFS）。NAS 的一个主要缺点是由于文件的共享以及其他相关数据操作通过相同的网络进行，所以经常产生性能瓶颈。

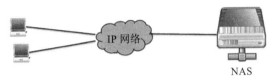

如今，名为横向扩展 NAS（scale-out NAS）的 NAS 变体正在成为大数据应用的流行存储选择。横向扩展 NAS 提供了扩展性非常好的架构，该架构可以根据需求对磁盘空间进行扩展，方式是从其他存储磁盘阵列或其他存储设备来增加新的磁盘。横向扩展 NAS 的这一可扩展特性使得它成为大数据应用的首选文件存储选项。横向扩展 NAS 也被称为集群 NAS。横向扩展 NAS 的另一个特性是即便增加了额外的存储资源，也可以将它们当作单一资源进行管理，为机构提供了极大的灵活性。

总之，横向扩展 NAS 的下列特性使得它成为很多机构的大数据存储的首选项。

- 可扩展性：可以根据需要增加额外的存储。这为机构提供了大量的成本收益而且也有助于存储整合。
- 增加灵活性：它是兼容的，可以被运行在 UNIX 和 Windows 平台上的客户端和服务器访问。
- 高性能：使用 10 Gb 以太网介质进行数据传输，提供高数据传输速率和更高的性能。

市场上，主要的横向扩展 NAS 存储提供商包括 EMC Isilon、IBM Scale-Out Network-Attached Storage（SONAS）和 NetApp NAS。

5.8　用于高性能大数据分析的流行文件系统

在本节中，我们将讨论一些流行的文件系统，它们被用于高性能数据分析应用中。主要的文件系统是：

- Google 文件系统（GFS）。
- Hadoop 分布式文件系统（HDFS）。
- Panasas 文件系统。

5.8.1　Google 文件系统

GFS 的一些关键特性使得它成为高性能数据应用的首选，这些特性是：

- 它能够保存大量文件，这些文件规模可以非常大。保存在 GFS 中的最小的文件规模是 1 GB。这个文件系统针对保存和处理大量的大文件进行了优化，这些文件通常是数据的特性，而这些数据是高性能大数据分析应用程序生成和使用的。
- GFS 是由大量商用服务器组件组成的，以集群模式部署，具有高度可扩展性。目前，有一些部署具有超过 1000 个的存储节点，磁盘空间超过 300 TB。这些部署非常健壮且高度可扩展，可以被数百个客户端同时连续访问。除此之外，GFS 还具有容错架构。
- GFS 具有 in-memory 架构，最适合于大部分的高性能大数据分析应用程序。

GFS 的架构如下图所示。

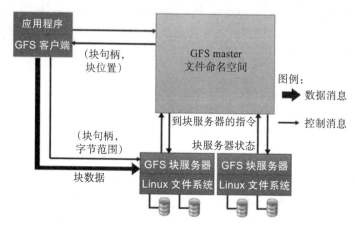

该架构的关键组成如下：

- GFS master（主服务器）。
- GFS chunkserver（块服务器）。
- GFS client（客户端），它们从文件系统中访问数据。

GFS 架构具有一种主从配置，使用一个 GFS 主服务器和多个块服务器，这些块服务器可以被多个客户端访问，如图中所示。每个块服务器通常使用 Linux 操作系统，并且有用户级服务器进程运行在该操作系统上。也可能在同一服务器上运行块服务器和 GFS 客户端，前提是服务器有着必要的配置来支持这两类组件。

文件以固定大小的块的形式保存在 GFS 中。每个块通过唯一的 64 位标识符来标识，该标识符也被称作块句柄。块句柄是由 GFS 主服务器在创建块的时候指派给每个块的。块以 Linux 文件的形式保存在块服务器的本地磁盘中。每个 Linux 文件或块都将被赋予一个块句柄和字节范围。每个块在存储时会复制并存储到多个块服务器上，为保存在 GFS 中的数据提供更高的可靠性。为每个文件创建的副本的默认数目是 3。然而，也可以根据要求为不同类型的文件规定不同的复制级别。

GFS 主服务器保存文件系统的元数据信息。GFS 主服务器中保存的元数据参数包括：

- 命名空间。
- 访问控制信息。
- 文件到块的映射。
- 块的当前位置。

GFS 主服务器还执行如下的块管理任务：

- 孤儿块的垃圾收集。

- 块在块服务器间的迁移。
- 块租约管理。

GFS 总是部署在集群配置中，因此，有必要周期性地监视各个块服务器的"健康"。这个任务是由 GFS 主服务器通过与块服务器交换心跳信息来完成的。

来自各个应用程序的 GFS 客户端使用 GFS 文件系统 API 来与 GFS 主服务器和块服务器进行通信。GFS 客户端仅为了与元数据相关的操作时才同 GFS 主服务器进行交互。GFS 客户端执行的所有类型的文件操作都是通过与块服务器的交互完成的。GFS 客户端和块服务器不支持缓冲。这主要是为了避免缓冲非常大的文件而导致的性能瓶颈。

当 GFS 客户端希望访问一个文件时，客户端会向主服务器发送一个请求。主服务器将会搜索并获取同特定的块的位置相关联的文件名。然后客户端系统会通过访问特定块服务器中的块的位置来获取该数据块。由主服务器维护安全性与访问权限。当客户端对主服务器发出请求后，主服务器引导客户端找到该块的主副本，还会确保该块的其他副本不会在此期间内进行更新。当主副本的更新完成之后，会再复制到其他副本。在这种架构下，主服务器可能会导致瓶颈，而且它一旦发生故障，会导致整个系统陷入瘫痪。

5.8.2　Hadoop 分布式文件系统

Apache Hadoop 是开源软件平台，它支持服务器集群对大量数据集的分布式处理。它的可扩展性很强，可以扩展到数千台服务器。Apache Hadoop 有两个主要的组件，分别是：

- Map Reduce——它是能够理解工作并将工作分配给 Hadoop 集群中的多个节点的框架。
- Hadoop 分布式文件系统——它是分布在构成 Hadoop 集群的所有节点上的文件系统，用于进行数据存储。它将位于许多本地节点上的文件系统连接起来，并将它们转换为一个大的文件系统。

5.8.2.1　为何 Hadoop 适用于高性能大数据分析

下面的 HDFS 特性使得它适用于高性能大数据分析：

- 巨大的可扩展性——新节点可以无干扰地加入，也就是说，加入新的节点不需要改变现有的数据格式，也不需要改变现有的数据加载机制和应用程序。
- 成本收益高——Hadoop 为商用服务器提供大数据处理能力，这为机构大幅降低了存储每 TB 数据的成本。简而言之，Hadoop 是所有类型机构的成本收益高的存储选择。
- 灵活性——Hadoop 没有任何模式结构。这有助于 Hadoop 保存和处理来自多种类型数据源的所有类型的数据，无论是结构化还是非结构化。Hadoop 的这一特性使得机构可以收集和汇总来自多个数据源的数据，从而有助于更深入的数据分析和产生更好的结果。
- 容错性——当集群中的某个节点发生故障时，系统会将工作重定向到数据的另一个位置，并且在不损失性能的情况下继续进行处理。

5.8.2.2　HDFS 架构

HDFS 是一个大规模可扩展且容错的架构。架构的主要组成部分是 NameNode 和 DataNode。这些节点采用主从配置，通常每个集群中会有一个 NameNode，它作为主节点并执行如下动作：

- 管理文件系统命名空间。
- 管理安全性并控制客户端对文件的访问。

通常，Hadoop 集群中的每个节点都是一个 DataNode。这些节点跟踪连接到节点的存储。HDFS 有文件系统命名空间，数据以文件的形式存储和提取。这些文件在内部可以以块的集合的形式存储。这些块可以分布到多个 DataNode。所有与文件系统命名空间相关的操作都由 NameNode 来处理。它们还跟踪从块到 DataNode 的映射。DataNode 负责根据客户请求执行读写操作。

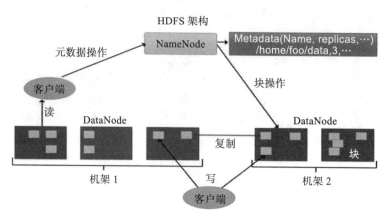

5.8.2.3　HDFS 架构

HDFS 具有大规模并行性的主要原因在于命名空间和数据是分别存储的。通常，元数据操作速度非常快，而数据访问和传输操作需要较长的时间来完成。如果数据操作和元数据操作都通过相同的服务器来完成，则服务器这里会形成瓶颈。在 HDFS 架构中，元数据操作由 NameNode 完成，数据传输操作则分布到数据服务器中，并利用整个集群的吞吐量。

5.8.3　Panasas

Panasas 是一种高性能存储系统，它可以作为使用 POSIX 接口访问的文件系统使用。因此，它也被称作 Panasas 文件系统。

Panasas 是被大数据分析应用程序使用的高性能分布式文件系统。它采用集群设计，为多个同时访问文件系统的客户端提供可扩展性能。使得 Panasas 文件系统适合于高性能大数据分析的特性包括：

- per-file client-driven RAID。
- 基于对象的存储。
- 并行 RAID 重建。
- 容错性。
- Cache 一致性。
- 大规模可扩展能力。
- 分布式元数据管理。

5.8.3.1　Panasas 文件系统概述

Panasas 文件系统是一种高性能文件系统，为全球一些大的服务器集群提供服务，这些集群执行数据密集型和实时操作，例如科学计算、空间搜索、地震数据处理、半导体制造、计算流体力学等。在这些集群中，会有数千客户端同时访问数据，因此对文件系统产生了巨大的 I/O 操作负载。Panasas 系统被设计为在巨大 I/O 负载下扩展并提供最优性能，而且它还提供了巨大的存储容量，范围可达数 PB 乃至更多。

Panasas 文件系统是使用对象存储技术构建的，并且使用基于对象的存储设备来存储数据。在 Panasas 文件系统中，对象包含了封装到一个容器中的数据与属性。它非常类似于 UNIX 文件系统中使用的 inode 的概念。

Panasas 存储集群中的关键组成是存储节点和管理节点。管理节点与存储节点的默认比例是 1:10，当然也可以根据需要进行配置。存储节点具有对象存储，文件系统客户端会对它们进行访问并执行 I/O 操作。这些对象存储是在基于对象的存储设备上实现的。管理节点管理存储集群的各个方面。关于管理节点的功能稍后将会详细介绍。

每个文件被分割成两个或多个对象，从而提供冗余和高带宽访问。文件系统的语义是通过元数据管理器来实现的，它负责调节从客户端到文件系统的对象访问。客户端使用 iSCSI/OSD 协议访问对象存储，进行读写操作。I/O 操作直接且并行在存储节点进行，旁路掉元数据管理器。客户端通过 RPC 同带外（out-of-band）元数据管理器交互，获得对保存文件的对象的访问能力和位置信息。

对象属性用来保存文件级属性，目录是通过保存名字到对象 ID 映射关系的对象来实现的。这样，文件系统元数据保存在对象存储本身当中，而不是保存在单独的数据库或元数据节点的其他形式的存储中。

Panasas 文件系统的主要组成部分如下图所示。

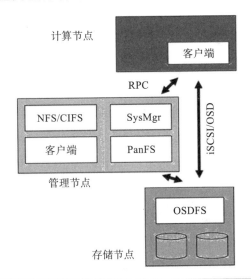

活动时间

打开你的台式机/笔记本电脑，列出 Panasas 文件系统的实现的一些实例。聚焦在科学/研究领域的例子。深入研究令 Panasas 适合于这些实现的特性。在下面的空白处中列出来：

1. ....
2. ....
3. ....

Panasas 系统的不同组成部分的作用总结在下面的表中。

Panasas 组件	描　　述
客户端	Panasas 客户端以可安装内核模块的形式提供。客户端运行在 Linux 内核中。客户端为其实现使用标准 VFS 接口。拥有 Panasas 客户端的主机系统使用 POSIX 接口连接到存储系统
存储节点	每个存储节点运行在基于 FreeBSD 的 Linux 平台。每个存储节点有额外的功能组件来提供如下服务：硬件监视、配置管理、总体控制 存储节点使用基于对象的存储文件系统，被称作基于对象的存储设备文件系统（OSDFS）。OSDFS 被当作 iSCSI 目标进行访问，而且使用 OSD 命令进行操作。OSDFS 主要执行文件管理功能。OSDFS 执行的额外功能包括：确保高效磁盘利用率、介质管理、基于对象的存储设备（OSD）接口管理
SysMgr（集群管理器）	它维持全局配置并控制 Panasas 存储集群中的其他服务和节点。它具有应用程序，提供 CLI 和 GUI。集群管理器所完成的主要功能如下：存储集群的成员管理；配置管理；错误检测；系统操作管理，例如系统重启、更新等
Panasas 元数据管理器（PanFS）	它管理数据在基于对象存储设备上的分块。PanFS 作为用户级应用程序运行在每个集群管理节点上。它执行如下的分布式文件系统功能：安全的多用户访问；维护文件和对象级元数据的一致性；从客户端、存储节点、元数据服务器崩溃中恢复
NFS/CIFS 服务	用来提供 Panasas 文件系统对客户端的访问，这些客户端是无法使用 Linux 文件系统可安装的客户端。CIFS 是基于 Samba 的用户级服务，利用标准 FreeBSD 被调整后的版本，并且作为内核级进程运行

活动时间

将列 A 中的选项同列 B 中的选项进行匹配。

列 A	列 B
1. 集群管理器	(a) 管理数据的分块
2. PanFS	(b) 维护全局配置
3. 存储节点	(c) 硬件监测

5.8.3.2　Panasas 中的存储管理

访问 Panasas 的客户端系统有一个单一挂载点，通过它可以访问整个系统。客户端系统可以在 /etc./fstab 文件的帮助下了解集群管理器中元数据服务实例的位置。存储管理员可以无损地增加新的存储到 Panasas 存储池中。除此之外，Panasas 还有内置的自动存储发现功能。

为了理解 Panasas 中的存储管理，有必要理解 Panasas 中的两个基本存储术语：BladeSet，它是一个物理存储池；卷（volume），它是一个逻辑配额树。BladeSet 指 StorageBlade 模块的集合，它们构成了 RAID 故障域的一部分。BladeSet 还标记了它所表示的卷的物理边界。可以随时通过 StorageBlade 模块或组合多个 BladeSet 来扩展 BladeSet。

卷是指目录层次结构，而且具有配额指派给它所属的特定 BladeSet。指派给某个卷的配额可以随时变化。但是，直到某个卷被使用时才会为它分配空间。这导致多个卷之间对它们所属的 Bladeset 的空间的竞争，进而会根据需求增加规模。卷会在文件系统命名空间中显示为整个 Panasas 文件系统单一挂载点下的目录。当新的卷增加、删除或更新时，没有必要更新 Panasas 文件系统的挂载点。每个卷被单独的元数据管理器跟踪和管理。文件系统错误恢复检查在每个卷中独立完成，某个卷中的错误不会破坏其他卷的功能。

5.8.4　Luster 文件系统

在全球高性能计算 top 500 榜单的前 10 名中，有 7 个使用 Luster 高性能并行文件系统。

Luster 是基于 Linux 的系统，使用基于内核的服务器模块来根据 HPC 应用程序的需要提供高性能。Luster 有非常灵活的架构，能够支持各种类型的客户端，而且几乎可以运行在当前几乎全部类型的硬件上。Luster 提供的关键增值特性是可扩展性，可用来创建一个命名空间，该命名空间提供几乎无限的容量。Luster 在各个领域有着广泛的用途，这些领域使用超级计算机来满足它们的高性能需求。例如，2015 年，全球最大的 Luster 安装在德国汉堡的气象计算中心，名为 DKRZ5。这一 Luster 装置要求使用超过 40 亿个文件。

Luster 的一些关键特性总结在下表中。

Luster 特性	理 论 极 限	2014 年 6 月达到的实际限度
文件系统大小	512 PB	55 PB
文件数量	40 亿	大约 20 亿
每个文件的大小	2.5 PB	100 TB
总体性能	7 TB/s	1.1 TB/s
客户端数量	>100 000	接近 50 000

5.8.4.1 Luster 文件系统架构
Luster 文件系统的不同架构组件以及它们的特性总结在下表中。

Luster 组件	功 能
元数据服务器（MDS）	管理文件系统的元数据操作
元数据存储目标（MDT）	维护文件系统中保存的所有文件的元数据信息的存储
对象存储目标（OST）	实际存储数据的位置，通常作为一个 RAID 阵列来维护
对象存储服务器（OSS）	负责管理 OST 的 I/O 传输的节点
LNET	负责从文件系统中抽象驱动器以及其他物理组件的网络层
Luster 客户端	用于访问文件系统的客户端
LNET 路由器	用于进行网络编排或在直接连接 / 远程客户端与工作站资源之间进行地址范围转换的节点

包含所有以上组件的 Luster 文件系统的架构如下图所示。

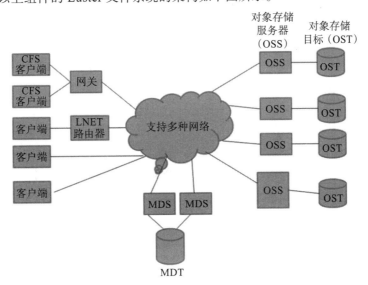

5.8.4.2　Luster 文件系统的工作过程

下面我们来看一下 Luster 文件系统的工作过程。当客户端系统希望对文件系统执行写入操作时，文件系统首先会将写请求传递给 MDS 组件。MDS 执行必要的用户身份以及文件的预期位置检查。基于目录或文件系统的设置，MDS 提供一个 OST 列表作为响应，客户端可以使用该列表来写入文件。在得到来自 MDS 的响应后，客户端直接同被指派的 OST 进行交互，不需要再与 MDS 通信。此规则适合于所有写入操作，无论文件的大小。在写入操作的同时进行通信的模式（如果使用 InfiniBand）是通过使用 RDMA（远程直接内存访问）来完成的，它能够以最小的延迟提供非常好的性能。

Luster 文件系统完全兼容 POSIX。它具有自动处理所有事务的能力。这意味着 I/O 操作请求可以被顺序执行，不需要任何中断来预防冲突。数据不会在客户端系统外缓存，而且需要文件读写确认之后，才能够释放文件系统上的锁。

为了实现大规模并行，Luster 利用分布式锁管理器，它能够处理数千个试图访问文件系统的客户端。每个组件运行一个 Luster 分布式锁管理器（LDLM）的实例。LDLM 提供了一种机制来确保数据以一致的方式在文件系统中出现的所有 OSS 和 OST 节点上更新。

5.9　云存储简介

云计算对用于保存信息和运行应用程序的技术带来了革命性的变化。不再用单个的台式机或笔记本电脑来运行程序并保存数据，而是让它们都驻留在"云"中。当你谈到从云中访问所有事物时，必然应当有一些存储机制来帮助你从云中按需保存和提取数据。这进而产生了云存储的概念。

云存储并不是指某个具体的存储设备或技术，而是指大量存储设备和服务器的集合，它们用于在云计算环境中保存数据。云存储的用户并不是使用某个特定存储设备，相反，它们是通过某种访问服务来使用云存储系统。云存储的如下特点使得它成为高性能大数据应用的首选：

- 资源池：存储资源以池的形式提供，并且根据要求实时分配。
- 按需提供容量：从存储池中，机构可以根据大数据应用程序的需求利用存储资源。可扩展性方面没有限制，因为云基础设施的可扩展性及弹性都非常高。
- 成本收益：根据资源的使用进行付费，为机构提供了显著的规模经济。

注意：下面给出的云存储架构并不特指公共云或私有云。它描述的是任何类型的云中的通用云存储架构。然而，私有云存储是更好的选择，因为它为机构提供了更高的安全性。

5.9.1　云存储系统的架构模型

云存储系统的层次架构如图 5-4 所示 [2]。

5.9.1.1　存储层

存储层是图 5-4 给出的云存储架构中的最底层。它包含不同类型的存储设备。这一层中包含的存储设备的实例包括：

- 光纤通道存储设备。
- IP 存储设备，例如 NAS 和 iSCSI。
- DAS 存储设备，例如 SCSI。
- 基于对象的存储设备。

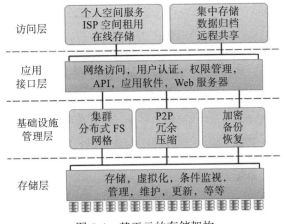

图 5-4　基于云的存储架构

这些存储设备在地理上可能位于不同的区域，通过 Internet 或广域网等方式连接在一起。这一层有统一的存储管理系统，能够管理位于同一个存储池中的所有异构类型设备，并根据需求以服务的形式来提供它们，可以称之为存储即服务或基础设施即服务。这一层中所使用的关键理念是存储虚拟化。这一技术提供了将具有不同性能水平的异构存储设备作为一个单独实体进行管理的能力。这样，这一层所执行的统一存储管理活动也可以被称作虚拟存储管理。

5.9.1.2　基础设施管理层

基础设施管理层位于存储层之上，如同名字所暗示的，这一层提供必要的基础设施，这是存储层对底层存储设备进行统一管理所需要的。这一基础设施非常重要，因为它使用集群和网格等技术提供各种关键的功能，例如安全性、空间管理、备份、存储整合等。下面是本层所提供的重要服务：

- 备份：采用多个副本，目的是确保云中保存的数据在任何情况下都不会丢失。
- 灾难恢复：当发生数据丢失时，采取步骤来恢复数据。
- 加密：为数据提供更强的安全性，方法是将它们转换成攻击者或恶意用户无法解释的格式。
- 压缩：通过删除数据中存在的空余空间来减少数据所耗费的空间。
- 聚集：聚合多个存储设备或服务器来提供更多的存储容量。

5.9.1.3　应用接口层

应用接口层用来提供各种接口或 API 来支持机构提供或使用的云存储用例。一些常见的云存储用例是数据归档应用、备份应用等。不同的云存储服务提供者根据它们提供的服务来开发自己的定制应用接口。

5.9.1.4　访问层

任何被授权的用户（注册以访问来自特定云服务提供商的云服务）可以通过标准公共应用程序接口登录到云存储系统，以使用所需的云存储服务。不同的云存储服务提供商使用不同类型的访问机制。访问层具有目录，它会提供定价以及其他使用细节，还提供特定服务提供商给出的服务水平协议细节。

在这里需要提到的一个重要概念就是云驱动。云驱动由很多供应商提供，用作访问云存储的入口。云驱动的架构如下图所示。

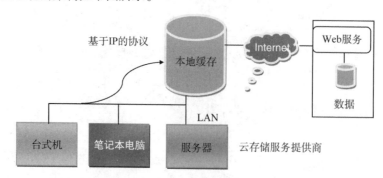

云驱动支持对很多业内领先的云存储服务提供商提供的存储设备的访问，包括 Microsoft Azure、Amazon S3、Amazon EC2、EMC Atmos 等。云驱动掩盖了底层存储设备的复杂性，使得终端用户能够像访问本地存储那样访问云存储。计算机连接到局域网，使用一些基于 IP 的协议来访问保存在云驱动中的数据。云驱动服务使用 Internet 与云存储服务提供商连接进行通信。当产生的数据增加时，云驱动服务开始将数据移动到云存储服务提供商的存储基础设施。如果用户请求的数据在云驱动的本地缓存中可用，则会提供显著的性能改善。

云存储系统的重要要求之一就是，它应当允许数据在各种异构商用应用程序之间共享。为了确保数据在这些应用程序间平滑地共享，为数据实现多级别加锁非常重要。需要留意的另一重要方面是要确保 Cache 一致性，目的是为相同的数据维持一致的副本。

除此之外，云存储架构中存储层的最重要特性是存储虚拟化。存储虚拟化是云存储架构的核心技术。下一节将对存储虚拟化进行详细介绍。

5.9.2　存储虚拟化

存储虚拟化是确保不同异构类型存储设备被当作一个单独的单元存储和管理的机制。这将支持统一内存管理、更容易的部署、整个存储基础设施的集成监控。存储虚拟化主要涉及将可用存储分割成虚拟卷。虚拟卷可以通过组合不同类型的存储设备来创建。这些虚拟卷会抽象掉卷中存储设备的细节，然后作为存储设备呈现给操作系统。虚拟卷可以根据存储需求扩大、创建、删除，不需要任何停机时间。有多种技术可以用在虚拟卷的创建中，云存储中最经常使用的技术是分层存储和自动精简配置。存储虚拟化提供的主要优点包括：

- 提供统一的存储管理能力。
- 促进异构存储设备的聚合。
- 允许存储资源根据变化的存储需求进行分配和释放。
- 为存储基础设施提供可扩展性。

5.9.2.1　自动精简配置

当今的机构面临的主要挑战之一就是为各种应用程序分配的存储容量未被使用，这对机构而言成本高昂。大多数此类情形是因为存储需求的过度提供造成的。在某些案例中，这种情况也是由于对存储能力的前期投资引起的，尽管后期可能会发生变化。我们考虑一个场景来更好地理解这一情形。据估计，ABC 机构的存储需求是两年需要 50 TB 的存储，每 6 个月平均使用 12.5 TB。多数情况下，机构将会购买 50 TB 的存储，然后计划在 2 年内使用它们。可以想象机构前期投入的成本，尽管其中 50% 的存储在下一年度才会被用到。除了最初的资金投入之外，下面是一些未被使用的存储容量管理所导致的隐藏成本：

- 能源浪费：未被使用的存储消耗能源并产生热量，增加了总的能源消耗。这也违背了多数机构都采纳的"绿色节能"策略。
- 占地空间：未被使用的存储设备将会占用不必要的空间，这些空间原本可以分配给其他有用的组件。

有可能上述示例中的归档应用程序预测的存储需求会由于各种未预料到的因素而大幅减少。在这样的情形下，对存储容量进行的投资如何处理？机构中出现这种情况很常见，为了应对所有此类情形，虚拟配置或精简配置就成了救星。

虚拟配置是指按照实际需求来配置存储。在这种技术下，基于预测的需求将逻辑存储分配给应用程序。实际分配的存储是基于应用程序的当前需求来分配的，数量远远小于逻辑存储。一旦应用程序的存储需求增加，就从一个公共资源池（common pool）中为应用程序分配更多的存储。通过这种方法，精简配置提供了对存储的高效利用，减少了由于未被使用的物理存储导致的浪费。精简配置的概念如图 5-5 所示。在给出的例子中，应用程序 1 的预期存储需求为 1 GB，但是仅根据当前应用程序的需求分配 50 MB 给它。当它需要更多存储时，才会再分配给它（总的可用存储容量为 5 GB）。

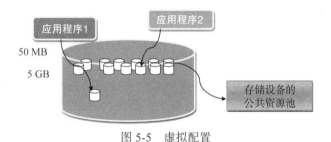

图 5-5　虚拟配置

活动时间
基于虚拟配置的概念，上例中所描述的机构 ABC 如何优化归档存储成本？

关于虚拟配置的一些有趣事实
　　虚拟配置技术用于云存储中的一个实例是暂态存储（ephemeral storage）。在暂态存储中，分配给一台虚拟机实例的存储仅在虚拟机实例存在的时间内存在。当虚拟机实例被删除后，存储也随着被释放。与之相反的理念是持久存储（persistent storage），持久存储是存储持续存在，即便与之关联的虚拟机实例当前未被使用或已经被删除。这使得持久存储可以在虚拟机实例中重用。

5.9.2.2　分层存储

我们再以描述虚拟配置概念中使用的机构 ABC 的实例为例，假定该机构已经购买了多种存储设备，它们具有不同的性能和成本。类似归档这样的应用程序只需要低成本、低性能的存储设备。但是，还有一些实时应用程序会要求对数据的快速访问，因此依赖于存储设备所支持的输入 / 输出操作的数量。如果能够根据各种应用程序的性能需求来分配存储，对机构会非常有帮助。简言之，机构需要一些技术来让它们可以将适当的数据保存到适当类型的存储设备中，从而使得它们能够及时被各种应用程序在适当的时间使用。分层存储是提供了这种能力的技术。它是一种对存储设备建立层次结构的机制，然后基于应用程序的性能和可用性要求，将用到的数据分别存储到该层次结构中。每个存储分层将会具有不同级别的保护、性能、数据访问频率、成本以及其他考虑。

例如，高性能 FC 驱动可以被配置为 1 层存储，用于实时应用，低成本的 SATA 驱动可以配置为 2 层存储，用于保存访问频度较低的数据，例如归档数据。将活跃数据（经常被使用的数据）移动到闪存或 FC 会增加性能，而将不活跃数据（使用频率较低）移动到 SATA 可以释放高性能驱动中的存储容量，降低存储的成本。这种数据移动基于预先定义的策略发生。策略可以基于文件类型、访问频率、性能等参数，而且可以被存储管理员配置。存储分层的实例如下图所示。

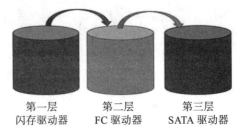

第一层　　　　第二层　　　　第三层
闪存驱动器　　FC 驱动器　　SATA 驱动器

5.9.3　云存储中使用的存储优化技术

在本节中，我们将了解应用在云存储中的各种存储优化技术。两种常用的技术是重复数据删除和压缩。

- 重复数据删除：该技术用于确保存储系统中不会出现重复数据，换句话说，即确保系统中不会保存数据的重复副本。这种技术将会大幅减少存储需求。重复数据删除是在哈希方法的帮助下进行的。此哈希方法基于文件的内容，为每个文件产生一个唯一的哈希值。每次当新的文件到达存储系统时，重复数据删除软件会为文件产生一个哈希值，然后同已有的哈希值的集合进行比较。如果已经存在与之相同的哈希值，则意味着相同的文件已经保存在系统中了，不会再对它进行存储。如果新版本的文件仅对系统中已有的文件做了微小的改动，那么仅将对文件更新时的变化保存到系统中，而不是保存整个新文件。重复数据删除的过程如下图所示。

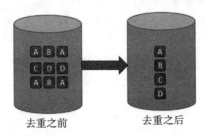

去重之前　　　　去重之后

重复数据删除可以在两个层级上执行：文件级和块级。文件级重复数据删除针对文件进行，它确保系统中仅保留每个文件的一份副本。在块级重复数据删除中，需要去除重复数据的文件被分割为块，软件确保每个块中仅保存文件的一份副本。通过将生成的哈希值同已经存在的文件或块的哈希值列表进行比较，检测文件或块的唯一性。

- 压缩：压缩技术通过删除数据中存在的空白来减少数据的数量。压缩技术的主要缺点是它消耗计算周期，这又可能会导致存储设备用户对性能的担心，因为数据向云的传输是一个连续的过程。

5.9.4　云存储的优点

　　像存储区域网络（SAN）和网络附属存储（NAS）等存储技术的优点包括高性能、高可用性、使用行业标准接口的高可访问性。但是，这些存储系统有许多缺点：

- 成本非常高。
- 寿命有限。
- 要求备份和恢复系统来确保数据得到完全的保护。
- 这些技术仅在特定环境条件下运行。
- 它们要求存储人员来进行管理。
- 它们的运行和制冷会消耗大量电力。

　　云数据存储提供商提供廉价且容量不受限的数据存储，这些存储可以根据需求来使用。可以通过 Internet 或广域网来访问云存储。规模经济使得提供商能够提供比同等电子数据存储设备或技术更便宜的数据存储[1]。同其他传统存储系统相比，云存储价格要低很多，而且不要求任何维护成本。云存储还有内置的备份和恢复系统来确保数据保护，而且它们不会消耗额外的电力，因为它们运行在远程的云基础设施上。

> **思考**
>
> John Doe 有一个问题，他向教授寻求答案。问题如下：
>
> 基于对象的存储是云存储服务提供商的首选存储选择吗？如果是，为什么？
>
> 教授给出的答案如下：
>
> 基于对象的存储是多数云存储提供商的首选，原因是：
>
> - 它们提供无限的、高度可扩展的存储，且具有多租户特性。
> - 它们具有横向扩展架构，可以使用 Web 接口进行访问，例如 HTTP 和 REST。
> - 它们有着单独的扁平命名空间、位置无关寻址、自动配置等特性。

5.10　结论

　　本章先详细讨论了现有各种存储区域网络技术以及它们对存储大数据的适应程度，对各种技术的优点和缺点进行了分析。之后，主要聚焦在用于高性能大数据分析的存储技术上，详细讨论了云存储的概念和为了云存储优化而采用的技术。本章还对用于存储大数据的各种流行的文件系统进行了详细讨论。

5.11　习题

1. 描述存储技术的演化。
2. 对下面的话题进行简要描述：
   - （a）基于对象的存储
   - （b）DAS 的局限
3. 对两种不同类型的存储区域网络技术进行解释。
4. 解释使得 NAS 适合于大数据存储的特性。
5. 解释云存储的分层架构。
6. 解释重复数据删除技术以及它们为云存储带来的优点。

参考文献

1. Advantages of cloud data storage (2013) Retrieved from Borthakur D (2007) Architecture of HDFS. Retrieved from http://hadoop.apache.org/docs/r0.18.0/hdfs_design.pdf
2. Zhang Jian-Hua, Zhang Nan (2011) Cloud computing-based data storage and disaster recovery. In: International conference on future computer science and education, pp. 629–632. doi:http://doi.ieeecomputersociety.org/10.1109/ICFCSE.2011.157

进一步阅读

Connel M (2013) Object storage systems: the underpinning of cloud and big-data initiatives. Retrieved from http://www.snia.org/sites/default/education/tutorials/2013/spring/stor/MarkOConnell_Object_Storage_As_Cloud_Foundation.pdf
Davenport TH, Siegel E (2013) Predictive analytics: the power to predict who will click, but, lie, or die [Hardcover]. Wiley, Hoboken. ISBN-13: 978–1118356852
IBM corporation (2014) What is hadoop? Retrieved from http://www-01.ibm.com/software/data/infosphere/hadoop/
Minelli M, Chambers M, Dhiraj A (2013) Big data, big analytics: emerging business intelligence and analytic trends for today's businesses [Hardcover]. Wiley (Wiley CIO), Hoboken

第 6 章

使用高性能计算进行实时分析

6.1 引言

实时分析是指在真正获得数据和材料时就使用它们。它是基于实时创建的数据进行的主动分析。它指的是当数据进入系统并可以被访问时就对数据进行分析。一个非常实际的例子就是一旦客户订购了一份订单，管理委员会就可以对在线完成的订单进行查看。优点在于由于可以访问到实时数据，跟踪变得更加容易。

在本章中，我们将详细了解实时分析以及高性能计算如何有助于实时分析。

6.2 支持实时分析的技术

有大量技术支持实时分析，下面我们将对其中的部分技术进行详细介绍。

6.2.1 in-memory 处理

在这里，处理器被集成到内存芯片中。in-memory 处理确保分区数据可扩展，并且支持超快数据访问。这确保了对事务的高度支持并确保最佳的一致性。它还支持各种复杂数据模型。

下面让我们看一下由 XAP 创建的性能模型，它使用 XAP in-memory 数据网格缓存技术来确保高性能和低延迟。

在详细介绍细节之前，先来了解使用 XAP 管理和扩展数据可以得到的益处。

性能	· in-memory 数据网格（IMDG）使用 in-memory 存储而不是物理 I/O 数据库。 · 它提供超快的本地缓存、优化的同步、更快的批处理操作和数据索引，以无与伦比的性能来交付结果。
一致性	· 具有优秀的复制机制，有助于保持 100% 的数据完整性。 · 复制机制快速可靠，有助于在数据网格的节点间复制数据，以确保一致性。
高可用性	· 它承诺不会出现单点失效，因此将停机时间降为零。 · 至少有一份副本总是可用。 · 当整个系统停机时，有另一个数据库备份可用，从而可以恢复整个 IMDG 状态。

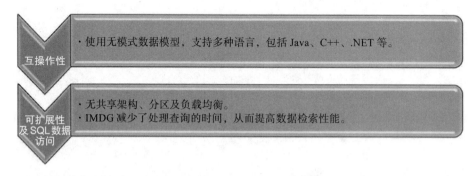

IMDG 有三种部署拓扑。所有拓扑都支持快速数据处理并在数据访问时去除网络开销。无论 IMDG 集群部署拓扑是怎样的，客户端总可以运行在缓存中，使得缓存数据位于进程之中。这有助于数据重用，避免了对主数据网格的远程访问。

6.2.1.1 完全复制

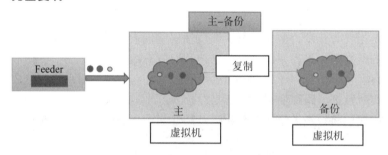

在这种方法中，每个成员均持有完整的数据，可以进行同步或异步复制。

6.2.1.2 分区

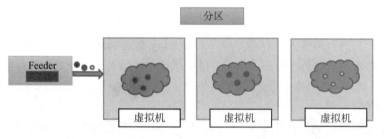

在这种方法中，每个节点持有数据的不同的子集，允许不同虚拟机持有完整的数据集。这是通过将数 TB 的数据完整保存在内存中来实现的。

6.2.1.3 分区 + 备份

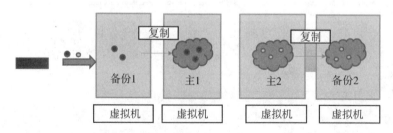

这种方法中，每个节点包含数据的不同的子块。

实时分析使用 Hadoop MapReduce。

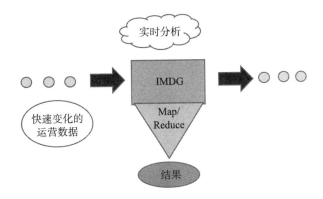

ScaleOut hServer V2

- 全世界第一个 Hadoop MapReduce 引擎，集成了一个可扩展、in-memory 数据网格。
- 完全支持实时快速变化数据。
- 速度快，因此可用于电子商务和管理相关的商业应用。
- 同其他 Apache 模型相比，速度快 20 倍。
- 安装简单且不需要很长时间，因此易于使用。
- 横向扩展分析服务器存储并分析实时数据。
- in-memory 数据存储保存实时数据，这些数据被持续更新和访问。
- 分析引擎跟踪重要模式和趋势。
- 数据并行方法在几毫秒至几秒内即可产生结果。

6.2.2　in-database 分析

分析逻辑构建在数据库内，数据在数据库内采用 in-database 分析技术处理。

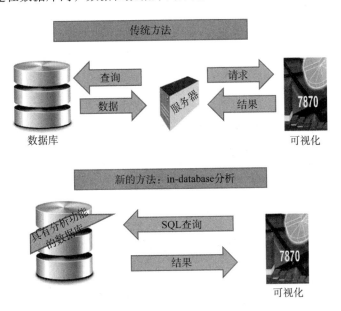

在传统方法中，数据是从企业级数据仓库中获取的，然后进行分析操作，并将结果发送给报表工具，例如 BusinessObjects 和 Excel 应用程序。

下面是传统方法的一些局限：

- 当数据发生指数级增长时，从数据仓库将数据提取到服务器花费更多的时间。
- 维护服务器的成本很高。
- 进行分析的数据的数量依赖于可以检索并保存到服务器中的数据的数量。
- 不是实时地从分析中获得结果。
- 业务用户不能够通过改变任何字段或变量来运行任何分析。

通过消除数据提取这一单独过程，in-database 方法解决了上述所有问题，而且服务器成为中间层并且具有冗余数据存储，使得我们能够将分析包含到现有报表工具中，这样终端用户可以在需要时运行分析。

你知道吗?
其他支持实时分析的技术包括:
- 数据仓库应用程序。
- in-memory 分析。
- 大规模并行编程。

活动 1
将课堂学生分为三组。每组选择上述技术之一，即数据仓库应用程序、in-memory 分析和大规模并行编程，然后关于该主题准备演示文稿，并在其他组面前进行演示。

6.3 大规模在线分析

大规模在线分析（MOA）用于数据流和数据聚类。它有助于通过检测实时数据流来运行实验和部署算法。

在当前的实时场景中，数据产生的速度非常快。数据的来源包括手机 App、传感器、流量管理和网络监控、日志记录、产品制造、通信详单数据、电子邮件、Facebook 和 Twitter 内容等。这些数据高速到达。MOA 帮助处理这些种类的新数据类型。下面让我们看一下典型的数据流分类图。

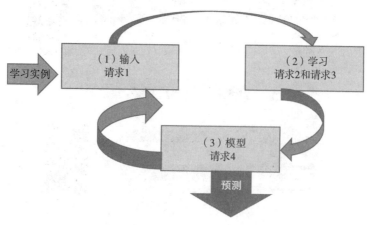

在上图中：
请求 1 将每次处理一个查询，并且对相同的查询仅分析一次。
请求 2 使用保留的内存。

请求 3 要在有限的时间内完成。

请求 4 是预测模型，随时进行预测。

上述数据流步骤几乎没有限制。

MOA 允许对数据流学习算法在大的数据流和无内存上限的情况下进行评估。

MOA 允许数据流聚类的如下特性：

1）数据生成器可用于产生新的数据流。

2）具有可扩展的算法集合。

3）为数据流聚类采用新的评估技术。

4）可以对分析结果进行可视化。

活动 2

找出一些用于 MOA 的数据生成器并对它们进行详细解释。

下一节中，我们将详细讨论通用并行文件系统，它是被广泛使用的平台，我们将对它的一些用例进行介绍。

6.4　通用并行文件系统

对于任何系统，文件存储都在总的存储需求中占主要的比例。在日益增长的市场中，数据的大量增加迫使人们创造新的存储管理方法。客户并不单单寻求存储量的增加，而是寻找能够解决不同形式的存储问题的完整数据管理架构解决方案。

为了解决这些基于文件的存储问题，可以使用通用并行文件系统（GPFS），它能够提供高性能，而且系统能够为未来的需求高度扩展。GPFS 提供了一些选项来应对非结构化数据。GPFS 在云环境中提供企业级存储网格，该网格是服务器和存储的混合。

GPFS 具有一个 TOKEN MANAGER（令牌管理器），用来帮助协调共享的磁盘。令牌管理器控制节点并帮助它们实现对数据的直接访问。对于一个文件系统，可以有大量节点执行令牌管理器的角色，从而避免单点故障。

下面的章节中，我们将讨论使用 GPFS 的一些用例，并介绍它如何解决同文件存储相关的客户问题。

6.4.1　GPFS 用例

GPFS 已经被广泛用于很多全球科学应用中，从在线应用到制造部门。

GPFS 用例

1）分布式系统的有效负载均衡。

2）分布区域网的数据共享。

3）ILM。

4）灾难恢复（DR）。

5）Hadoop MapReduce App。

6）云应用存储选项。

7）智能数据仓库。

下面的章节将描述 GPFS 的常见用例。每个用例都有一组独特的需求，包括扩展性、性能、数据保持、访问、可用性、可满足有效使用 GPFS 所需的容量。除了这里列出的这些用例之外，需要高性能计算的应用也可以部署 GPFS 并从中受益，例如分析、渲染、排序等。

6.4.1.1 分布式系统的有效负载均衡

GPFS 采用了这样的设计方式，即通过并发访问共同的数据集的进程和节点，支持 I/O 工作负载进行读写操作。数据的读取和存储使用数据分块技术，文件数据被分布到多个磁盘空间中。GPFS 用于实时数据应用程序中，这些程序要求大规模存储并要求实时分析能力。

在实时多媒体应用程序中，情况是数据处理过程中小的存储单元必须承担繁重的负载。为了处理这样的场景，可以使用多种技术，例如文件数据分块（如前所述）、RAM 缓存、文件复制。RAM 缓存只有运行在大的服务器上时才具备成本收益性。复制方法要求额外的空间，而且对于媒体必须是流式的情形，不同文件的负载也不同并且要求复制。

GPFS 是一个智能数据均衡系统，其中的数据在节点中并行共享。它非常可靠，并且对于任何存储需求都可扩展，有助于改进输入输出处理。

例如，长期运行的任务运行在大量并行运行的单独的机器中，如天气预报和金融分析。如果一个组件发生故障，任务运行时会失败并降低应用程序的性能。通过使用 GPFS，很多现有问题可以通过保存和从检查点重新获取应用程序状态来应对，目的是在失效的节点上重启任务，或者使用新节点替换故障节点并从最近的检查点来重启任务。同时，也可以很容易地增加一个新的节点来替换失效的节点，并从最近保存的检查点来重启失败的任务。GPFS 被设计为不仅提供系统可扩展性，而且在大规模存储中具有高度可用性和可靠性，没有单点失效。

6.4.1.2 分布式区域网络的数据共享

随着所有领域和部门的数据的增加，需要处理的数据的数量变得非常巨大。实例包括来自不同分析平台、医疗、社交网络站点、移动手机应用、行业、其他市场分析的数据。大量的数据需要分布式存储方法来在这些应用中进行处理。

实例

在很多实时案例中，数据来自多个网站。例如，以医疗行业为例，假定要求某医疗保险公司为纽约州提供一份报告，每个州的数据被不同的公司管理。那么，不同软件机构对收集的数据进行格式化，以满足内部系统分析的要求。每个公司提供一个或多个城市的数据。最终，必须对数据进行收集以执行所需要的分析。

在上面的例子以及制造行业中，之前的整个环境被分为了不同的分区，每个分区有它们自己的存储区域，被不同的小组管理且有着自己的本地策略。每个本地分区所使用的技术不能够将自身扩展为企业级功能，因此本地小组必须尽力扩展他们的 IT 环境以满足不断增长的需求。

使用 GPFS 来进行全球文件共享的最好实例是欧洲的 DEISA。DEISA 是 Distributed European Infrastructure for Supercomputing Applications（超级计算应用分布式欧洲基础设施）的缩写。DEISA 使用 GPFS 来在 WAN 中分布大量数据。

根据 DEISA 所称，其主要存储目标是：

1）提供全球有效的文件系统，该系统集成异构架构。

2）加速系统性能。

3）就像在本地文件系统中那样，提供对数据的透明访问。

6.4.1.3 信息生命周期管理

信息生命周期管理（ILM）是为特定系统管理信息，其中也包括存储系统。信息可以是任何形式的，包括纸质、图像、音频、照片等。ILM 管理数据保护、数据备份、数据恢复、数据获取、数据复制、灾难恢复。

记录和信息管理（RIM）使用 ILM 来管理信息，形式可以是上述的任何一种。

信息生命周期管理的效率可以通过 GPFS 的自动存储管理架构获得提高。

GPFS 的 ILM 工具可被用来自动化文件管理过程。这些工具可以帮助确定用户数据可以存放到哪个物理位置，而不管它存在于逻辑目录中的哪里。GPFS 帮助使用一个常见的文件系统，这样做有较好的成本效益。数据的用户不用实际传输数据即可访问他们的数据。这样能够节省成本和能源，因为节省了大量空间和金钱，不用购买额外的磁盘空间来保存所有的重复文件。可以并行访问数据，这加速了获取某个记录所需的时间。

GPFS 的另一个优点是管理员可以管理无数的文件，也可以很容易地检索最近使用的文件来创建保存文件的备份策略。

ILM 工具的优点
1）节省额外的空间和成本。
2）对文件的并行访问。

下面来讨论 ILM 的一个用例，它是"通过数据归档提高数据库性能"。

问题描述

如今的主要业务问题是产生的数据数量会导致非常差的系统性能。尽管我们不会每天都使用所有这些数据，但是未被使用的数据也不能够简单删除，因为它可能会用于很多其他分析目的和很多其他用法。因此，数据必须被移动到另一个系统中，当需要时可以从该系统中读取它们。

问题解决方案

ILM 可以通过将不会每天被用到的数据归档，减少数据库的大小。ILM 还确保被归档的数据是安全的，而且可以在需要时随时获取到。下面的图显示了归档过程如何工作。

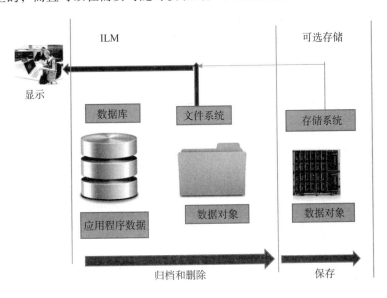

获得的好处

1）当数据量增加时，减少了数据库的大小。

2）减少备份和恢复所需的时间。

3）更新到新的软件非常迅速且简单。

4）降低成本。

6.4.1.4　灾难恢复

所有应对实时数据的公司和企业需要确保有正确的策略来应对故障的情况，而且这是最为重要的。GPFS 有很多功能用来帮助存储环境承受硬件故障。GPFS 在另外的位置维持一个复制文件系统，可以随时进行恢复。GPFS 集群有三个硬件站点共同工作。两个硬件站点中的 GPFS 节点包含文件系统的副本。第三个站点只有一个节点，用作 GPFS 的中断器（tiebreaker）。当发生网络故障使得整个站点无法操作时，如果第三个站点仍然运转，系统可以使用它维护的备份文件系统恢复运行。如果它也失效，则节点无法访问 GPFS。在这种情况下，GPFS 必须被手工干预，才能够在资源可用时继续运行。

活动 3
请查找信息生命周期管理的更多用例并进行详细解释。

6.4.1.5　Hadoop MapReduce App

在研究领域，GPFS 已经被用在很多领域，包括但不限于实时数据分析和 InfoSphere。在所有实时完成的数据分析中，首先发生的是数据流，然后数据在可用之后被分析。下面我们专注于实时流。

GPFS 有一个先进的功能，被称作无共享集群，该架构也被称作 "GPFS-SNC"。这里增加的功能帮助系统随时可用，并且提供了更好的数据复制。

在 GPFS-SNC 架构中，每个节点访问本地存储网络。任务被分配在各个独立工作的系统之间。在一个大的金融机构中，风险是分析来自全球不同地区的 PB 级的数据。这些关键应用程序要求巨大的 IT 资源，涉及的成本也非常高。GPFS 使得对这些复杂数据的分析变得高效。

在使用 Hadoop 分布式文件系统时，有一些限制，例如文件不能被追加，而且任何部分不能被覆盖。GPFS 帮助系统用户打开、读取、追加文件，并对文件进行备份和归档，而且允许数据缓存和数据复制。GPFS 的主要特性是它的通用文件系统可以被 Hadoop MapReduce 应用程序使用。

Hadoop	GPFS
架构基于主从技术	高性能共享磁盘架构
不支持文件加锁	分布式加锁
数据分块——统一大小的块	数据分块——多个节点
一次写入多次读取模型	—

Hadoop 和 GPFS 相得益彰，而 GPFS 比 Hadoop 拥有更加优秀的数据访问模式。

6.4.1.6　云应用存储选项

云提供了基础设施即服务，是世界上的数据急剧增长的主要原因。据称，十年后全球的数据量将大约是当前的 44 倍。

为了满足数据不断增长的需求，很多商业机构开始使用云来满足它们的极端要求。所有这些应用程序使用 MapReduce 技术，其中数据被分割成更小的并行处理。

云栈的存储层的功能包括：

1）可扩展性：可以存储多达 PB 级别的数据。

2）可靠性：能够在大的系统中处理频繁出现的故障。

3）效率：可以更好地利用网络和磁盘资源。

4）低成本：可以用低成本维持云计算。

目前，云计算使用标准的 Hadoop 方法或 Kosmos 分布式文件系统来构建存储区域。对于云，使用 Lustre 和 GPFS 是高度可扩展的，而且成本更低。GPFS 同 Lustre 相比，更符合云存储栈。

> **你知道吗？**
> - Lustre 是一种并行分布式文件系统类型。
> - 它们主要用于大规模集群计算。
> - Lustre 文件系统具有高性能能力。
> 来源：http://en.wikipedia.org/wiki/Lustre_(file_system)

6.4.1.7　智能数据仓库

业务分析在所有希望在日常工作中使用分析和寻求更多基于创新的分析技术的企业和机构中更为重要。Smart Analytics System（智能分析系统）的设计目标是通过已经在服务器上安装和配置的软件来更快地交付分析结果，从而为客户增加商业价值。Smart Analytics System 具有强大数据仓库和详细的分析选项，还有可扩展的环境。

数据仓库的运行如果希望没有任何中断或停机，需要三个重要条件：可扩展性、可靠性和可用性。GPFS 是 Smart Analytics System 的重要功能部件，帮助系统即便发生节点故障时仍具备高可用性。系统可以进行扩展，从而可以满足增加的新的业务。

6.5　GPFS 客户案例研究

GPFS 用于很多商业应用程序中，这些应用程序需要高速访问数据，从而处理大量的数据。下面，是一些使用 GPFS 的客户用例，用来处理机构面临的挑战。

6.5.1　广播公司：VRT

VRT 是一家广播公司，使用传统的基于磁带的方法，该方法被认为是古老的方法，而且速度很慢。VRT 使用 SAN 交换机来改进它的音频和视频内容，但是该系统是不可扩展的。除此之外，他们还面临如下挑战：

1）应对现有传统架构。

2）访问和存储大量数据。

3）应对与压缩相关的问题。

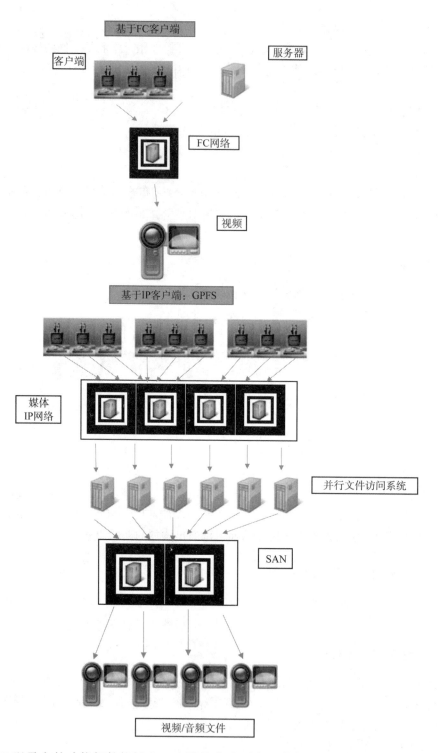

基于FC客户端

客户端

服务器

FC网络

视频

基于IP客户端：GPFS

媒体
IP网络

并行文件访问系统

SAN

视频/音频文件

　　GPFS 以及它的功能部件能够在一次操作中读写大量数据内容，从而帮助减少负载。这使得数据访问变得快速容易，且具有高可扩展性，还使得原有编程内容可以被重用。GPFS已经帮助 VRT 在新的观众中占比达到 50%，而且没有发生任何存储相关的问题和并行文件系统访问问题。

VRT 建立了一家数字多媒体工厂，该工厂的架构包含多层，如下所示：

1）存储基础设施。

2）网络基础设施。

3）数据模型。

4）生产工具。

5）业务处理层。

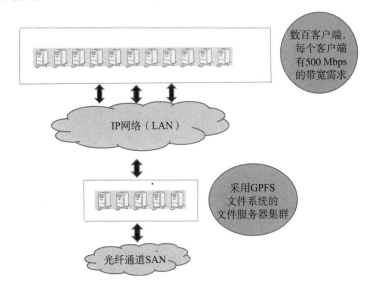

6.5.2　石油公司从 Lustre 迁移到 GPFS

　　一家油气公司的业务需求是将其计算能力扩大 10% 来提高存储可扩展性，并迁移到一种新的存储方式，该方式没有中断，而且能够更好地管理大型存储系统。

　　当前的设置是基于 Lustre 文件系统架构方法。Lustre 系统的问题在于可扩展性、可靠性、存储问题和归档问题。

　　GPFS 可以帮助将现有存储需求优化到要求的性能速率。基于 GPFS 文件系统功能组件，可设立归档方法。这有助于它们在需要的时候对数据进行归档。

6.6　GPFS：关键的区别

　　GPFS 中有通过全局命名空间访问的共享磁盘，采用易于访问的集群架构。容量的扩展在各个位置都是统一的。

> **GPFS 的关键区别**
> 1）主要的部署、管理、备份是通过 GPFS。
> 2）共享磁盘使用全局命名空间来访问。
> 3）易于访问的集群架构。
> 4）统一的容量扩展。
> 5）可支持超过 4000 个节点。
> 6）并行处理，性能非常高。

使用 GPFS，可以并行访问超过 4000 个节点。由于它使用了并行处理文件系统方法，因此具有高性能的优点。

6.6.1　基于 GPFS 的解决方案

GPFS 通过多个节点共享数据。GPFS 提供了如下优点：

- 高可用性：发生故障时具有先进的复制能力。
- 高灵活性：数据可以轻松地共享到多个位置。
- 不间断的性能：GPFS 有非常好的存储扩展功能组件。
- 运营效率：由于简化了存储管理，因此降低了拥有成本。

活动 4
以图的形式列出上述优点并进行解释。

6.7　机器数据分析

机器数据分析是分析方面发展最快的领域之一。机器数据可以是社交网站应用、移动设备、服务器等所产生的数据以及网络数据。

机器数据分析是关于对类似日志数据、报警和消息数据、申请等由机器产生的数据的分析，并从这些数据中获取价值，用来创建新的洞见。

机器数据是由两种类型的交互所产生的数据，即机器到机器（M2M）和人到机器（H2M），这些数据可以是结构化的，也可以是非结构化的。

现在，了解了机器数据分析是什么之后，我们将谈论一家名为 Splunk 的公司，它帮助对时刻产生的机器数据进行分析和可视化。

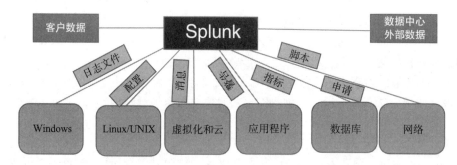

在上图中，来自客户端的数据包括流数据、购物车数据、在线交易数据。数据中心外的数据包括来自能源中心的数据、制造业指标数据、GPS 数据以及其他 CDR 和 IPDR 数据。

机器数据是由不同机构的各个源头产生的。但是这些数据被忽略了，因为人们不知道可以从这些数据中获得的价值。另一个问题是生成的数据多数是非结构化的，很难对如此巨大数量的非结构化数据进行处理。之前已有的工具无法处理非结构化数据，这是一个巨大的鸿沟。

6.7.1　Splunk

Splunk 使用计算机日志来解决来自机器数据的安全问题以及其他错误。该软件被设计为处理日常从不同来源收集的 TB 级的数据。Splunk 架构使得用户能够以很高的速度对收集的数据运行不同的查询。

Splunk 可以部署到大量环境中，从单独的系统到待处理数据量极大的分布式系统。Splunk 架构由 forwarder、indexer、search head 组成，能够对来自各种来源的结构化或非结构化数据进行安全有效的收集和索引操作。

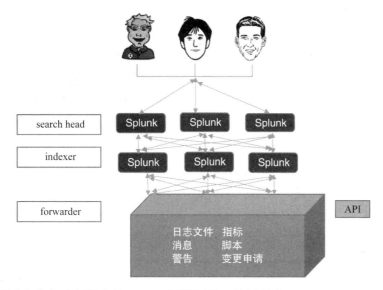

上图显示了在分布式环境中的 Splunk 部署拓扑，使用了由 search head、indexer、forwarder 组成的机器数据结构。

6.8 运营分析

运营分析是关于业务运营的分析，会涉及数据挖掘工具和技术，目的是从数据中获得更多的价值以及得到更好的业务规划。运营分析的主要目标是改进运营系统中的决策。

运营分析可以采用大量技术和方法模型来获得更好的决策结果，以采取精确决策并得到更有效的业务运营。

很多机构已经开始在它们的业务运营中实现运营分析并取得了良好的结果。

运营分析模型

为了执行运营分析，需要部署一个分析模型。为了部署分析模型，需要各种分析技术以及历史数据。分析模型可以是描述性的，也可以是预测性的。描述性分析是分析当前数据并描绘趋势，而预测性分析是分析当前数据并预测未来关于运营的情形。

运营分析能够帮助减少花费在分析上的人工工作。对不复杂数据以及价值较少数据的分析可以很容易地自动化，而那些高度复杂且价值较高的数据不能够完全依赖于自动化，因为需要专家的建议。上述两种情况中间的区域最适合于手工分析。

客户满意时，你也会高兴

运营分析的另一个方面是通过自动化很多的分析过程来增加客户满意度，例如识别索赔过程中的欺诈行为或通过为客户提供更多选项来增加网站的自助服务，从而提供个性化的客户体验。

6.8.1 运营分析中的技术

如果希望分析过程能够按照预期工作并提供价值，需要在 IT 平台上运行一些技术。为了集成业务和应用程序，需要使用面向服务的架构。

下图显示了运营分析所需的技术。

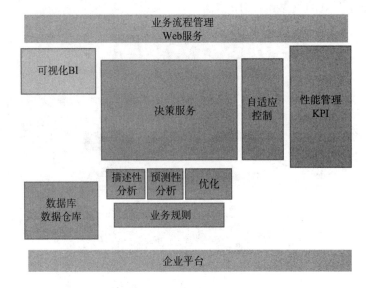

需要的最重要的技术是决策服务。决策服务可用来通过使用好的预测模型和支持优化的技术来做出最佳决策。同样，由于这种方法需要持续的改进，需要能够根据新的变化进行改动的技术。

分析模型必须部署在操作系统上。这些部署模型包括批处理数据库更新、代码生成、数据库作为分析平台以及特定领域决策选项。

6.8.2　用例以及运营分析产品

6.8.2.1　IBM SPSS Modeler 功能

IBM SPSS Modeler 是一个预测分析平台，允许从系统和个人发送的数据中做出预测性决策。IBM SPSS 提供大量技术和算法，使得决策更加容易有效。你可以直接构建自己的预测模型并将它们部署到当前业务中，轻松地进行所有重要决策。

IBM SPSS 吸引人的功能是它将预测分析同决策管理组合在一起，帮助用户每次都采用正确的决策。

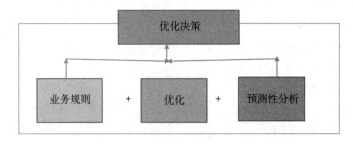

IBM SPSS 还提供了一些其他的功能，目的是证明它可以帮助用户或客户轻松地进行重要决策：

- 自动建模：提供大量建模技术，可以应用它进行重要的决策。可以对这些模型进行选择，不用对它们再进行单独的测试。

- 文本分析：IBM SPSS 可以对非结构化数据进行有效的数据分析，包括文本数据和来自社交网站、电子邮件、客户反馈、博客等的数据。它能够捕获关键数据并显示趋势，有助于改进预测模型的最重要的参数，即准确性。
- 实体分析：有很多实体，如果仅将它们视为数据，则没有很大的价值。实体分析有助于对可能没有关键益处的数据进行分析。实例包括欺诈检测、网站安全、客户关系管理。
- 社交网络分析：社交网络分析有助于分析社交实体以及它对个人关系的影响。
- 建模算法：在 IBM SPSS Modeler 中，有大量可用的建模算法：

  1）异常检测——该算法有助于使用基于聚类的算法检测异常记录。

  2）Apriori——识别数据库中个体项的频繁出现，该算法可以扩展到更大的数据集上。

  3）贝叶斯网络——关注图模型的条件依赖并进行评估。

  4）C&RT、C5.0、CHAID 和 Quest——帮助生成决策树。

  5）决策列表——帮助构建交互规则。

  6）逻辑回归——生成二进制数据。

  7）神经网络——用于多层感知。

使用 SPSS Modeler 的优点

1）最重要的优点是它有助于分析到处存在的所有数据。

2）SPSS Modeler 提供大量分析算法来进行高质量的业务分析。

3）易于构建和部署。

4）非常灵活，能够适应你希望它进行分析的任何环境。

6.8.3　其他 IBM 运营分析产品

市场上还有很多其他产品能够用于运营分析，其中包括：

1）IBM SPSS Statistics ◈：通过进行趋势分析和提供预测来分析数据。

2）IBM SPSS Data Collection ▦：准确地了解社会的观点以及人们的喜好及选择。

3）IBM Cognos Business Intelligence ▣：使用分析报表和记分卡来帮助改进业务能力。

4）IBM Predictive Maintenance and Quality ⚙：改善运营性能并增加生产力。

活动 5

当今市场上还有其他公司提供的很多产品。列出一个或两个产品，说明它们的规格以及提供的好处。

6.9　结论

实时分析有助于立即且连续地监视数据以及实时出现的变化。挖掘大数据对未来的成功至关重要。拥抱新的技术有助于为业务的成功提供快速可靠的途径。每天都会出现数千分析选项，选择正确的分析工具变得极为重要。不同的工具分别具有不同的优缺点。必须基于现有架构需求、工具对当前结构的适合程度、从新的工具究竟可以获得什么收益等方面考虑，对工具进行精心选择。

6.10　习题

选择题

1. 实时分析是指能够在需要时对数据和_____进行使用的能力。

   a. 资源

   b. 数据

   c. 时间

2. HDFS 是大数据的一种_____能力。

   a. 存储和管理

   b. 处理

   c. 数据库

3. Apache HBase 是大数据的一种_____能力。

   a. 存储和管理

   b. 处理

   c. 数据库

4. IMDG 是指_____。

   a. in-memory 决策网格

   b. in-memory 数据网格

   c. in-memory 划分网格

5. MOA 是指_____。

   a. 海量在线应用

   b. 面向海量的应用

   c. 大规模在线分析

简答题

1. 详细解释大数据架构的能力。

2. 详细解释 IMDG 的类型。

3. 详细解释 in-database 分析。

4. 详细叙述 MOA。

5. 什么是 GPFS？详细解释它的两种用例。

6. 什么是机器数据分析？解释它的重要性。

7. 详细解释 IBM SPSS Modeler。

第 7 章

高性能计算范型

7.1 引言

在过去的几年里, 由于激烈的竞争以及不断增长的市场中出现了许多新的信息获取方式, 企业的业务需求日益增长。这导致了对计算能力的需求的增加, 进而增加了投资成本, 尤其是在大型机方面。

同时, 技术也在不断进步, 更多的计算能力可以以较低的成本获得。企业正在寻求机会将它们的业务从大型机移动到开放系统中。将系统从大型机迁移到开放系统包括:

1) 记录所有程序并重新创建应用。

2) 重新设计系统。

3) 创建全新的软件管理流程。

迁移还要求使用新的中间件来在不同的平台间交换数据, 因此增加了额外的成本, 同时要求高风险的项目开发。在进行批处理时的另一个问题是在开放系统中, 批处理负载难以处理, 而且不能够具有像大型机批处理那样的效率和持久性。

最终, 当 IT 管理者分析结果时, 会发现他们的投资并没有能够提供预期的结果。这实际上延缓乃至停止了新的移植项目的开展。因此, 全世界面临的问题就是是否有解决方案能够减少大型机成本, 同时不需要减小规模的大小。

7.2 为何还需要大型机

大型机被称作发展的引擎! 当我们仔细查看世界中的数据时, 会发现多数仍存在于大型机中。很多关键业务应用程序仍然运行在大型机上。大型机系统以其长期可靠、处理繁重工作负载的能力、处理 Web 应用的能力而闻名。大型机能够在一秒之内执行数千次处理。银行、金融、研究领域的许多系统仍然运行在大型机服务器上, 它们的意义非常重大。

大型机系统的问题在于它们的备份和恢复处理仍然使用磁带。随着不同领域的数据量激增, 通过磁带来存储它们不是高效的选择, 而且如今所有的系统都要求快速恢复。传统的恢复方法非常耗时, 因为记录是以串行方法读取的, 然后才能定位和存储它们。同时, 大容量系统使用磁带变得成本非常高。

因此，企业中的研究部门就需要为磁带存储找出替代的方法，不仅要能够处理繁重工作负载，而且要提供快速恢复的能力。

下面让我们看一些可用的解决方案，这些方案中的大型机系统使用高性能计算来更好地为业务服务。

7.3　大型机中 HPC 是如何演化的

1）20 世纪 70 年代的时间共享大型机。

2）20 世纪 80 年代的分布式计算。

3）20 世纪 90 年代的并行计算。

4）对 HPC 的集中需求。

5）具有数据安全性的集中式计算。

6）私有云 HPC。

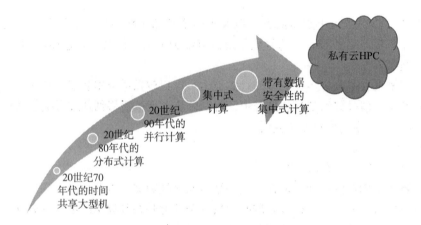

7.3.1　成本：HPC 的一个重要因素

当我们投资于高性能计算时，投资者寻求的是商业价值，可能来自于利润的增加，也可能通过伟大的工程和创新的技术，或者是运营价值或 IT 价值。公司已经开始评估 HPC 的成本，不仅聚焦于某个应用程序，而且聚焦于所有的工作负载，这导致了云计算的产生。

7.3.2　云计算中的集中式 HPC

当前的高性能计算要求高性能计算系统和巨大存储应用通过高速网络连接在一起。使用集中式 HPC，使得我们能够为大量运行的任务进行负载均衡，而且能够通过提高生产力来有效地管理数据。它还有助于提高效率和数据安全。它允许虚拟桌面选项以及移动应用。

下面来了解一下本地计算同云计算之间的基本区别。

本 地 计 算	云 计 算
处理是在本地台式机上完成	处理是在集中的远程服务器中完成
文件保存在本地，单一控制	文件集中存储，减少了文件传输时间
容量受限	容量不受限
有限的数据管理	可以处理大文件

7.3.3　集中式 HPC 的要求

为了使集中式 HPC 和归档操作具有高效率，需要做到以下几点：

1）对所有资源使用以数据为中心的视角，维持所有数据对 HPC 而言是本地的。

2）使用通用工具进行工作负载共享。

3）对访问远程数据使用图形化远程显示。

7.4　HPC 远程模拟

很多公司已经开始为集中式 HPC 或私有云创建远程工作流。

下面让我们看一下高性能计算的远程架构。

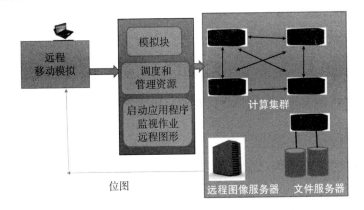

接下来，对架构中的各个组件进行介绍。

1）这里，门户网站有一名远程用户，该门户为终端用户提供通用集成工作，用于访问数据和数据管理。

2）它还具有一个远程可视化工具。通过从远程图像服务器向远程用户发送位图，可以将结果可视化。需要时可以运行所需的处理器。

3）易于管理数据，数据可以通过集中式服务器进行访问。

7.5　使用 HPC 的大型机解决方案

下面让我们来看一些有助于降低大型机成本的重要解决方案。

7.5.1　智能大型机网格

智能大型机网格是基于网格计算技术的新的解决方案，它使得开放分布式系统能够在不对软件进行更改、不改变数据格式的前提下，运行大型机进程。

IMG 的主要组件包括：

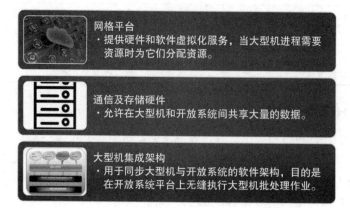

IMG 的两个主要优点是：

1）从大型机的角度，批处理正常执行，区别只在于使用了很少的大型机资源，消耗接近 0 MIPS。

2）为了使批处理作业能够执行，维护、培训、操作期间不需要对任何流程、工具、编译器（COBOL）进行改动。

7.5.2　IMG 的工作原理

大型机批处理作业（MBJ）是由顺序步骤的集合构成的，每个步骤通常命令某个程序的执行。

IMG 提供了必要的工具、架构和执行平台，使得批处理作业能够在大型机之外执行，共分为三个步骤：

1）将批处理作业最初的 JCL 指令转换为可以运行在 IMSG Grid 平台上的等价版本。

2）在网格平台上访问程序源码并编译该代码，从而在网格上创建程序的本地可执行版本。

3）在网格平台上为作业的执行分配访问权限和资源，将访问权限赋给输入文件，然后为输出文件在共享存储平台上分配资源。程序在本地执行。

在上述步骤中，如果没有对 JCL 或程序进行改动，则在批处理作业期间步骤 1 和 2 仅执行一次，而每次运行批处理作业时都要重复步骤 3。这意味着批处理作业及其程序在大型机上的编目分类方式与它们在 IMG 上的相同。被转换的 JCL 以及编译后的程序被编目分类到开放系统上，当需求到来后即可执行。当程序在开放系统上被重新编译和测试后，大型机就准备好在 IMG 平台上运行批处理作业了。

以上步骤都是自动完成的，因此每次当新的批处理作业在大型机上投入运行时，会在大型机上编目分类和编译一组 JCL 及程序。由 IMG 转换的 JCL 与对应 IMG 平台的程序的编译同时被创建。

大型机的操作根据它的意愿来决定使用大型机版本或 IMG 版本。两者可以同时并存，也可以交替使用。

7.5.3　IMG 架构

下面让我们来详细了解 IMG 架构。其中的每个组件都会影响系统的性能，但是它们已经被解耦，可以根据技术的演化对它们进行替代或更改，从而能够在任何指定时间都能够给出最好的总体结果。

架构的设计方式是执行平台构建在廉价节点的网格之上，目的是提供能够同大型机执行效率相媲美的计算能力，但是又不放弃其可靠性。

IMG架构同大型机标准相比较的主要目标包括：

- 更快的执行。
- 按需提供计算能力。
- 可扩展性。
- 改进的可靠性和容错性。
- 支持异构系统。
- 并行处理能力。
- 更低的成本。

IMG Grid平台基于开放标准（Web服务、SOA和虚拟化）来确保兼容性、灵活性、与其他IT网格的可扩展性。

IMG组件是紧密集成的，它们可以构建一个独特的解决方案来解决大型机批处理作业执行与解耦的问题，从而使得它们可以有自己的目标和独立的操作。IMG架构是一个完全成熟的网格平台，不仅可以独自用于解决密集批处理计算问题，而且也能解决几乎任何类型、任何语言的在线计算。

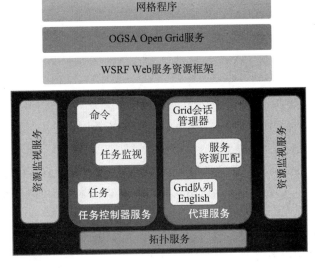

IMG架构是围绕四个主要组件构建的，这些组件在IMG Grid Kernel中被部署为Web服务，每个组件都提供一种独特功能。

拓扑服务的主要功能是管理网格的节点结构，使得任何计算机都能够具有在任何时间担任任何角色的自由。IMG是容错的，因此其设计中避免了单点失效。网格具有三种不同角色。

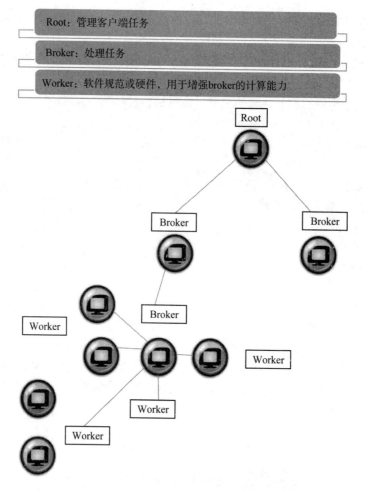

7.5.3.1　Root

Root 管理所有客户端任务。

7.5.3.2　Broker 服务

Broker 服务维护网格中的资源，方式是将最好的资源同作业进行匹配并完成分配。

7.5.3.3　Task Controller 服务

Task Controller 负责网格中执行的进程。它有一个操作库，保存的是节点允许处理的操作。每个操作有命令来帮助每个节点重用其功能性。这使得操作可以同新的现有命令的集合组合在一起，一同提供新的服务。

7.5.3.4　监视服务

有两种可用的监视服务类型。

- **网格监视服务**：用于从内部来管理网格。
- **资源监视服务**：它监视所有资源并提供每个节点中正在运行的任务、正在等待的任务、已终止的任务的状态。

在大型机和网格之间，还存在一种数据共享平台。它在不需要大型机的前提下帮助处理海量数据。如果必须有大型机的参与，也可以使用比只靠大型机运行所需的数量较少的资源来运行。

下面给出的是可用的不同架构模型。

7.6 架构模型

7.6.1 具有共享磁盘的存储服务器

在这种架构中，大型机和网格共享一个存储设备，该设备不需要任何复制即可允许来自这两种环境的直接数据访问。

7.6.2 没有共享磁盘的存储服务器

在这里，网格和大型机共享一个存储设备，其中数据可以在这两种环境之间双向复制，但是每个环境工作在单独的数据之上。

7.6.3 无存储服务器的通信网络

在这种架构下，大型机和网格不共享存储设备，但是它们共享一个通信网络，该网络用于两个环境间的消息通信，它也支持两个环境间的数据交换。

Intelligent Mainframe Grid 支持上述三种模型，但是当我们比较成本和性能时，从 7.6.1 节中的架构到 7.6.3 节中的架构在成本和性能方面递减。

活动 1

以 2D 或 3D 模型格式创建上述架构。

下面是创建模型时需要注意的：

1）创建的模型应当是架构图的可视化图。

2）可以是 2D 或 3D 格式。

3）可以使用聚苯乙烯、塑料材料或你自己的任何材料。

7.6.3.1 大型机集成架构

大型机集成架构主要存在于网格中某些大型机上。它通过提供必需的工具、命令和必要的服务，帮助大型机不间断地操作。执行过程仍然在大型机的控制之下，而且它同运行的大型机的调度程序集成在一起。由于作业返回代码是由大型机集成架构发送的，因此在规划和调度方面没有变化，就像是真正的执行发生在大型机上一样。当程序发生错误时也是如此，错误信息会通过这样的方式传递给程序员，使得程序开发不受作业具体在哪个平台上运行的影响。

7.7   对称多处理

下面我们将讨论另一个有趣的话题，即对称多处理（SMP）技术，它用在很多的大型机系统中，促进了高性能计算。

7.7.1   什么是 SMP

SMP 是对称多处理系统，它主要运行在并行架构上并具有全局内存空间。

7.7.2   SMP 与集群方法

在 SMP 中，考虑到要集成到共享内存环境中的处理器的数量，提供高性能的成本非常高。由于这一事实，很多公司试着采用集群方法，即大量服务器连接在一起，然后用作一台商用服务器。当我们将 SMP 与集群方法进行比较时，集群难以管理而且效率性能较低。

> **活动 2**
> 取出一张纸，以图形式写出集群和 SMP 模型之间的区别。
> 可以网上搜索更多的数据信息，并写下它们。
> 完成后，请每个学生将所写内容进行展示。

7.7.3   SMP 是否真的重要

SMP 是基本上类似的处理器连接到一个存储上，并被一个操作系统来管理。由于并行处理，SMP 能够同时执行更多的工作负载。SMP 中的操作系统帮助在不同处理器之间进行负载均衡。

同集群方法相比，SMP 更好地利用了它的负载。SMP 的另一个优点在于管理的负担比较轻。SMP 只有一个操作系统和一个全局存储空间。作业调度的同步更容易，管理存储空间也很容易，使得同集群方法相比成本更低。

下图显示了 SMP 与集群方法之间的基本区别。

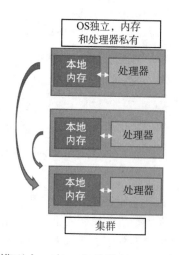

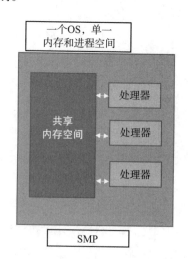

在集群模型中，有一个单独的 OS，它有私有内存和处理器，而 SMP 有一个 OS 以及一个内存和进程空间。

7.7.4　线程模型

在 SMP 模型中，并行处理是基于名为线程模型的特殊技术的。在该模型中，主程序被划分为多个子程序，它们共享相同的内存，就像主程序那样。因此，每个线程可以读写相同的内存空间。可以对内存空间进行保护，并且允许线程以各种机制方法进行通信。

当我们在集群环境中比较线程时，在不同节点间迁移线程非常困难。因此在集群中，使用消息传递接口来在不同服务器间共享数据。消息传递接口的主要缺点在于它必须在多个不同服务器上启动其程序。

当应用程序必须运行在多台服务器上时，消息传递接口是首选。我们也可以在 SMP 模型上使用 MPI（消息传递接口），但它们不适合共享内存的理念。

7.7.5　NumaConnect 技术

NumaConnect 是一种即插即用的 SMP 解决方案，其中所有的内存和进程都组合在一起，并且被一个 OS 所控制。理想情况下，在 SMP 环境中，由于共享内存的限制，人们转向非均匀内存访问的方式来得到内存的全局视图。这里，尽管内存是全局访问的，但并不显示为本地的。额外的内存存在于其他的内存块，其访问时间可能会根据位置的不同而存在差异。全局内存的另一个特性在于它的缓存。数据可以存在于主存或缓存中。主存中的数据不会在缓存中进行刷新，直到两者不同步。NumaConnect 为所有连接的系统提供了缓存能力。

7.8　用于 HPC 的虚拟化

什么是虚拟化？虚拟化是允许多个应用程序运行在相同的机器上，并且具有提供安全性和容错性的优点。

通过虚拟化可以获得的好处如下：

1）好的服务器利用率。
2）提高业务敏捷，能够根据未来需要迅速扩展。
3）通过软件定义服务得到好的安全性。
4）可以应对断电、设备故障或其他突发事件。

> **活动 3**
> 创建一个 PPT 演示文稿，介绍使用 HPC 的大型机系统的各种创新架构。
> 注意：在大型机计算，尤其是云计算领域，发生了很多创新活动。
> 创建这个 PPT 演示文稿可以帮助你了解当今世界上发生的创新的数量以及不同研究机构之间的竞争。

7.9　大型机方面的创新

尽管有大量的流言声称大型机正在逐渐消失，但是当前仍然有 80% 的关键业务应用运行在大型机上。很多已有的创新是为了大型机的东山再起。大型机以其灵活性和吞吐量著称。

大型机已经被证明是非常灵活的。它们支持传统语言，例如 COBOL 和汇编语言，同时也支持所有新的平台，例如 XML、Java 和 SOA。这正是大型机的能力。大型机以它的向后兼容性而知名，使得它成为真正的混合系统。类似基础设施即服务这样的云平台成为我们如今的工作方式，这里所涉及的理念早已经在大型机中使用了超过 40 年。

　　大型机通常被认为是成本非常高的机器，但在如今这个迅速发展的世界里，大型机通过提供安全性和可靠性，能够更快地交付结果。

7.10　FICON 大型机接口

　　为了提高要求在数据中心之间进行高带宽数据移动的大型机应用程序的性能，并提高数据复制和快速的灾难恢复，可以使用 Brocade 加速器。

　　FICON 是将大型机同其他存储设备进行连接的输入 / 输出接口。为 FICON 设计的加速器为高带宽数据提供了极佳的性能。

　　下面让我们来看一下介绍加速器如何工作的架构图。

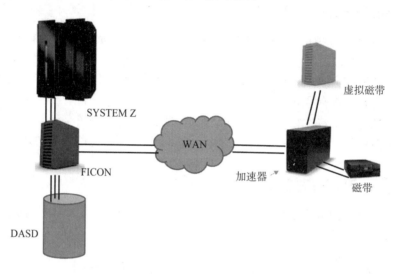

　　通过对加速器的使用，加速性能、恢复、备份，并降低了运营成本。这里还使用了仿真技术，通过防止它们降级，提高了大型机 System Z 应用程序的性能。附加的优势是在仍然提供更快恢复选项的前提下，具有更强的数据安全性。加速器的使用减少了更高带宽所需的成本。

活动 4

下面将要看到的主题非常有趣，而且可以同你的日常行为关联起来。

什么是我们每天都使用的？

是的，是手机，整个世界已经变得离不开它。

所有日常行为都可以通过手机完成。

你所需要做的就是拿出一张纸，写下每天使用手机完成的所有事情。

7.11　大型机对手机的支持

当今世界正在变得移动化。全球手机用户的数量已经急剧增加。人们喜欢通过手机来进行他们的个人事务，包括支付银行卡账单、在线预订电影票、在线查看银行账户余额等。随着通过手机进行的事务的增加，通过 CICS（客户信息控制系统）进行的大型机处理的数量也增加了。大型机有额外的优势，就是能够处理大量数据并在最快的时间内完成处理。

下图说明了大型机如何用于移动事务中。

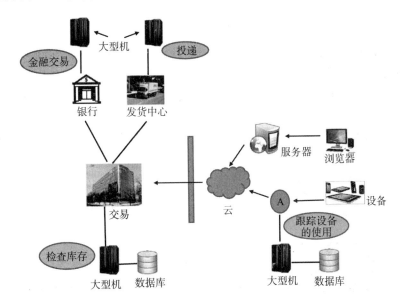

仔细查看移动事务，其中的所有活动都是被大型机驱动的，包括手机访问移动信号塔，需要进行库存检查；访问银行账户详细信息以获取金融交易；与发货相关的事务中访问地址信息等。这些天，有很多移动应用增加了上述处理的数量，例如 Amazon、出租车 App、银行 App 等。因此，随着数据指数级的增长，将大型机的性能保持在恒定水平变得比较困难。由于云计算变得越来越重要，大型机系统的机会也更大了。这个领域的研究可以从大型机系统中获得大量的价值。

7.12　Windows 高性能计算

现在让我们讨论一下通过高性能计算为分布式系统所做的另一项创新。

高性能计算如何是工作的？系统中的一个节点作为首领，接收所有工作请求并将工作分配给较小的节点。较小的节点通过批处理执行计算并将结果返回给首领节点。这是很多大型机计算的工作方式。

高性能计算的唯一问题就是增加许多额外的节点。如果节点较少，那么工作就会变慢，性能就会降级。另一方面，增加额外的资源将会增加基础设施以及能耗的成本。

下面是当前高性能计算架构的图形化表示。其中有一台客户工作站用来发送工作请求。首领节点接收工作请求并将它们分配给较小的节点。较小的节点在完成工作后以批处理方式将结果返回给首领节点。应用网络以及私有网络是可选项，可以基于需求进行添加。

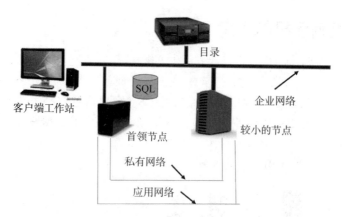

为了避免增加额外的持久节点（会增加基础设施成本），Windows 为高性能计算提供了选择。它们提供了两个选择。

1）你可以在 Windows Azure 网络中添加较小的节点，使用代理节点，并仅在使用它们时付费。

2）在最初的网络里，可以只安装首领节点以及代理节点，所有较小的节点都位于 Windows Azure 网络中。

上面的选项可用于关键的金融应用中，它提供的选择是增加额外的首领节点，因为仅在请求它们时才会使用到，而且仅根据你所实际使用的节点收费，因此可以降低成本。

下图显示了可以如何安装 Windows Azure 节点。

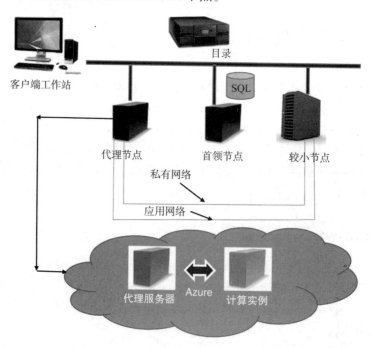

7.13   结论

下面是对本章内容的总结：

- 大型机系统对当今日益增长的数据的重要性，以及公司如何投资大型机系统来运行当前的关键业务应用程序。

- 医疗、金融、银行、保险、零售、制造业公司仍然运行在大型机上。
- 针对当前指数级增长的数据，愈发需要高性能计算和并行计算。
- 高性能计算正在为增长的数据寻求更好的存储选择。
- HPC 正在通过减少基础设施、能耗和其他成本来提高系统的性能。
- 更好的备份和更快的灾难恢复对于高性能计算至关重要。
- 在使用高性能计算的大型机领域，目前正在进行着大量的创新。
- 世界开始变得移动化，所有重要应用程序，包括销售、银行、医疗等都可以通过手机终端来进行。
- 大型机和云计算被认为是能够为客户提供业务价值的最好的组合。
- 智能大型机网格（IMG）被认为是基于网格的计算系统的最佳解决方案。
- 对称多处理（SMP）架构对于大量数据的并行处理最为适用。

7.14　习题

选择题

1. IMG 是指＿＿＿＿＿＿。

 a. Intelligent Mainframe Grip（智能大型机控制）

 b. Intelligent Mainframe Grid（智能大型机网格）

 c. Intellect Mainframe Grid（智力大型机网格）

2. HPC 是指＿＿＿＿＿＿。

 a. High-performance cluster（高性能集群）

 b. High-performance computation（高性能的计算）

 c. High-performance computing（高性能计算）

3. SMP 是指＿＿＿＿＿＿＿。

 a. Single-memory processing（单内存处理）

 b. Symmetric memory processing（对称内存处理）

 c. Symmetric multiprocessing（对称多处理）

4.＿＿＿＿＿＿节点在 Window 高性能计算中接收工作请求。

 a. Header（首领）

 b. Smaller（较小的）

 c. Broker（代理）

5.＿＿＿＿＿＿是一种即插即用 SMP 模型。

 a. NumaConnect

 b. IMG

 c. Windows Azure

简答题（用 100 字以上回答）

1. 什么是 IMG？对它进行详细描述。

2. 详细描述 SMP 架构。

3. 描述大型机的重要性以及 HPC 的演化过程。

4. 说一些在大型机中实现的创新性思想。

5. 结合图来描述 Windows Azure 高性能计算。

第 8 章
in-database 处理与 in-memory 分析

8.1　引言

我们的日常生活变得越来越数字化，这导致了数据的空前增长。这种数据爆炸是由手机和物联网的广泛使用所驱动的。在每一天里，越来越多的设备正连接到 Internet 中。创业者、风险投资者、计算界的拥护者，例如 CISCO、Google 和 Microsoft 等公司将越来越多的时间和资源投入这一领域。设备的范围包括智能手机、恒温器、智能电网、无人驾驶汽车、太阳能电池板、运动跟踪监视器等。我们可以很有把握地预测，在未来的一二十年里，所有电子设备都将连接到 Internet。根据 2014 年 EMC/IDC Digital Universe 的报告，数据的规模每两年翻一番。仅在 2013 年的一年时间里，产生的数据量就超过了 4.4 ZB，报告中预测，到 2020 年，数据规模将达到 10 ZB～44 ZB。2013 年，三分之二的数据是由人所创建的，而在即将到来的十年里，更多的数据将会由物产生，例如嵌入式设备和传感器。在报告中，IDC 预测到 2020 年，物联网设备的数量将达到大约 3000 亿台。这些连接的设备的数据为数据经济提供了动力，为未来的商业提供了巨大的机遇和挑战。此外，新数据的指数级增长速度正在对企业交互、管理和利用数据的方式产生系统的变化。随着数据经济的发展，业务与数据交互的主要方式之间的重要区别也在演进。企业已经开始同大规模、多样性的大数据进行交互。此外，随着企业采用更先进的分析方法，它们认识到同快速数据进行交互的重要性，这对应着大数据的"高速性"。立即处理数据的能力创造了新的机会，通过颠覆性的业务模式来实现价值。

我们首先必须了解一般事务工作负载同分析工作负载之间的区别。这种区别能够告诉我们普通数据库是否能够用于分析目的，或者是否需要不同种类的数据存储。

8.1.1　分析工作负载与事务工作负载的对比

事务处理的特征　此类工作负载的特征包含大量短的、离散的、原子的、简单的事务。对数据的更新很频繁，而且数据通常是最新的、详细的、关系型的，响应时间一般是在几毫秒的量级。在线事务处理（OLTP）系统的重点是：（a）在多用户环境中维护数据完整性；（b）高吞吐量（每秒事务数）。这些工作负载对应着日常操作、批处理、分析工作负载。

分析处理的特征　分析处理的特征 [1, 7] 是较少的用户（业务分析师，CEO）提交较少请求，但是这些请求是较长的、复杂的、资源密集型的。响应时间通常在几十到几百秒的量级。分析工作负载的其他主要特征包括高数据量、面向集合的块操作、数据有临时或中间阶段、不经常更新、历史的 / 多维的 / 集成的数据。这种情况主要在决策、提出建议、风险分析时出现。

2008 年，由 Mike Stonebraker 领导的研究小组在 ACM SIG-MOD 上发表了一篇名为《 OLTP through the Looking Glass, and What We Found There 》的论文，该论文揭示了限制传统 RDBMS 产品的潜在开销，并且得出如下结论：如果能够克服这些限制，那么数据库的性能可以成倍增加。提到的另一个要点是对基于 in-memory 的数据库的改动，稍后我们将会进行介绍。

导致处理开销的传统 RDBMS 产品的特性如下：

- 加锁：为了维护记录的一致性，会由试图对它进行修改的特定事务给它上锁。因此，其他事务都无法访问这一记录。但是这些额外处理对于那些数据一致性不大重要的分析工作负载而言，会增加一些开销。
- 缓冲管理：在传统 RDBMS 中，数据保存在固定大小的磁盘页面中。在任何时间点，缓冲池中都缓存了一组页面。在页面中定位记录以及确定字段边界是开销大的操作。
- 锁存（latching）：在多线程环境中，对共享数据结构的更新必须非常小心，例如索引、锁表等。这创建了潜在的开销。
- 索引管理：为了增强记录搜索的相对性能，创建了索引。对这些索引的维护要求大量 CPU 和 I/O 资源。
- 预写式日志：为了维护数据库中数据的持久性，传统 DBMS 中所有内容都是写入两次的，其中一次是对数据库的写入，一次是对日志的写入。此外，该日志被强迫放置到磁盘上。

最初的设计是为了确保符合 ACID 原则，但这些过程限制了数据库的线性扩展。这就是为什么现代的 NoSQL 数据库放弃了这些原则，目的是实现线性或接近线性的可扩展性。传统数据库的另一个限制在于数据是以面向行的机制存储的，这对于分析工作负载而言效率不高。

为了说明这一点，下面我们以专门进行事务处理的数据库为例。如果使用该数据库平台的公司需要运行分析，例如报表或其他的一些即席（ad hoc）分析，那么公司将为事务和分析维持单独的数据库。当然，如果公司采用分析型 DBMS 进行分析也是如此。SAP HANA 是一个既支持事务工作负载，也支持分析工作负载的平台，即它支持混合工作负载。

第一个步骤是从其事务系统中提取数据。这些数据首先会被进行转换，以符合报表数据库，该数据库通常采用企业仓库的形式。即使报表仓库需要大量的优化配置，例如聚集和索引，但是仍然有着中等的性能。这就是为什么现代分析数据库专门为分析工作负载进行设计，例如 Teradata 数据库、Greenplum、Vertica 等。大多数还采用了列式数据存储，使得分析型数据的提取容易且灵活。

企业在分析领域的需求不断增长，这导致了分析产品的演化，下面我们将简要介绍这些演化。这种演化使得我们更容易理解分析领域的现状以及如何获得性能，并为企业提供它们所需要的：可行的洞见。

8.1.2　分析工作负载的演化

使用数据进行决策的想法并不是新的，早在 10～15 年前就已经存在了。这种方法甚至可以追溯到计算机出现之前。随着计算机的出现，收集大量数据并对它们进行非常快速的处理成为可能，商业分析也随之出现。最初的数据系统被设计为捕捉事务并且不损失任何数据。这些系统采用这样的设计是为了实现 ACID 属性。数据查询通过 SQL 完成。基于数据库对应用程序进行开发。分析应用程序仅简单地生成静态报表供分析师进行进一步分析。这些系统的设计目标是为关键任务系统精确捕捉事务数据并将其高效存储起来，分析能力仅限于静态报表。这个阶段，回答"已经发生了什么？"这样的问题是主要目标[3]（如图 8-1 所示）。

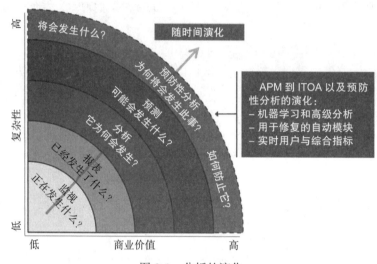

图 8-1 分析的演化

然后进入了商业智能时代，这个阶段的重点是理解重要的商业现象，并且为管理者提供基于事实的理解，以便做出决策。关于客户交互、零售、产品流程的数据首次被记录、分析和汇总。

由于数据规模小，而且几乎是静态的，因此，数据分隔是在企业数据仓库中完成的。但是，数据的加载和数据的准备成为一大障碍，其中分析花费了大多数时间。分析被刻意减慢，通常花费数周或数月来完成。多数的分析是在历史数据上完成的。用户可以从慢速的分析中抽离出来，方法是实现在线分析处理系统（OLAP）。这种名为多维数据集的分析结构是通过多维数据结构产生的，每一维度都是一个查询参数。这使得用户能够进行分析，但非结构化数据的处理和实时分析仍然是挑战。数据还被跨维度进行聚合，使得查询变得容易些。这样，主要的重点是回答为什么某事会发生。

接下来就进入大数据时代[4]。从类似 Google 和 Amazon 这样的 Internet 公司开始，新形式的数据被捕获和分析。这一巨大的变化改变了数据和分析在这些公司里的角色。大数据与小数据开始有了区分，因为它并不完全是由内部事务系统所产生的。其中很多来自外部数据源，例如博客、传感器、音频以及视频记录等。在极端的炒作下，将会促进新产品快速不断涌现。

大量的数据无法通过单台服务器存储和分析，因此创建了类似 Hadoop、Spark 等系统。有了它们，互联分布式系统间的并行的快速批处理得到了管理。为了应对新近创建的非结构化数据，出现了 NoSQL 数据库，例如 MongoDB、Redis、DynamoDB、Raik、Neo4j 等，它们有些甚至在支持 ACID 属性的同时具备线性可扩展性。而且云计算使得小公司也能够廉价地分析和存储数据。新形式的分析，例如可视化分析、图像分析和文本分析也得到了成功部署。

为了使实时分析变得可能，出现了类似"in-memory"和"in-database"等分析机制。

尽管这些技术已经以不同的方式存在了一段时间，然而是由于实时分析的需求它们才流行起来。

使用各种机器学习和统计技术，大数据领域的公司开发了面向客户的应用程序，例如推荐引擎、定向广告，甚至搜索算法等。

基于上述进展，很多非科技公司也开始集成新形式的分析。有些甚至开始开发同这些分析集成的应用程序，从而能够做出自动决策来改进运营效率。

8.1.3　传统分析平台

在基于关系型数据仓库的传统分析平台中[2]，数据首先会被复制到分析服务器中，然后会在该服务器上进行模型开发或通过多维数据集的创建来取代数据仓库。这些服务器通常以非关系型数据集市结构来存储数据，而且在数据仓库之外的分布式服务器上进行管理。在这些环境中会产生如下的问题：

- 从关系型数据仓库中提取数据会对高性能带来负面影响。
- 从数据仓库和数据集市中复制数据导致基础设施成本增加和硬件利用率低效。
- 由于有多个不可控的副本，要求更高的安全性。
- 管理和开发程序以提取和执行计算的高级人力资源成本会更高。

传统商业智能[7]和分析系统完全基于有着固定模式的数据。这些系统是根据新类型的非结构化或半结构化数据而设计的。如同之前所述，引入了 in-database 分析和 in-memory 分析来处理使用新类型或旧类型数据的新的复杂分析用例。传统分析系统的主要瓶颈是为开发预测或分析模型进行的数据提取、加载和准备。由于数据的多样性，数据通常是从不同的数据源以不同的技术收集的。在此，处理速度非常重要，不灵活或不支持敏捷性是不行的。数据资产通常从以各种仓库技术存在的多个数据源中收集而来。在执行速度至关重要的时代，缺乏敏捷性不可接受。这促使了向 in-database 处理的转变，因为它消除了许多上述限制。

目前来看，显然没有一个解决方案能够解决所有的问题，毕竟"众口难调"。因此，公司都想使用适合其特定应用的技术。所有这些技术集成起来，方可实现总体业务目标。这被称为多元处理（polyglot processing）。下面我们来了解 in-database 处理，它的目的是提供快速、敏捷的分析处理。

8.2　in-database 分析

in-database 处理技术并不是由大数据分析引入的新的开发技术。实际上，它已经有了超过 15 年的历史。为了解决市场分析中的许多挑战，Teradata 引入了 in-database 处理的概念。由于大量信息分散在独立的数据集市中，分析师收集所需的数据并操作和分析它们成为一项挑战。尽管这些工作多数运行在服务器或工作站上，但工作的迭代本质使得必须提取很多实例在系统内传递，导致了数小时的周期时间。

在数据库中，分析处理[5]通常以用户定义函数、一组数据的库和分析函数的形式提供，以便访问数据库中的数据，或者来自分布式文件系统例如 Hadoop HDFS 的数据，它们直接使用并行处理能力，同各种操作系统和专门的分析工具进行交互，这些工具用于完成分析或数据管理任务。

一般的数据库不提供 in-database 处理功能，这是数据仓库的主要功能，而且用于分析处理的目的。一个数据仓库基本上是一个分析数据库，它提供报表、存储和为高级分析任务提供数据的可行性。这些数据库为不同角色提供了不同的层级，例如开发者会访问元数据层，而某些层则供用户来输入数据。

in-database 技术着重于集成和融合分析系统及数据仓库。如前所述，传统数据仓库系统需要将信息导出到分析程序中，对数据运行复杂计算。in-database 处理则主张将数据处理下推到数据所在的位置，而不是将其复制到中央系统中并进行处理。这里，计算可以使用一个程序来完成，节省大量时间，否则这些时间会浪费在 ETL 任务中。如今，很多主要供应商，例如 Vertica、Teradata、Oracle、ExaSol、Accel 等，都在其产品中提供 in-database 功能。

in-database[9] 技术的诞生是为了解决传统分析处理的局限，即将数据从企业数据仓库中加载到分析引擎（SAS/SPSS 等），然后分析结果会发送给可视化工具（Tableau、MicroStrategy 等）供用户使用或进行可视化分析。首先，随着数据规模的增长，如同我们已经提到的，由于数据重复和其他因素，提取数据所需的时间会更长，成本也会更高。尽管提取时间（数据加载时间）可以通过增量提取数据的方式来减少，但是其他问题仍然存在。另一个主要障碍是分析的可扩展性受限于可以在某个特定时间点内保存在分析引擎中的数据的数量，这实际上意味着分析或系统的用户仅作用在小的数据集上，需要用大量的时间并处理可能过时的数据。最流行的统计语言 R 是与内存绑定的，意味着如果待分析的数据不能够放置到内存中，则该语言不能工作。对于小公司而言，这个问题不是主要的问题，但是对于具有大数据量的大公司，这个问题就不能无视了。由于复制数据时的人为错误或网络分区，数据的一致性也有可能被影响。当数据存储在企业的数据仓库中时，数据安全和数据管理是非常严格的，但是当数据从数据仓库移动到分析引擎时，安全性或管理方面可能会受到影响。

以将处理下推到数据为前提，in-database 技术就能够解决这些问题并提高性能。这一技术对于希望执行数据挖掘任务或处理大量数据、预测分析和探索分析的用户非常有帮助。已经有很多用例证明应用该技术不仅能提供先进的分析，而且还能提供基于分析的产品。

从 in-database 处理中受益的主要处理形式之一就是预测分析。简单说来，预测分析是指使用存储的数据来找出模式，或者预测在特定场景下将来可能会发生什么事情，例如你希望买的书，股市可能会怎样发展等。当分析程序利用数据库信息并试图预测趋势时，采用的正是预测分析。这不仅限于 in-database 处理，分析计算经常会涉及大量数据记录和多个数据字段，例如关键绩效指标（KPI）计算、数据聚合、模型评分、预测分析、时空分析和其他功能。它们可能会重复进行。通过使用 in-database 分析，这些处理可以更快地完成。

在新类型的部署中，分析引擎同数据仓库预先集成在一起。这样做的一个好处在于当今市场上的很多数据仓库遵从无共享架构，且具备大规模并行处理能力。我们可以对这种 MPP 能力加以利用。以 Teradata 数据库为例，通过与 SAS 的合作提供了 1000 多个分析函数，大力支持开源 R。

Teradata 与 SAS in-database 处理   将 SAS 作为 in-database 功能集成到 Teradata 的最简单方式是把 SAS 操作转换成 Teradata SQL。以标准 SAS 函数 Proc FREQ 为例，根据 SAS 文档："FREQ 过程产生一路或多路频度以及交叉表。"简单说来，这个函数计算频度表。如果 SAS 与 Teradata 集成起来，则 SAS 编译器会生成 SQL，在数据库中执行这一函数，而不是将数据从数据库中提取到 SAS 引擎里。因此，就不需要数据复制或移动。下面的图示范了不使用和使用 in-database 处理的执行之间的区别。如果 SAS 某些功能过于复杂，无法通过生成 SQL 语句来实现，则会通过用户定义的 C 函数来实现。这些扩展添加到嵌入 Teradata 的 SAS 库中（图 8-2 和图 8-3）。

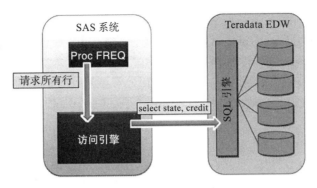

图 8-2　Teradata 中的 SAS 传统处理

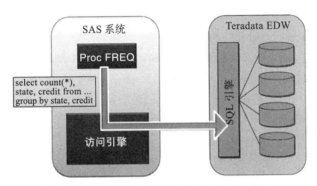

图 8-3　Teradata 和 SAS 的 in-database 方法

这些复杂函数的实例之一就是评分算法。这些函数会被转换为优化过的 C 代码。这些函数会完全并行分布到 Teradata RDBMS 的大规模并行处理架构中。

in-database 处理对于"大数据"问题以及其他能够从集中式、受监管的分析架构中大幅受益的其他问题非常有用。下面这些类型是适合于采用 in-database 的分析问题：

- 数据密集型计算，包括简单计算和复杂计算。在数据密集型计算中，会发生大量的数据移动，这将会在计算资源和网络资源方面产生巨大的成本。
- 周期性的计算，反复处理相同的数据。小数据反复移动的成本和大数据较低频率移动的成本类似。
- 跨功能分析。随着 DBMS 支持各种类型的数据，很容易进行跨功能边界进行分析。例如，具有客户个人数据以及应用程序访问日志的地理位置数据就是这种跨功能分析应用的一种形式。

这些 in-database 能力根据供应商的不同而有所区别，同时也根据不同的数据仓库或设备而有所区别。很多时候，供应商支持多种数据基础设施，有些功能是为这些供应商提供的，但还有一些是从专门的分析供应商收集而来。

8.2.1　架构

构成一个好的 in-database 分析平台的一些架构选择是：SQL 支持、高数据加载吞吐量、低延迟，此外还包括如下功能：

- 集成分析，例如机器学习、数据挖掘、数据评分、优化技术、统计技术等。
- 功能的可扩展性，可以通过用户定义函数、MapReduce 函数、MS SQL 服务器或 Oracle

服务器中的存储过程进行扩展。

- 扫描友好性和分区，通过使用较大的块大小来提高从磁盘读取数据的效率。通过消除没有被要求输入的部分来提高处理速度。
- 通过无共享架构提供内生的并行性，利用处理单元（CPU 处理器或 GPU）中的多个内核，有些供应商（例如 Greenplum、Netezza、Teradata）更进一步地使用定制数据传输协议，因为网络被认为是高性能计算中的瓶颈。
- 在处理很多分析工作负载时，列式数据存储是有利的，因为多数分析处理仅要求对记录中的某些列进行处理，不像事务处理中那样对整个记录进行处理。
- 数据压缩能够有效利用存储并节省 I/O。要记住不同的查询作用在使用不同压缩技术的不同数据上会具有不一样的性能。如果能够在解压时对数据进行处理会更好。这可以通过保序压缩技术来实现。
- 即便列式存储为某些分析工作负载提供了更好的性能，但它不是一种实际的解决方案。有些用例可能使用行式存储会更加有利。HANA 是首个既支持列式，也支持行式数据存储的数据库。
- 一些其他的架构特性包括：查询流水、结果集重用、查询优化、批量写入、只追加更新、无锁并发模型、并行数据加载、专门的负载节点（Teradata 的 Aster Data nCluster 专精于此）。

8.2.1.1　目标

in-database 处理的主要目标可以追溯到这些用户需求的演化：

- 更少的处理时间：通过将处理数据包含在数据库自身中，并且利用 MPP 和数据库的并行能力，数据处理所需的时间大幅减少。
- 高效的资源利用：由于数据库基础设施的目的不仅仅是提供数据，更多的工作通过现有基础设施完成，从而增加了有效利用。
- 更少的网络负载：由于数据在数据库本身处理，因此不需要通过网络移动大量数据，只需要发送解决方案和结果。这减少了网络的沉重负担。
- 实时分析：在传统 BI 系统中，数据被加载到分析引擎中。加载的数据可能是旧数据。但是在 in-database 分析中，所有分析处理都是在最新的数据上进行的。

8.2.2　优点和局限

　　in-database 分析的主要优点是减少数据访问和数据移动的延迟以及执行时间。企业使用 in-database 分析获得的优势是通过更快地出货到市场提高可获得性和准确性，通过提高生产率降低成本、提高产品的可利用性、重用现有硬件。数据检索和分析的速度得到倍增，而且由于数据不离开数据仓库，更加安全。分析现在可以规模扩展，而且可以容易地利用数据仓库提供的并行处理。

　　潜在的局限是提供的处理能力根据供应商的不同而有差别，这可能会导致供应商锁定。不同供应商提供的功能也存在差别。

8.2.3　代表性的系统

8.2.3.1　Teradata 数据库

Teradata 数据库是来自 Teradata 的数据仓库系统 [8]。Teradata 数据库遵从具有大规模并行处理能力（MPP）的无共享架构（即每个服务器节点具有其内存、处理和网络）。为了增加数据存储，你只需要增加更多的服务器。Teradata目前也支持非结构化数据和半结构化数据，如图 8-4所示。

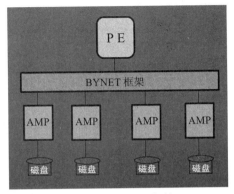

图 8-4　Teradata 架构

Teradata 架构中主要包含三个组件：PE（解析引擎）、AMP（访问模块处理器）和 BYNET。

解析引擎（PE）

这个组件的主要工作是控制用户会话并检查权限，编译并把将要执行的指令发送到 AMP。当用户登录到 Teradata 时，他们首先与 PE 连接。当用户提交查询、检查语法、优化代码时，创建一个计划并指示 AMP 为查询得到结果。PE 跟踪关于表模式、记录数量、AMP 活动数的一切。当进行计划时，PE 还会检查用户的访问权限。

访问模块处理器（AMP）

访问模块处理器是存储和获取数据的组件。AMP 接收来自 PE 的指令，而且 AMP 被设计为并行工作。数据被分割到 AMP 中，使得在工作内部进行划分成为可能。每个 AMP 只负责它自己的数据行，而且不能够相互访问数据行。

一旦请求得到了处理，必须将结果发送回客户端。由于数据行分布到多个 AMP 中，它们必须统一。这是通过消息传递层来完成的，每个 AMP 并行地对它们自己的数据行进行排序。

消息传递层（BYNET）

当组件分布到不同节点上时，每个节点间的相互高速通信就变得至关重要。为了支持此类通信，Teradata 使用 BYNET 互联。它是一种高速、双冗余、多路径信道。BYNET 的另一个令人吃惊的能力就是当系统中的节点数量增加时，带宽也随之增加。这是通过使用虚拟电路来实现的。双冗余有助于速度、带宽以及可用性。消息路由确保被传递。当发生故障时，互联会自动重新配置。

Teradata 致力于为用户提供本地功能扩展和利用 DBMS 并行性的能力，它的合作伙伴，例如 SAS 和 Fuzzy Logix 等分析公司，给它的平台带来了 in-database 分析能力。Teradata 开始为先进的分析处理提供高性能 R[10]。

8.2.3.2 MonetDB

MonetDB[6] 是一个开源的、面向列的 DBMS。它被设计为向大数据库的复杂查询提供高性能。这种数据库支持垂直分片的数据分布、加速查询执行的 CPU 调校、自动及自适应索引。它还使用了局部索引和数据排序。这种数据库兼容 ACID。它使用 Binary Association Table 来保存数据。每个 BAT 表中包含对象标识符以及值列，表示数据库中的一列。这种 DBMS 是专门为大量数据处理以及数据仓库环境而设计。数据通过 SQL、JDBS、ODBC 以及其他客户端进行查询，而且指令被转换为 BAT 代数。BAT 代数中的每个操作符对应一条 MonetDB 汇编语言指令。数据被分解为列式形式，类似增量更新和保持删除位置有助于延迟更新和创建低成本快照机制。每个内存保存在内存映射文件中。

MonetDB 以两种方式提供 in-database 处理能力：通过 C 语言预定义函数和通过 C 语言自定义函数。这些 UDF 不是运行在沙盒中，而是运行在系统空间里。

最近其他的扩展是在 SQL 函数内包装 R 代码。在 SQL 中包装 R 代码使得编译器能够知道 I/O 模式定义。这些 SQL 函数可以是表构建语句（FROM 子句）、选择子句或投影子句。

Exasol 公司的 Exapowerlytics 是企业级分析型 DBMS，它提供了接口，通过该接口可以开发用户定义脚本并保存到数据库中。这些脚本可以具有标量函数和 MapReduce 函数。这些函数可以直接用在 SQL 语句中，而且可以在集群中并行执行。该 DBMS 还可以用压缩的列式方式存储数据，而且是基于 MPP 架构（图 8-5）。

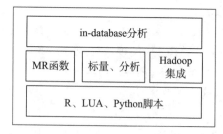

图 8-5   in-database 分析的 Fuzzy Logix 架构视图

8.2.3.3 Fuzzy Logic 的 DB Lytix

Fuzzy Logic 的 DB Lytix 是统计和分析函数库，可用于预测分析和各种其他分析中。在数据仓库内核中嵌入的有 C/C++ 函数。这些函数运行在数据仓库上，为用户提供一整套运行在数据库上的分析函数。几乎所有主要供应商都提供了这个库，例如 Teradata、HP 的 Vertica 和 Accel。

下面我们将注意力转移到其他类别的分析问题，例如实时分析、流处理、复杂事件处理。使用 in-database 分析并不能够解决所有问题，此时，就需要使用 in-memory 分析了。下一节中，我们将了解关于 in-memory 分析的知识。

8.3   in-memory 分析

当今世界，数据产生的速度极快，类型极多，规模极大。快速数据意味着大数据的 3V 特性中的 velocity（产生速度）部分。企业面临的最大挑战就是应对此类快速数据。快速数据的可用性带给我们无数的机会来获得洞见，提取智能，使得几乎所有事物变得智能，诸如智能产品、智能家居、智能城市等。处理此类数据的挑战在于传统 DBMS 系统太慢，而且不具备可扩展性，使得它们并不适合分析实时数据[12]。

在早期，商业分析中的数据主要是静态的，而且分析通常是在旧数据上完成的，而当今的数据大部分都是动态的。随着新的、复杂的用例出现，例如复杂事件处理、实时处理、重视将分析结果快速交付给业务用户、高效的即席分析、可视化分析等，底层存储和分析平台以更快的速度和效率运行分析成为必要的，而且还要减少内存成本，增加将数据存储从基于磁盘的系统移动到内存中的速度，并使用磁盘作为持久存储。内存，是指基于 DRAM 的主存，而不是基于 NAND 的闪存，尽管有些产品基于闪存，但仍声称自己是 in-memory 数据库。有些人甚至声称 in-memory 系统不是什么新奇的东西，只不过是将数据保存在内存中。这种说法在某种程度上是真实的，但考虑到基于磁盘的系统将数据保存在页面块中，这些页面块会加载到内存的缓冲池中，这种说法仍有严重缺陷。当新的数据被请求时，这些缓冲区会被交换到内存外。数据保存到磁盘上时，会进行索引和压缩。这个模型在基于磁盘的数据库系统上能够很好地工作，因为内存被假定为是有限的。当内存约束不存在时，例如基于内存的系统，这个模型就表现较差了。这改变了系统中数据访问和管理的方式。

in-memory 系统以随机方式促进了快速数据查询，与基于磁盘的系统不同，那些系统中的即席查询是通过顺序磁盘读取以及 DBMS 中的一些操纵来模拟的。通过 in-memory 方式，从多个数据源对详细数据进行加载变得可能，从而帮助企业通过基于多数据源的分析做出更快且更好的决策。这有助于提高这类决策的性能，整个分析系统的存储和处理都是在内存中完成的。这已经对数据存储模式产生了转变。数据不再通过表的形式来聚合存储，在分析系统中也不再需要采用多维数据集，由于具备了快速查询响应能力，多维数据集的创建以及聚合计算都可以完全避免 [13]。

人们预测 in-memory 是适合于未来的方式，而且 in-memory 数据库不仅受限于分析领域。它们也正在被用于事务工作负载，以促进实时事务。

8.3.1　架构

下面的表显示了市面上一些流行的 in-memory 分析解决方案 [11]。Microsoft Excel 曾经长期以来都是分析师和业务用户的基本分析工具。开展 in-memory 分析工作的最简单的方式是使用为 Excel 提供的 in-memory 加载项，这样无须依赖于 IT，也不需要多维的技术知识。这个加载项有助于将大量数据从特定后端数据管理系统加载到内存中。一旦数据位于内存中后，用户可以使用 Excel 来对获取的数据集进行在线过滤、分片和分块等。in-memory OLAP 也以类似的方式工作，数据首先加载到内存中，然后根据要求以更快的响应时间进行复杂计算，并且支持假设性分析。

in-memory 可视化分析集成了高性能可视化分析和 in-memory 数据库，为用户提供了快速查询数据和报表可视化的能力，构成交互式分析系统。in-memory 加速器是另一种作用于传统数据仓库的流行方式，它也提供了 in-memory 分析系统的优点。我们接下来将会看到现代企业数据架构，它与 Hadoop 结合，在实时分析和复杂事件分析中使用 in-memory 技术，在预测分析和探索分析中则同传统数据仓库结合。

in-memory 分析系统的目标是：

- 满足实时分析的需要。
- 执行更快的分析。

传统 BI 与 INMA 的区别：

in-memory 分析的类别（表 8-1）。

表 8-1　in-memory 分析的类别

种　类	描　述	优　点	缺　点	系　统
基于数据库的 in-memory 解决方案	整个数据都保存在内存中	快速查询和分析	尽管可以使用商用计算机来创建 in-memory 数据库集群，但仍受限于物理空间	VoltDB, Microsoft SQL Server 2014
		不需要建模		
		报表和分析很简单		
in-memory 电子表格	将电子表格像数组一样完整加载到内存中	由于整个电子表格位于内存中，因此报表、查询和分析的速度非常快	受到单个系统的物理空间的限制	Microsoft Power Pivot
		不需要建模		
		报表和分析非常简单，只需要对电子表格进行排序和过滤		

（续）

种　类	描　述	优　点	缺　点	系　统
in-memory OLAP。Classic MOLAP 多维数据集完全加载到内存中		由于整个模型和数据位于内存中，因此报表、查询和分析的速度非常快	需要传统多维数据建模	IBM Cognos TM1, actuate BIRT
		回写能力	受限于单个物理内存空间	
		可被第三方 MDX 工具访问		
in-memory 倒排索引	索引（及数据）被加载到内存中	由于整个索引位于内存中，因此报表、查询和分析的速度非常快	受限于物理内存	SAP Business-Objects（BI 加速器）
		与基于 OLAP 的解决方案比，所需的建模要求要少	仍要求一些索引建模	
			报表和分析受限于索引中构建的实体关系	

8.3.2　优点和局限

使用 in-memory 系统的一些优点如下所述：
- 正如我们在前面章节中提到的，大量数据的读取和移动变得成本非常高。因此计算引擎仅返回数据在共享内存中的保存位置，而不移动数据。
- 改进决策并提供易用性，使得业务用户能够不需要技术专长即可生成他们自己的报表。简化交互分析。
- 消除重复工作，减轻数据库的负担。
- 为即席分析提供更好的性能和准备。

这些系统受到系统内存的巨大影响。因此为了利用这一技术，需要具有硬件支持。很多主要竞争者都通过设备来实现其 in-memory 解决方案。简单来说，设备就是高度集成的硬件和软件平台。

在下一节中，我们将研究市面上可用的一些主要解决方案。请注意，in-database 处理和 in-memory 处理在目标上有所重叠。通常认为，将 in-database 处理和 in-memory 处理结合在一起会是理想的解决方案。我们将会对同时提供 in-database 处理和 in-memory 处理能力的解决方案单独进行介绍。

8.3.3　代表性的系统

8.3.3.1　SAP HANA 设备

SAP HANA[14] 是一种 in-memory 数据库，它同 HP 和 Dell 等合作伙伴一同将它作为设备来交付。这一解决方案同 SAP BW[15] 紧密集成。它是市场上唯一声称可以同时处理事务型和分析型工作负载的数据库。数据既按照列式表，也按照行式表来存储，使得它能够高效处理以上两种类型的工作负载。由于它作为设备来交付，软件和硬件被紧密集成，因此服务器的部署和管理非常容易。SAP HANA 以压缩格式保存数据，从而增加了数据库能够保存的数据的数量。数据加载是在数据更改时通过增量更新完成的。可以对数据进行分区，以增加性能及并行能力。如同我们已经介绍过的，数据库不存储任何聚集，因为它可以实时进行计算并非常快地进行响应。该系统的优点之一就是单一的数据存储可以同时用于事务型和分析型应用程序。当前的机构中有一些用例是将分析决策同常规应用程序集成在一起，例如推荐引擎或个性化新闻推送等。

    未来，SAP 会将其核心产品 ERP 同 HANA 集成，为实时事务应用开辟道路。目前，这消除了对分析型处理中专用于事务型工作负载的数据库的使用，节省了时间和精力。

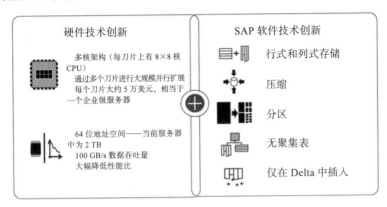

图 8-6   SAP HANA 的特性

8.3.3.2   VoltDB

    VoltDB 是一种 New-SQL 数据库，用于开发数据密集型应用程序，作用于流数据、快速数据和实时分析，也能够同我们熟悉的工具一同使用，例如 SQL 和 json。使用 Java 和 SQL开发的 VoltDB 应用程序使用 JDBC 和 ODBC。不像很多 NoSQL 数据库为了一致性放弃耐久性，VoltBD 是持久的，而且可以从硬件和网络故障中透明地恢复。VoltDB 的一个显著特点是它提供完全的数据一致性，同时具有弹性和线性可扩展性。事实上，VoltDB 是兼容ACID 的。

8.3.3.3   用于 DB2 的 BLU

    具有 BLU Acceleration[16] 的 IBM DB2 利用动态 in-memory 列式存储技术。类似哪些表需要存储在内存中之类的内存管理决策过于复杂和动态，使得数据库管理员（DBA）无法手工完成它们。多数情况下，DBA 的手工决策会导致次优的内存配置，导致性能不理想。in-memory 计算平台应当在启动时消除内存配置决策，从而能够尽快完成启动。

    BLU 主要聚焦于两点，使用动态管理技术确保事务、分析和其他类型工作负载之间的公平的内存资源。BLU 是 IBM DB2 的一部分，IBM DB2 和其他列式数据库类似，在表的连接等操作时采取了大量优化。受限于可扩展性因素及成本，IBM BLU 目前是单服务器解决方案。

    BLU 技术的一些亮点是：

- 流水线式查询，使得数据扫描可以在查询间共享。
- 数据略过以减少 I/O 负担，以及基于 SIMD 的向量化，在 Intel 和 Power 处理器上均可工作。
- 概率缓存和自动工作负载管理，有助于在内存中存储频繁更新的数据，并覆盖每个内核的最大查询数，以解决争用问题。
- 同其他列式数据库一样，它用自动选择的各种策略进行压缩。压缩期间会保持数据的顺序，从而使得进行范围查询变为可能。
- 由于列式存储导致的开销可以通过提交约 1000 个记录的数据块来逐步弥补，而且因为多数查询都是只读的，因此可以从未提交的数据中直接读取。列式表格已经采用了单独格式的日志。

- BLU 的主要功能是将数据从数据库（在内存中或在磁盘上）中导入导出。SQL 操作是首先异步发送到磁盘，LOAD 操作是一个批量操作。查询的语法同早期版本的 DB2 兼容。

8.3.3.4　Kognitio 分析平台

Kognitio[17] 是一款 in-memory 分析平台，具有高性能、可扩展、为分析进行优化等特点。它采用了大规模并行处理架构，能够将廉价、商用服务器阵列聚合为一个强大的分析引擎，具有大量处理能力。通过将感兴趣的数据都保存在内存中，MPP 架构的 Kognitio 可以有效使用阵列中每个处理器的每个内核，使它能够快速回应个别的或多个查询，以支持"连串的念头"（train of thought）的处理，使用 Hadoop 来提供大量数据的获取和存储。Kognitio 担当了高性能分析缓存。将 Data feeds 从运营系统中提取到 Hadoop 中并进行处理，而且数据集以外部表的形式可供 Kognitio 进行分析。紧密集成技术之间的高速数据传输使得这个平台非常适合于交互式分析。这项技术与 in-database 处理的方向相反，主张将数据存储（即 Hadoop）与数据分析分离开来（图 8-7）。

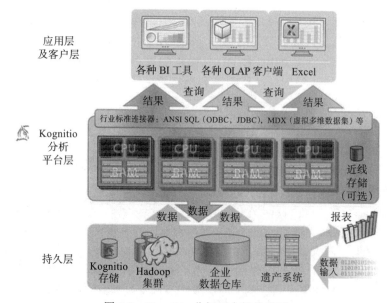

图 8-7　Kognitio 分析平台架构概览

其他属于 in-memory 类别的主要产品包括 Oracle in-memory database、Pivotal Gemfire、TIBCO、memsql 和 Microsoft SQL server 2014 等。实际上，IBM BLU 和 Microsoft in-memory 技术是混合型的，因为它们仍将一些数据保存在磁盘上，将经常访问的数据移动到内存中。SQL server 将数据变化写入日志中，如果发生掉电等情况，可用于检索数据。

2014 年年初，Gartner[4] 创造了 HTAP 这一术语来描述新时代的 in-memory 数据系统，这些系统既能进行在线分析处理（OLAP），也能进行在线事务处理（OLTP）。HTAP 依赖于更新的、更强大的、多为分布式的处理：有时候会涉及新的硬件"设备"，而且几乎总是要求新的软件平台。因此，数据复制和新的事务信息不再是分析模型的一部分，反之亦然。

8.4　分析设备

　　由于工作负载的大小和复杂性给分析应用程序带来了极大的担忧，即便有了 in-memory 和 in-database 技术，硬件优化对于满足当前和将来的性能要求仍然是至关重要的。这种优化不仅改善效率和性能，它还能够简化维护和可扩展性。这就是为何许多公司希望通过有效地混合软件与硬件来增强其分析基础设施。例如，Google 使用搜索设备来为数百万的用户提供 Google 搜索服务。由于软件、硬件和操作系统紧密集成，因此该设备能够提供更好的性能。市场上一些著名的分析设备包括 Oracle Exadata、IBM Netezza 和 Teradata Aster 设备。为了理解分析设备的使用，需要注意的是范型的转变影响了组织的信息管理需求。为什么存在对设备的需求？为了回答这个问题，我们需要重新审视用户对 IT 需求的变化。传统的服务器纵向扩展或最近的横向扩展不能够很好地跟上处理和分析的需求。分析设备能够提供更高的性能，无论是通过 in-memory 架构还是通过并行处理。例如，IBM 和 Teradata 的解决方案是基于大规模并行处理架构，而 Oracle 和 SAP 的解决方案是基于 in-memory 分析设备。

　　其次，企业已经意识到业务价值的更快交付意义重大。使用分析设备，研究、设置和优化基础设施所需要的时间能够大幅减少。到目前为止，有很多中端市场（mid-market）解决方案，例如 Microsoft Parallel Data Warehouse（HP 和 DELL 提供硬件）以及 IBM Smart Analytic，它们可用于预算有限的用户。回到最初的问题，为什么人们会选择投资于分析设备，而不是性能呢？首先是分析设备易于使用和搭建。设备是预先设置好的、优化的硬件和软件解决方案，这将会节省大量部署所需的需求收集时间。另外，分析设备的技术支持和故障排除很简单，由于软件和硬件封装在一起，支持模型相对更简单。

　　我们已经介绍过作为设备来交付的 Teradata 和 SAP HANA，接下来将简要介绍另外两种设备。

8.4.1　Oracle Exalytics

　　Oracle Exalytics[19] 是来自 Oracle 的 in-memory 分析设备。它包含 Oracle 的 TimesTen in-memory 数据库以及 Oracle Business Intelligence 基础套件。这个系统具有数 TB 的内存以及使用 SAN 扩展的基于闪存的存储。系统可用于 Oracle Enterprise Linux 和 Oracle Solaris 上。对于高可用服务器，Exalytics 机器被配置为 active-active 模式或 active-passive 模式。

　　Oracle TimesTen in-memory 数据库是一个具有持久性的关系数据库，它提供了 SQL 接口，因此不需要改变遗留应用程序。它还支持列式压缩以减少内存占用。TimesTen 数据库支持星形连接优化以及对非主键的哈希索引。

　　Oracle Exalytics 具有全套的管理、可视化、自动优化设置和数据读取功能，并且可以被配置为与 Oracle Exadata 一同工作，该设备专门用于分析型和事务型工作负载。

8.4.2　IBM Netezza

　　IBM Netezza[18] 将处理、存储、数据库集成到一个紧凑的系统中，且该系统为分析处理和可扩展性进行了优化。Netezza 遵从的一些原则包括：将处理带到数据附近、大规模并行架构、灵活配置和可扩展性。

　　Netezza 是一个数据仓库设备。它利用非对称大规模处理（AMPP）架构。AMPP 架构 SMP 前端使用共享 MPP 支持查询处理。另一个关键特性是每个处理单元运行在多个数据流上，同时尽可能早地过滤掉处理流水线中的多余数据。

Netezza 有四个主要组件：

Netezza Hosts 这些是前端 SMP 主机，它们运行高性能 Linux，采用 active-passive 配置以具备高可用性。处于主动状态的主机同外部应用程序和工具连接，例如 BI、仪表盘等。这些主机接收来自客户端的 SQL 查询，这些查询被编译为可执行的代码片段，被称作 snippet。每个 snippet 由两个元素组成：一组用于配置 FAST 引擎的 FPGA 参数，被单个 CPU 内核执行的编译后代码。然后会创建优化后的查询计划，并将它分配给 MPP 节点来执行（图 8-8）。

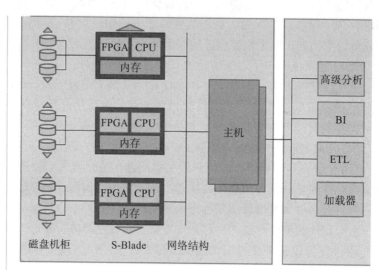

图 8-8　IBM Netezza 架构

FPGA FPGA 在减少数据读取方面起着重要的作用。它们将数据流水线中不希望出现的数据尽可能早地过滤掉。这个过程有助于减少 I/O 负载并释放可能被多余数据占用的 CPU、网络和内存。

这些 FPGA 都有嵌入式引擎，用来对数据流进行数据过滤和数据转换功能。这些引擎被称作 FAST 引擎。这些引擎可以动态重新配置，使得人们可以通过软件来修改或扩展它们。它们通过查询执行中提供的参数为每个 snippet 定制。这些引擎作用于直接内存访问（DMA）模块以非常高的速度提供的数据流上。

Snippet Blade（S-Blade） S-Blade 是在 Netezza 设备中构成 MPP 引擎的工作节点或智能处理节点。每个 S-Blade 是一个独立的服务器节点，包含数 GB 的 RAM、高性能多核 CPU、多引擎 FPGA。

磁盘机柜 磁盘机柜是 Netezza 设备中的持久存储。它们包含高性能、高密度的磁盘。每个磁盘仅包含数据库表数据的一部分。数据分布通过主机使用一些随机分配或基于哈希的分配来完成。这些机柜通过高速互联连接到 S-engine。

数据被压缩并缓存到内存中，确保最经常访问的数据能够从内存中提供，而不是从磁盘中提供。FPGA 内并行运行的 FAST 引擎以物理速度解压并过滤 95%～98% 的表数据，只保留响应查询所需的数据。数据流中留下的数据由 CPU 内核并发处理，也是并行执行的。通过这些优化以及对 FPGA 的巧妙使用，Netezza 提供更高的性能，成为分析设备市场中的顶尖产品之一。

我们已经看到了当今在分析领域中能够解决组织面临的问题的不同技术。如果希望进行深入研究，可以参阅"进一步阅读"部分给出的文献。

8.5　结论

在本章中，我们已经看到了事务型工作负载和分析型工作负载之间的区别。事务型工作负载简短、离散、主要是原子操作，而分析型工作负载要求数据和计算的整体视图，通常更加复杂，且是数据密集的。然后我们研究了 in-database 处理，它是基于将处理移动到距离数据更近的地方。如何在 SQL 语句、用户定义函数、嵌入式库函数中实现它呢？我们已经看到了 Teradata、Fuzzy Logix、MonetDB 以及一些其他产品如何提供这些处理能力。

然后我们了解了这一解决方法（即实时分析和流分析）的局限。in-memory 系统的动机是将所有数据保存在内存中。通过使用智能内存交换和数据加载技术，in-memory 数据库能够提供高性能。我们介绍了本类系统的主要竞争者，SAP HANA 同时支持分析型和事务型工作负载，VoltDB 是兼容 ACID 的 NewSQL 数据库，还介绍了 Kognitio in-memory 分析平台及其架构。

接下来，我们指出了由于基础设施上的复杂工作负载以及用户期望所带来的挑战。设备是预先集成的软件和硬件，它能够减少所需的部署时间和管理工作，同时给用户提供了高性能。IBM Netezza 是分析型设备的最大供应商之一。Netezza 使用非对称大规模并行处理架构。它是基于无共享架构，并使用 FPGA 进行高速数据过滤和处理，提供高性能 I/O 和处理。

至此，本章结束。后续的学习资源部分给出了更多值得研究的细节。

8.6　习题

1. 写一些关于传统分析平台的内容。
2. 简要介绍分析的发展。
3. 解释分析型工作负载和事务型工作负载之间的区别，这些区别对系统架构有什么样的影响？
4. 传统分析平台的问题和局限有哪些？
5. 什么时候适合使用 in-database 处理？
6. 什么是 in-database 处理？它的实现方式有哪些？
7. 简要写出传统平台与 in-database 处理平台之间在架构上的区别。
8. 写出使用 in-database 处理的一个用例。
9. 什么是 in-memory 分析？
10. in-memory 分析同 in-database 分析有何不同？
11. 使用 in-memory 来加速分析的方法都有哪些？
12. 支持分析的 in-memory 数据存储的架构特征是什么？
13. in-memory 分析同 in-database 分析的区别是什么？
14. 哪些因素导致了 in-memory 分析的出现？
15. in-memory 分析的优势和局限是什么？
16. 写出可以使用 in-memory 分析的一个用例。
17. 写出 in-memory 数据库程序的架构。

参考文献

1. Chaudhuri S, Dayal U (1997) An overview of data warehousing and OLAP technology. ACM Sigmod Rec 26(1):65–74
2. Inmon WH (2005) Building the data warehouse. Wiley, New York
3. Chen H, Chiang RH, Storey VC (2012) Business intelligence and analytics: from big data to big impact. MIS Q 36(4):1165–1188
4. Russom P (2011) Big data analytics. TDWI Best Practices Report, Fourth Quarter
5. Taylor J (2013) In-database analytics
6. Nes SIFGN, Kersten SMSMM (2012) Monet DB: two decades of research in column-oriented database architectures. Data Eng 40
7. Chaudhuri S, Dayal U, Narasayya V (2011) An overview of BI technology. Commun ACM 54(8):88–98
8. Teradata. (n.d.) Retrieved January 5, 2015, from http://www.teradata.com
9. Dinsmore T (2012). Leverage the in-database capabilities of analytic software. Retrieved September 5, 2015, from http://thomaswdinsmore.com/2012/11/21/leverage-the-in-database-capabilities-ofanalytic-software/
10. Inchiosa M (2015) In-database analytics deep dive with teradata and revolution. Lecture conducted from Revolution Analytics, SAP Software & Solutions|Technology & Business Applications. Retrieved January 5, 2015
11. Plattner H, Zeier A (2012) In-memory data management: technology and applications. Springer Science & Business Media, Berlin
12. Plattner H (2009) A common database approach for OLTP and OLAP using an in-memory column database. In: Proceedings of the 2009 ACM SIGMOD international conference on management of data. ACM, New York, pp 1–2
13. Acker O, Gröne F, Blockus A, Bange C (2011) In-memory analytics–strategies for real-time CRM. J Database Market Cust Strateg Manage 18(2):129–136
14. Färber F, May N, Lehner W, Große P, Müller I, Rauhe H, Dees J (2012) The HANA database–an architecture overview. IEEE Data Eng Bull 35(1):28–33
15. SAP Software & Solutions | Technology & Business Applications. Retrieved January 5, 2015
16. Raman V, Attaluri G, Barber R, Chainani N, Kalmuk D, KulandaiSamy V, Lightstone S, Liu S, Schiefer B, Sharpe D, Storm A, Zhang L (2013) DB2 with BLU acceleration: so much more than just a column store. Proceedings of the VLDB Endowment 6(11):1080–1091
17. Konitio. Retrieved January 5, 2015.
18. Francisco P (2011) The Netezza data appliance architecture: a platform for high performance data warehousing and analytics. IBM Redbooks
19. GLIGOR G, Teodoru S (2011) Oracle Exalytics: engineered for speed-of-thought analytics. Database Syst J 2(4):3–8

进一步阅读

Kimball R, Ross M (2002) The data warehouse toolkit: the complete guide to dimensional modelling. Wiley, [Nachdr]. New York [ua]
Nowak RM (2014) Polyglot programming in applications used for genetic data analysis. BioMed Research International, 2014

第 9 章

大数据 / 快速数据分析中的高性能集成系统、数据库和数据仓库

9.1 引言

通过发现（偶然的或基于需要的深入、协作的调查）、新的发明以及数据驱动的洞见获得的知识进步已经成为显著和系统地提高人类生活质量的重要组成部分。认识事件、物体和事实之间未知的联系和关系，为几乎所有具体领域得到许多值得称道的进展奠定了令人振奋且可持续的基础，这些领域包括生命科学、金融服务、电子和通信、国土安全以及政府运营。新的发现无疑给个人、机构以及创新者带来巨大的价值，同时还提高了关照、选择、舒适和方便。其中一个非常著名的因素就是新的发现确保了人身与财产的安全。比如，治疗致命疾病（如癌症）的新药，在给研发新药物的公司带来了数十亿美元的收益的同时，也拯救了世界各地的人们的生命。人类的进取心和好奇心孜孜不倦地探索着增加和维持收益的新方法，这是我们社会中的一个不争的事实。

近年来，数据的地位已经提高到了一种战略资源的程度，而且对任何充满信心的机构来说，用数据驱动的洞见代替直觉是非常必要的。现在，这个大数据和快速数据的时代召唤着我们，并且在不断地积累和适应多结构数据。从这些海量数据中系统地提取出具有可行性的洞见能够获得巨大的动力，目的是为未来更智能的世界得出更具决定性的启发与决心。

发现产生在研究人员高喊"找到了！"的时候，敏锐的洞见导致新想法的形成，该想法被现实世界中的特定观察所验证。借助数据虚拟化、分析、挖掘、处理以及可视化平台，数据尤其是大数据和快速数据可以在这两个阶段提供协助。简而言之，应用数据分析和信息可视化处理与产品有助于改变游戏规则的发现以及它们的后续验证。然而，借助当前的数据管理技术、平台和工具，弄清楚大数据和快速数据并不是一件容易的事。在本章中，我们将深入描述新兴融合与集成系统如何与最新的传统 SQL 数据库和最近的 NoSQL、NewSQL 数据库结合，以简化产生及时可靠洞见的复杂任务。确切地说，未来将逐渐是一个数据驱动的世界。数据的主要来源和类型包括：

- 商业交易、交互、运营、分析数据。
- 系统和应用基础设施（计算、存储、网络、应用、Web 以及数据库服务器等）和日志文件。
- 社交和人的数据。

- 顾客、产品、销售以及其他商业数据。
- 机器与传感器数据。
- 科学实验与观察数据（遗传学、粒子物理学、气候模拟、药物研发等）。

大数据和快速数据分析学科取得的进步，使得 IT 团队能够为整个人类社会设计并交付下列复杂且同步的服务：

- 洞见驱动、自适应、实时和现实世界服务。
- 以人为中心的有形服务。
- 情境感知应用程序。

简言之，这一切都是为了实现智慧地球的愿景。本章主要是为了给出以商业为中心的高性能大数据分析的视图。读者会看到高性能大数据分析的主要应用领域和用例，还将了解全心全意接受这一新范型的迫切需要和原因。新兴的用例包括使用传感器数据等实时数据来检测工厂和机械中的任何异常，以及对一定时期内收集的传感器数据进行批处理，以便对工厂和机械进行故障分析。

9.2　下一代 IT 基础设施和平台的关键特征

分析型工作负载、平台以及基础设施被要求拥有额外的实质与持久力，以便能够很好地支持新兴的知识型服务。如前所述，分析在从大量多结构数据中快速获取洞见的过程中起着不可或缺的作用。这种业务关键应用程序要求的基础设施通常是运行高端交易和运营系统的基础设施。可用性、可扩展性和性能是主要的系统参数。分析系统必须节省成本提高成效，并且即使当用户和数据需求发生波动时，也能够确保相同的性能。由于数据负载高度可变，能够应对各种情况的系统资源弹性是最重要的。为了满足这种关键需求，人们规定了多种自动扩展的方法。为了获得最初设想的收益，无论是基础设施还是应用程序，在设计和开发时都需要具有内在的可扩展性。

云管理软件解决方案与负载均衡器一同提供了自动扩展。随着 NoSQL 数据库的采用，数据库的横向扩展（向外扩展）得到了一个美好的发展机会。同样，为了及时获取洞见并及时采取行动，系统可用性非常重要。除了上述提到的服务质量（QoS）属性及非功能性需求（NFR），未来 IT 基础设施备受期待的卓越品质还包括即刻激活与运行 IT 基础设施；系统地赋予它们在运行与产出中主动、先发以及适应的能力；精心使它们高效地交付以实现自助 IT 的战略目标；通过软件控制使它们是可扩展的、可持续的、可消耗的、可组合的。IT 应该在幕后默默地且聪敏地工作，从而实现上述目标。

在随后的章节中，我们会介绍最先进的基础设施和端到端平台。在稍后的部分，我们将对发生在数据管理方面的可喜的变化进行描述。主要包括分析型、集群型、分布式以及并行 SQL 数据库，以及最近为了简化数据存储而提出的 NoSQL 和 NewSQL 数据库。下面，我们将首先简要介绍大数据时代的集成系统。

9.3　用于大数据 / 快速数据分析的集成系统

有多种类型的集成系统用于大数据分析，包括融合基础设施（CI）解决方案、专业集成系统、数据仓库与大数据设备以及专门设计的系统。让我们通过对大数据分析的超大规模设备的简介来开始我们的讨论。

9.3.1   用于大数据分析的 Urika-GD 设备

根据关系模型建立的传统商业智能（BI）工具是高度优化的，可以从运营系统或数据仓库生成明确的报告。它们要求数据模型的开发是为了回答特定的商业问题，但是明确的模型限制了问题的类型。然而，发现是一个迭代的过程，其中一行查询可能会导致以前从未预料到的问题，这可能也会要求加载新的数据资源。对 IT 专业人士来说，接受这些任务的工作量会非常大。

图分析非常适合面对这些挑战。图能显式地表示实体以及它们之间的关系，大大地简化了新的关系与新的数据源的添加，并支持高效的即席查询和分析。针对多兆字节图的复杂查询的实时响应也可以实现。图提供了灵活的数据模型，因此大大地简化了新的关系类型和新的数据资源的添加。任何从多结构数据中提取出的关系都能很容易在同一个图中表示。图没有固定的模式，因此对可表示的查询的类型没有限制。图也支持高级分析技术，例如社区发现、路径分析、聚类等。简而言之，只要硬件和软件适合于任务，图分析就可以提供可预测的实时性能。因此，图分析适合于从大数据中发掘新的发现。借助工业标准 RDF 和 SPARQL，图分析数据库提供了一套广泛的定义和查询图的功能集。这些标准被广泛应用于图的存储以及对它们进行分析。考虑到图的多样性，图分析要求最先进的设备。

- 探索性分析[1]要求实时响应——其规模与性能需要多处理器解决方案。
- 图很难进行分区——需要较大且可共享的内存来避免对图进行分区的需要。不管使用何种模式，在集群中对图进行划分都将导致图中的边会跨越集群节点。如果跨越集群节点的边的数量较多，那么网络延迟就会导致较高的数据延迟。鉴于图的高度互联的性质，如果将整个图保存在充分大的共享内存中，用户就会获得明显的处理优势。
- 图是不可预测的，因此会导致缓存无效——需要使用定制的图处理器来应对内存速度与处理器速度之间的不匹配。分析大型图中的关系需要检查多种竞争的替代方案。这些内存访问具有很强的数据依赖性，无法应用传统性能改进技术，例如预取和高速缓存。鉴于 RAM 内存比处理器慢 100 倍，并且图分析中包括大量对替代方案的探索，因此多数时间处理器会空闲，等待数据的传输。Cray 提出一种硬件多线程技术来帮助缓解这类问题。线程可以探索不同的替代方案，而且每一个线程都有自己的内存访问。只要处理器能支撑足够数量的硬件线程，它就可以保持忙碌状态。鉴于图形拥有较高不确定性的性质，大规模多线程架构能实现巨大的性能优势。
- 图是高度动态的——为实现快速加载，需要具有高性能可扩展的 I/O 系统。探索性的图分析涉及检查多个数据集之间的关系与相关性，因此，要求将许多经常变化的大数据集加载到内存中。I/O 系统的缓慢速度（比 CPU 慢 1000 倍）会影响图的加载和修改所需的时间。

这些要求推动了 Urika-GD 系统的硬件设计，并产生了被证明为可以为复杂的数据探索应用程序提供实时性能的平台。Cray 的 Urika-GD 设备是一个异构系统，包括 Urika-GD 设备服务节点和图加速器节点，这些节点通过高性能互联结构连接以完成数据交换。图加速器节点（"加速器节点"）利用特制的 Treadstorm 处理器，能够为图分析应用程序提供比传统微处理器高几个数量级的性能。加速器节点共享内存，并运行一个名为 MTK（multithreaded kernel）的操作系统实例，该操作系统是基于 UNIX 的，并且针对计算进行了优化。

Urika-GD 的设备服务节点（"服务节点"）是基于 x86 处理器的，提供 I/O、设备及数据库管理。由于该设备支持增加多个 I/O 节点，因此能够支持更大的 Urika-GD 设备的连接扩展及管理功能。每个服务节点运行一个全功能 Linux 操作系统的实例。互联结构被设计为从任何处理器都能对系统内的任意位置的内存进行高速访问，同时能够扩展为更大数量的处理器和内存容量。Urika-GD 系统架构能灵活地扩展到 8192 个图加速处理器和 512 TB 的共享内存。随着数据分析的需要以及数据集规模的增长，Urika-GD 系统可以逐步扩展到这一最大规模。

Cray 的 Urika-GD 设备的构建是为了满足这些要求，从而平滑地进行探索型分析。借助世界上最具扩展性的共享内存架构，Urika-GD 设备采用图分析来从大数据中发现未知的联系和不明显的模式，它能够快速简洁地完成工作，促进各种突破。Urika-GD 设备通过承担挑战性的数据探索应用来同现有的数据仓库和 Hadhoop 集群进行互补。

9.3.2 IBM PureData System for Analytics

IBM PureData System for Analytics（PDA）是一个能对巨大数据量进行分析的高性能、可扩展的大规模并行系统。这个系统由 Netezza 技术提供支持，为针对大数据量进行复杂分析而专门设计，比传统解决方案在速度上快一个数量级。PureData System for Analytics 提供业务所需的可靠性能、可扩展性、灵活性和简单性。该设备在方便使用的数据仓库（DW）设备内进行大规模的并行分析。它运行以前不可能的或不实用的商业智能（BI）和高级分析。IBM PureData System for Analytics 是特制的、基于标准的数据仓库和分析设备，它在架构上艺术地将数据库、服务器、存储器以及高级分析功能集成到一个易于管理的系统之中。它被设计为可以快速、深入地分析 PB 级的数据量。

PureData System 之所以具有超过其他分析工具几个数量级的性能优势，得益于它独特的非对称大规模并行处理（AMPP）架构，该架构将 IBM 刀片服务器和磁盘存储器与使用 FPGA 的 IBM 专有的数据过滤器组合在一起。这一组合在分析工作负载上提供了快速查询性能，支持数万个 BI 和数据仓库用户，并以极高的速度进行复杂分析，并具有 PB 级的可扩展性。

PureData System for Analytics 通过将所有的分析活动合并到数据所在位置，大幅简化了分析。通过对 PMML4.0 模型的固有支持，数据建模人员和量化团队可以直接在设备中对数据进行操作，而不必将其放置到单独的基础设施并进行相应的数据预处理、转换和移动。数据科学家们能利用所有的企业数据进行建模，并通过遍历不同的模型来更加快速地找到最合适的模型。一旦模型建立完毕，就可以在设备中针对相关数据无缝地运行模型。可以根据需要，在数据所在位置在进行其他处理的同时进行预测和评分。用户可以近乎实时地得到预测分数，从而帮助在整个企业中实施高级分析。

作为一种设备，它已经完成了硬件、软件和存储的集成，从而为商业智能和分析措施缩短了部署周期和业界领先的价值实现时间（time to value）。该设备一经交付，就可以立即进行数据加载和查询执行，并可以通过标准 ODBC、JDBC 和 OLE DB 接口与先进的 ETL、BI 和分析应用程序集成。所有组件都是内部冗余的，因此从该设备插入数据中心之时开始，一个处理节点（S-Blade）发生故障不会导致显著的性能降级，从而构建起一个健壮的运营环境。

9.3.3　Oracle Exadata Database Machine

如今，由于其独特的功能和优势，设备的受欢迎程度正在飙升，IT 硬件基础设施解决方案的所有主要厂家都加入了设备的潮流当中。根据 Oracle 网站上提供的信息，最近发布的 Exadata X5 设备是能够运行 Oracle 数据库的高性能、高性价比且高可用的平台。Exadata 是一种现代化的架构，其特点主要包括向外扩展的行业标准数据库服务器、向外扩展的智能存储服务器、最先进的 PCI 闪存服务器，以及将所有服务器和存储连接在一起的高速 InfiniBand 内部网络。Exadata 的独特软件算法在存储、基于 PCI 的闪存和 InfiniBand 网络中实现数据库智能，以更低的成本提供所需的高性能和容量。Exadata 运行所有类型的数据库工作负载，包括联机事务处理（OLTP）、数据仓库（DW）、in-memory 分析和混合工作负载的整合。

Exadata Database Machine 是一个易于部署的系统，它包含了顺畅运行 Oracle 数据库所需的所有硬件。数据库服务器、存储服务器和网络都已经由 Oracle 专家配置、调优和测试过，从而消除了部署高性能系统通常所需的数周或数月的工作。广泛的端到端测试确保所有封装的组件能够按照最初的设想一起工作，并且没有能够扩散到整个系统并导致系统失效的性能瓶颈或单点故障。设备制造商通常与软件供应商紧密联系，并能够快速运行他们的应用程序。例如，SAS 中有一个高性能分析应用程序，通过与 Oracle 产品和解决方案的合作，SAS 应用程序很容易地以即插即用方式进行部署和交付。也就是说，SAS 高性能分析能够有效地在 Oracle 大数据设备和 Exadata 机器上运行。使用 SAS 应用程序的企业可以通过这种紧密集成获得很多收益。也就是说，高性能的业务分析正在通过较少的系统配置和管理时间来实现。价值实现时间以一种可负担、自动化的方式加速。

9.3.4　Teradata 数据仓库和大数据设备

Teradata 主要提供了两种设备。第一个是数据仓库设备，另一个是集成的大数据平台。Teradata 通过实现不同功能的高性能设备、一系列持续的创新、为解决商业关键问题提供更新的解决方案，成为人们关注的焦点。Teradata 的设备有效地提供了充分的分析功能，为特定工作负载带来了巨大的商业价值。

数据仓库设备　数据仓库设备是一个完全集成的系统，专门用于集成数据仓库。该产品具有 Teradata 数据库、采用双 Intel 十二核 Ivy Bridge 处理器的 Teradata 平台、SUSE Linux 操作系统和企业级存储，这些全部预装在节能的装置中。这意味着可以在短短几个小时内启动并快速运行系统，因此具有非常快的价值实现时间。该设备易于设置，用户只需几个简单的步骤就可以提交查询。与之前的产品相比，该设备提供了三倍的系统级性能改善。每个节点最多支持 512 GB 的内存，每个机柜最多可支持 4 TB 内存。它使用 Teradata Intelligent Memory 来为用户提供对热门数据的快速访问，并以一种对数据仓储有用的方式提供 in-memory 级别的性能。为了获得最高性能和最快的查询响应时间，设备还利用了 Teradata 列式技术。通过这一来自 Teradata 的企业级平台，客户可以构建集成的数据仓库，并随着需求的扩展而对数据仓库进行扩充。该设备的创新设计为快速扫描和深度解析型分析进行了优化。它的基于软件的、无共享的架构始终提供并行性，因此即使是最难、最复杂的查询也能很快完成。

集成的大数据平台　集成的大数据平台是将业务分析以可负担的成本应用于大量详细关系型数据的主要平台。根据 Teradata 在主页上发布的宣传册，这是一个支持敏捷分析的环境，具有惊人的快速并行处理能力、处理大量数据的可扩展性和丰富的 in-database 分析能力。Teradata 提供了一套完整的 in-database 分析，利用数据库的速度并消除耗时且代价高昂的数据移动。分析范围从数据挖掘、地理空间、时间和预测建模到新兴的开源技术、大数据集成和开发环境。该设备提供了一流的 SQL 引擎，具有突破性的每 TB 的价格，可以同其他大数据技术竞争。它是专门为经济高效地分析非常大量的详细数据而构建的，最多可支持 234 PB 未压缩数据，能够获得深入的、战略性的情报。现在，客户可以将他们的所有数据保存在 Teradata 设备中，而且格式和模式与之前相同，因为不需要根据存储限制来采样或丢弃数据。客户还可以选择以低成本高收益的方式为其 IDW（集成数据仓库）保存一份副本，该副本可以用于灾难恢复，也能够在高峰期间承担部分工作负载。该设备使 Teradata 数据库能够分析大量的关系型数据，并且能够保存一些冷门的数据或用于来自 IDW 的特定工作负载。对于习惯了 Teradata 提供的所有性能、支持、特性、易用性和强大的分析工具的组织来说，这个设备非常理想。Hadoop 更适合于存储原始的、多结构的数据，进行简单的清理和转换，以及非关系型、非 SQL 处理。

为了提供快速、迭代数据挖掘的优化分析环境，该设备结合了大型分析技术，如 Hadoop、MapReduce、图、模式和路径分析，其生态系统适合于 BI 和 ETL 工具、业务友好的 ANSI 标准 SQL、开源 R、预构建的 MapReduce 分析和成熟的企业级系统管理解决方案。它是一个硬件软件紧耦合的解决方案，其中包含 Teradata Aster Database 和处理结构化、非结构化和半结构化数据的 Apache Hadoop。

9.4 大数据分析的融合式基础设施

融合式基础设施（CI）将计算、网络和存储组件集成到由供应商设计、制造和支持的单一而有凝聚力的系统中。因此，任何 CI 中的统一和同步都使得它更受企业欢迎，因为能够降低成本并加速价值实现时间。在理想的情况下，这些完全集成的、预先测试和调优的、供应商交付的 CI 能够极大地减轻 IT 经理和管理员的管理负担。融合式基础设施是现成的、关键的 IT 解决方案，可以在几分钟内启动并运行，而不是数小时或数日。通过完全改变系统的设计、部署、优化、维护、支持和升级的方式，预期的融合目标正在得以实现。通过提供标准化的和供应商交付的系统，CI 提供商开始负责许多常规和重复的管理任务，这些任务传统上是需要由 IT 团队来完成的。这种过渡为持续的业务创新节省了时间和资源。关键的区别包括：

- 设计——系统被供应商设计成一个综合池，以获得最佳性能、可扩展性和可用性，并进行配置以满足客户的独特需求。
- 部署——整个系统使用标准化流程在工厂内制造和逻辑配置。
- 维护——供应商预选、预测试和预包装补丁，从而实现与已安装的配置的互操作性和兼容性，并可立即进行不间断部署。
- 升级——预选、预测试、认证新版本的组件，以实现互操作性和设计完整性，并且可以立即进行不间断部署。
- 支持——有一个单一的所有权点，在系统的各个方面都很熟悉。完全支持部署的所有系统配置，以加速问题的解决。
- 演进——供应商工程师的下一代系统利用了每个组件的最新进展，同时提供了由每个组件的路线图相互交错构成的迁移路径。

　　虚拟计算环境（VCE）　VCE 是由 EMC、Cisco 和 VMware 组建的合资企业提供的领先的 CI 解决方案。它将来自三个行业领导者的 IT 基础设施汇集到一起，并力求将其作为一个单独的实体交付给客户。该合资企业将该 CI 产品命名为 Vblock 系统。Vblock 适合那些正在寻找易于获取、安装和部署解决方案的环境。主要组成部分如下：

- 计算和网络——Vblock 的计算组件基于 Cisco 的统一计算系统（UCS）产品线，其网络组件基于 Cisco Nexus 和 MDS 交换机。
- 存储——所有 Vblock 使用的都是来自领先的外部存储提供商 EMC 的存储器。每个 Vblock 系列都使用与目标价格、性能和可扩展性参数相匹配的 EMC 产品。
- 虚拟化——解决方案包中包含 VMware ESX。
- 管理——作为软件包的一部分，VCE 提供了它的 Vision Intelligent Operations 软件。VCE Vision 的功能包括虚拟化的优化、融合操作以及允许用户使用自己选择的管理工具的开放式 API。

　　FlexPod 融合式基础设施解决方案　类似于 Vblock 产品，还有另一种流行的 CI 解决方案。FlexPod 解决方案将 NetApp 存储系统、Cisco UCS 服务器、Cisco Nexus 网络结合到一个灵活的架构中。FlexPod 解决方案的设计目标是减少部署时间、项目风险等 IT 成本，这已经得到了验证。

　　NetApp　OnCommand 管理软件和 Cisco Unified Computing System Manager 工具可以帮助你优化服务器和网络环境，为数千台虚拟机处理数百种资源。OnCommand 控制和自动化数据存储基础设施。Cisco UCS Manager 提供了对服务器和网络组件的统一的嵌入式管理。可以使用常用的数据中心管理工具管理 FlexPod 平台。可以使用 Cisco UCS Director 来集中自动化和编制 FlexPod 解决方案。FlexPod 已经通过了一系列云管理平台的测试和证明，包括 CA、Cisco、Cloudstack、Microsoft、Openstack 和 VMware。可以使用 FlexPod Lifecycle Management 工具和指导来优化性能。已有成熟的工具可用于 FlexPod 规划、配置和支持。

　　HP 的融合式基础设施系统　HP 已将其自己的和收购的组件以及多个软件产品重新包装到目前的融合式基础设施产品系列中，其中包括以下 3 个产品系列：

- VirtualSystem——VirtualSystem 是 HP 的基本融合式基础设施产品。该系列包括范围为 2~64 个刀片的 x86 配置，以及范围为 2~12 个刀片的 UNIX 配置。存储器方面，VirtualSystem 提供中端 3PAR 存储器。
- CloudSystem——对于需要更高可扩展系统的客户，或者喜欢使用非 VirtualSystem 的组件或软件的客户，HP 提供 CloudSystem。与提供标准配置的 VirtualSystem 不同，CloudSystem 是一个开放架构，客户可以从广泛的网络、存储和其他选项中进行选择，或放弃新的 top-of-rack 形式的网络和存储，连接到客户的现有组件。
- AppSystem——AppSystem 是被 HP 描述为"针对专用业务应用程序（如 SAP、Hadoop、数据仓库和 Microsoft Messaging）进行优化的集成系统"的一系列设备。

　　融合式基础设施（CI）解决方案被定位为下一代大数据和快速数据分析的最高效、最实际的解决方案。由于所有的硬件和软件模块都耦合在一起，所以大多数管理任务都由机器来完成，因此业务价值的实现时间非常短。

9.5　高性能分析：大型机 +Hadoop

　　由于其独特的能力，大型机系统在商业领域仍然非常流行。在银行、保险、零售、电信、公用事业和政府的大量数据处理中，金融事务、客户名单、人员记录、工业报表等都是通过大型机完成的。历史表明，大型机通过收集、生成和处理更大的数据集来支撑整个企业中许多关键应用程序。毫无疑问，大型机是事务型数据的无可争议的王者。由于事务是高度可重复的实体，在过去的 50 年里，在处理这些事务底层的数据的方式上有了一些突破性的改进。一些统计数据显示，超过 60% 的商业关键数据正在被保存在大型机中。在过去的几十年里，存储事务数据的最佳标准是关系数据库。

在关系数据库中管理事务数据的技术也在大型机系统上得到了完善。但在现实中，关系型数据仅代表在大型机上保存的所有数据的一小部分。长期运行的大型机中几乎肯定有大量的数据资产存储在面向记录的文件管理系统中，比如在关系数据库出现之前就有的 VSAM。随着分析时代的到来，运营数据主要存放在数据仓库、数据集市和高维数据集中，以有效地提取数据驱动的洞见。大量的现代数据存储为 XML 和 JSON 格式，而且大量未利用的数据源以非结构化或半结构化数据的形式表现（推文和传感器数据、系统、应用程序和事件日志，以及运营系统日复一日的活动例行产生的类似的数据）。系统、服务和人员之间的大型集成、交互、协作、事务和操作提供了更广泛的大量、可变的和有价值的数据。

忽略这些在大型机中存储的庞大数据会导致错过商业机会。然而，虽然大型机速度极快，且安全可靠，但是在大型机上处理和分析数据是一件复杂而代价高昂的事情。因此，企业数据仓库（EDW）就强势出现了，且 ETL 工具是数据集成和获取的主要方式。传统的 ETL 工具无法提供处理海量数据所需的可扩展性和性能。因此，现在的机构越来越多地采用 Apache Hadoop 框架作为在持续降低成本的前提下扩展数据收集和处理的潜在平台。Hadoop 最大的优点是它能够处理和分析各种类型的大量数据。然而，除非 Hadoop 能够连接到包括大型机系统在内的各种数据源，否则它无法达到其预想中的潜力。

IBM zEnterprise 凭借其无与伦比的服务质量和性能，成为这些行业的首选平台。对于大数据分析，大型机提供更好的解决方案。它可以快速处理数量不断增加的数据，为了避免任何类型的数据延迟，当前的大型机得到了增强，它们同时具有事务型模块和分析型模块。可以通过单独连接来访问数据仓库和事务数据系统，如果数据仓库和事务数据系统位于单独的子系统中，则可以分层进行访问。通过使用不依赖于物理网络的内部存储的速度，减少了从数据到分析的路径长度和时间。IBM zEnterprise 分析解决方案通过 in-memory 处理、大规模并行架构、行式和列式存储技术、高度压缩数据和被压缩数据操作加速了 IBM DB2 上的 z/OS 查询。它还组合了 System z 和 DB2 Analytics Accelerator。

Syncsort DMX-h 是一款高性能 ETL 软件，它将 Hadoop 转变为更加强壮且功能丰富的 ETL 解决方案，使得你可以利用自己所有的数据，包括存储在大型机中的数据。通过 DMX-h，机构能够将他们所有的数据源连接起来，并借助一个工具使它们能够被 Hadoop 所使用。不需要在大型机上安装任何额外的软件就可以直接从中提取数据，而且不需要书写任何代码，就可以自动实时完成大型机数据的转换与抽样。其他需要注意的地方包括，不需要编程即可可视化地开发 MapReduce ETL 作业，利用一个全面的加速器库来快速开发通用 ETL 数据流，并借助 COBOL 样板的支持来更好地理解大型机数据。

SAS 应用程序与大型机 IBM DB2 Analytics Accelerator（IDAA）被设计为自动和透明地执行诸如 SAS 之类的应用程序所发出的分析型查询。这大大改变了在大型机上驻留的 DB2 数据上执行分析工作的经济性。它为机构提供了一个简化仓库系统和数据源的机会，并通过删除需要访问实时事务状态的其他应用程序的数据源来简化某些应用程序。IDAA 允许在相同的 DB2 系统或数据共享组中执行运营事务和分析事务。IDAA 还可以通过及时处理原始查询，从而消除对渴望资源的聚合类型的处理的需求。这将有可能降低成本。

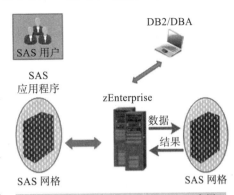

　　IDAA（如图 9-1 所示）是可以添加到 zEnter-prise 大型机系统的工作负载优化设备。用于支持 IDAA 的是透明地集成到 DB2 子系统中的 PureData System for Analytics 设备。IDAA 以前所未有的响应速度加快了分析查询的速度。一旦安装，它可以有效地将业务分析整合到运营流程中，从而推动更好的决策。

图 9-1　IBM 大型机上的 SAS 应用程序

　　将表自动加载到 IDAA 后，DB2 优化器就会使用一组规则来确定给定查询是在 DB2 核心引擎中执行更好，还是需要将其路由到加速器。通常，分析型查询将被推荐用加速器处理，并使用最少的资源来执行。

　　IBM InfoSphere System z Connector for Hadoop 提供了各种大型机数据源和 IBM 的企业级 Hadoop 产品 IBM InfoSphere BigInsights 之间的快速无缝数据连接。客户可以轻松地从 z/OS 源提取数据，包括 DB2、IMS、VSAM 和其他文件格式，而不需要基于大型机的 SQL 查询、定制编程或专门技能。一旦数据在 Hadoop 中，客户就可以使用 InfoSphere BigInsights 的强大功能来快速、高效地处理和分析数据。Hadoop 处理可以在与 zEnterprise 大型机连接的外部集群上进行，或者直接在大型机的 Linux 分区上使用 System z Integrated Facility for Linux（IFL）来进行，以增加安全性。

　　如图 9-2 所示，通过使用 IBM InfoSphere BigInsights 和 IBM InfoSphere System z Connector for Hadoop 来扩展 IBM System z 的功能，客户得到了最佳的、混合的事务和分析处理平台，该平台能够管理混合工作负载，并且能够应付意料之外的情况。

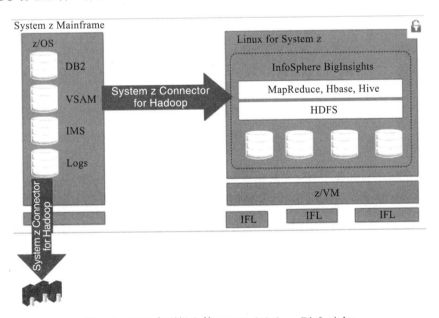

图 9-2　IBM 大型机上的 IBM InfoSphere BigInsights

因此，大型机以极高的可扩展性、可用性、安全性和可靠性而著称，存储了大量多结构化数据，并且拥有集成、加速和连接的软件解决方案，因此关键业务应用程序能够快速地从大型机的海量数据中获得正确和有用的洞见，从而在运营和产出中获得强大适应能力。高性能设备系统地、自然地附加在成熟的、潜力巨大的大型机上，为交易、分析和交互数据提供最佳处理选项。

9.6 快速数据分析的 in-memory 平台

尽管 Hadoop 的并行架构可以加速分析，但是当涉及快速变化的数据时，Hadoop 的批处理和磁盘的开销都非常高。因此，对于实时分析，提供了一些可行的和增值的替代方案，in-memory 计算就是其中之一。分布式缓存是为快速数据分析提供支持的另一个突出选项。其他的方法包括复杂事件处理（CEP），使用高度专业化的编程模型，要求在基础设施、技能、培训和软件方面增加投资等。我们将讨论来自不同供应商的所有关键方法和解决方案，以便将实时处理清晰化，从而形成实时企业发展。

in-memory 平台是单个服务器或集群化的服务器，这些服务器的主存用于快速数据管理和访问。在实践中，通过这种新的安排，数据访问的速度将比磁盘访问的速度提高 1000～10 000 倍。这意味着可以立即获得和分析业务数据，而不需要花费更长的时间。日益明显的趋势是，如果不能及时地获取和利用，数据和数据驱动的洞见的价值就会急剧下降。传统的批处理过程为快速处理铺平了道路，因为及时获得的洞见为机构带来了更多的价值。此外，实时的洞见使高管、决策者、数据科学家和 IT 经理能够清晰、自信、快速地考虑重要的决策。在内存及相关技术方面有一些值得赞扬的进步。最近在 64 位和多核系统方面的进展使得在 RAM 中存储大量数据（在 TB 级的范围内）成为可能。固态硬盘（SSD）是使得 RAM 获得更高市场份额的最新且强大的内存技术。尽管目前 SSD 的价格有点高，随着技术的成熟和稳定性的提高，SSD 硬盘的制造成本也将大幅下降。网络带宽也在不断增加，网络组件的性能也在稳步增加，因此将几个内存组件组合成一个大型逻辑内存单元逐渐变得更加现实。因此，in-memory 计算正在为大数据时代系统地做好准备。

in-memory 数据库（IMDB） 这是为了保存整个数据库管理系统以及服务器或服务器集群的主存中的数据，从而进行快速、彻底的分析。特别是对于分析任务，由于没有涉及磁盘，所以完全消除了 I/O 操作。对于处理和分析之后的存储，建议使用基于磁盘的存储器。如果几个独立的应用程序从不同的角度访问数据，并动态地提交即席查询以更快地获得响应，那么关系型 IMDB 是首选的解决方案。IMDB 主要是为了向上扩展（scale-up）设计的，而不是为了在 Hadoop 中实现向外扩展（scale-out）。数据大小受到服务器或集群的全部可用内存容量的限制。在列式数据库中，压缩比会得到释放。也就是说，总的数据量可以增加 10～50 倍。

一些 IMDB 产品可以在相同的数据库实例中包含 OLTP 生产数据和无干扰 OLAP 查询。这有助于实时分析生产数据。在这种实现中，人们通常使用由优化的列存储和行存储组成的混合表。这样做，使得事务处理期间的更新将会存储在行存储中，以避免永久的列存储。通过对所有历史和实时数据的并发处理和分析，IMDB 使得企业能够尽可能快地对机会做出反应。SAP 声称其 HANA 平台能够运行任何公司的所有业务应用程序（ERP、CRM 等关键业务系统，以及数据仓库和关系数据库中的数据集市等分析系统）。使用 in-memory 处理这一改变游戏规则的优势的数据库确实提供了当今最快速的数据检索速度。这是非常诱人的，并鼓励公司去完成大规模在线交易或者及时的预测和计划。

in-memory 数据网格（IMDG）　IMDG 在由商品服务器组成的弹性集群上存储数据并进行负载均衡，网格驻留在该集群上。由于采用了网格，数据可以存储在多个服务器上，以确保高可用性。IMDG 集群可以通过在运行时添加服务器来无缝地扩展其容量，以处理不断增加的工作负载。这些服务器还提供了进行实时分析所需的计算能力。该系统主要将数据作为内存对象进行管理，以避免昂贵的磁盘寻道。这里的关注点从磁盘的 I/O 优化转变为网络上的数据管理的优化。也就是说，正在利用一个服务器网格来实现对常驻内存数据的实时处理。通过一组成熟、实用的技术，备受期待的可扩展性正在实现之中，比如复制（这是为了访问变化缓慢但频繁请求的数据）和分区（这是为了应对更大的数据量）。数据更改在多个节点上同步地进行管理，以防止任何类型的故障。先进的数据网格支持通过 WAN 异步复制数据，以备故障和数据恢复。

数据网格可以等同于经过验证的、具有多种附加功能的潜在的分布式缓存。也就是说，与关系数据库共存的数据网格将为快速变化的业务场景带来新的优势。IMDG 正逐渐成为大数据分析的杰出的解决方案。IMDG 每秒钟可以支持成千上万个 in-memory 数据更新，并且它们可以根据需求以不同的方式进行聚合和扩展，从而有效地存储大量数据。虽然 IMDB 最适合于各种应用程序提交的即席查询，但主要用例是针对具有预定义查询的用户。应用程序负责处理数据对象，而 IMDG 负责处理数据的访问，从而使得应用程序不需要知道数据驻留在哪里。用于搜索和索引存储在 IMDG 中的数据的附加功能，使得 IMDG 解决方案和 NoSQL 数据库之间的界限变得模糊。

IMDG 已经被广泛部署，以便存储运营系统中实时的、快速变化的数据。由于它具有低延迟、容量可扩展、更高的吞吐量和高可用性等功能，因此已经出现了很多急需 IMDG 的真实、实时应用领域。

为实时大数据分析集成 IMDG 和 Hadoop　正如之前所指出的，作为集成系统通过集成分析来满足实现不同需求的一种方式，传统系统与 Hadoop 实现的集成获得了巨大的普及。如上所述，在承载网格的服务器弹性集群中，IMDG 自动存储数据并进行负载均衡（它们还在多个服务器上冗余地存储数据，以确保在服务器或网络链接失败时的高可用性）。IMDG 的集群可以通过添加服务器来无缝地扩展其容量，以处理不断增加的工作负载。这些服务器还提供了进行实时分析所需的计算能力。

目前出现的一种趋势就是无缝地将 in-memory 数据网格（IMDG）解决方案与集成的、独立的 Hadoop MapReduce 执行引擎结合起来。这种新技术为实时数据提供了快速的结果，同时也加快了对大型和静态数据集的分析。IMDG 需要灵活的存储机制，以处理它们存储的数据的各种需求，因为它们将数据作为具有附加语义（元数据）的复杂对象来存储，以支持诸如以属性为中心的查询、依赖关系、超时、悲观锁和远程 IMDG 的同步访问等功能。有一些应用程序可以存储和分析大量非常小的对象，比如机器数据或推文（tweet）。

这里的重点是，将 Hadoop MapReduce 引擎集成到 IMDG 中可以将分析时间降到最低，因为它可以通过就地分析数据来避免处理过程中数据的移动。相比之下，在 Hadoop 分布式文件系统（HDFS）中存储数据需要将数据移入和移出磁盘，从而增加访问延迟和 I/O 开销，并明显地延长了分析时间。准确地说，in-memory 数据库（IMDB）和 in-memory 数据网格（IMDG）最近获得了很多关注，因为与传统数据库相比，它们支持动态扩展和高性能数据密集型应用程序。为了提供先进的、加速的、统一的、低成本的分析，大量的开源和商业级的 Hadoop 平台与其他经过验证的系统正在融合。

9.7 大数据分析的 in-database 平台

分析是大量利用各种成熟和潜在的技术、程序和算法、明确的策略和规范化数据，快速地挖掘可靠和可用的模式、关系、提示、警报、机会、洞见以及战略决策等。因此，通过高度同步的 IT 平台和先进的 IT 基础设施进行分析的技巧正在业界快速传播。每一个专注于全球一个或多个垂直行业的组织，都在很大程度上依赖于分析系统的独特能力。

传统的数据分析方法需要将数据从数据库中移到一个单独的分析环境中进行处理，然后再将结果传递回数据库。由于大数据中的数据量巨大，限制数据移动是合理的，可以将处理和分析逻辑移动到数据所在的位置。也就是说，分析和仓库系统之间无缝集成的需求已经出现。换句话说，分析和存储都必须在单独的地方进行。由于这些技术直接在数据库中应用，可以消除与其他分析服务器之间的数据来回移动，从而加速信息循环时间，并降低总体拥有成本（Total Cost of Ownership，TCO）。这是快速成熟的 in-database 分析概念的核心。如今，像信用卡欺诈检测和投资银行风险管理这样的案例非常好地利用了这一趋势，因为它比传统方法提供了巨大的性能改进。

现如今，对 in-database 分析的需求变得更加迫切，因为可供收集和分析的数据量持续呈指数级增长。交易的速度已经加速到了纳秒级，性能的提升也能在某些行业中带来显著的差异。专门为分析、数据仓储和报表设计的面向列的数据库的引入，有助于使这项技术成为可能。in-database 分析系统由一个基于分析数据库平台的企业数据仓库（EDW）组成。这些平台提供了针对分析功能的并行处理、分区、可扩展和优化特性。in-database 处理使得数据分析更加便利，并与高吞吐量、实时应用程序相关，包括欺诈检测、信用评分、风险管理、交易处理、定价和利润分析、基于使用的微分段、行为定向广告和推荐引擎，比如客户服务组织用来确定下一个最佳行动的应用。

Alteryx 提供数据融合和先进的分析，能够根据大型数据库分析人员日常使用的规模进行扩展，而不需要手动编写 SQL 代码。使用 Alteryx Designer 作为接口，in-database 分析工作流可以很容易地与现有的工作流在同一个直观的、拖放式的环境中结合，使得分析人员可以利用可以访问的大量丰富的数据结构（data fabric）。

SAS Analytics Accelerator for Teradata 支持在 Teradata 数据库或数据仓库中执行关键的 SAS 分析、数据挖掘和数据汇总任务。这种类型的 in-database 处理减少了构建、执行和部署强大的预测模型所需的时间。它还增加了企业数据仓库或关系数据库的利用率，从而降低成本并改进成功的分析应用程序所需的数据管理。in-database 分析减少或消除了在数据仓库和 SAS 环境或其他分析数据集市之间移动大量数据集的需求，这些数据集移动是为了多趟数据准备和计算密集型分析。

- 数据仓库的大规模并行架构对于处理更大、更复杂的信息集非常有用。如果模型性能下降或由于业务原因需要更改，建模者可以很容易地添加新的变量集。
- SAS Analytics Accelerator for Teradata 可以将分析处理推到数据库或数据仓库，缩短构建和部署预测模型所需的时间。它还减少了与模型开发过程相关的延迟和复杂性。分析专业人员可以快速访问最新的、一致的数据并拥有更强的处理能力。这样能够更快地得到结果，并为改进业务决策提供了更好的洞见。
- in-database 分析帮助建模者、数据挖掘者和分析人员专注于开发高价值的建模任务，而不是花时间合并和准备数据。

　　R 是一种用于统计分析的流行开源编程语言。分析师、数据科学家、研究人员和学者通常使用 R，使得 R 程序员越来越多。一旦数据被加载到 Oracle 数据库上，用户就可以利用 Oracle Advanced Analytics（OAA）来发现数据中的隐藏关系。Oracle Advanced Analytics 提供了强大的 in-database 算法和开源 R 算法的组合，并且可以通过 SQL 和 R 语言访问它们。它将高性能的数据挖掘功能与开源 R 语言结合起来，支持在数据库内完成预测分析、数据挖掘、文本挖掘、统计分析、高级数值计算和图形交互。

　　IBM Netezza 是另一项促进 in-database 分析的有趣技术，并且它具有基于概念验证（PoC）实验的坚实的有价值文档，以保证高性能大数据分析。对于大数据分析的基础设施挑战，in-database 分析是另一个很有前景的现象。

9.8　用于高性能大数据／快速数据分析的云基础设施

　　随着云计算从"幻灭的低谷"上升到主流，全球各地的组织都在深入地开展战略性"云"之旅。IT 服务机构正在准备提供云集成、经纪和其他客户支持服务。有一些大型的公共云服务提供商，如 AWS、IBM、Microsoft、HP、Google 等，可以将大量 IT 资源（服务器、存储器和网络组件）出租给全世界。然后有非常多的有创意的平台和软件开发人员加入云计算的行列中，狂热地探索新的途径来增加收入。在云革命中，通信服务提供商们在云革命中极力宣传，目的是在这个席卷整个世界的变化中扮演引人注目的、重要的角色。类似地，还有其他一些专门的服务提供商，比如服务审计、安全和专业采购商，它们以聪敏的方式加强云的理念。在竞争激烈的市场中，有云咨询、顾问和经纪服务提供商，以促进全球客户、消费者和用户对云模式的喜爱，增强他们与云的相关性，并为这个极度互联的社会持续提供产品。独立软件供应商（ISV）正在他们的软件解决方案上进行现代化，目的是使这些解决方案能够快速、安全地托管在云端，并可以顺利交付给云用户。

　　简而言之，随着 Web、感知和响应（S&R）、移动、社交、嵌入式、台式机、可穿戴、交易、物联网的持续增加，以及分析应用和服务注册库的立足，云计算的市场正在快速增长。软件和硬件都可以成为订阅服务，因此全球范围内的任何机构、个人和创新者都可以在合适的时间和价格上公开发现并选择合适的服务。

　　因此，云基础设施是集中的、聚合的、混合的（虚拟化的、集装箱化的和裸机）、精心策划的、通过一系列符合标准的工具和可编程的实体来管理业务操作，从而进行共享、监控、度量和管理。简而言之，通过技术支持的云化，IT 基础设施不断地自动化、简化、流线化、合理化，并且变得高度优化和有组织。为了带来更强的灵活性和可持续性，强大的抽象和虚拟化技术深入 IT 栈的每个模块中。软件在基础设施的激活、加速和增强方面的作用正在上升。也就是说，在软件定义的 IT 基础设施（软件定义的计算（SDC）、软件定义的存储（SDS）和软件定义的网络（SDN））中，有一些明确的表现和成就。软件定义的数据中心将成为所有企业业务的核心和关键 IT 组成部分。

　　有许多支持云理念的演化和革命的相关技术。尤其是随着大数据时代的到来，为了加快分布式系统和不同云系统之间的数据传输，出现了创新的 WAN 优化技术和解决方案。IBM Aspera 就是这样一个非常受欢迎的、更快的文件传输解决方案。此外，为了满足高性能需求，在云基础设施中正在部署高性能平台。云可以通过标准进行联合，并且为了较高的可扩展性和可用性，云基础设施之间可以无缝聚合。高性能的技术使得云被称为廉价的超级计算机。准确地说，云在实现高性能计算能力方面非常方便。

云化的方式

- 虚拟化、裸机服务器和集装箱化。
- 软件定义，以拥有商品化基础设施。
- 基于策略并支持编排。
- 可编程、安全、可共享、可消费等。
- 可访问且自治。
- 联合且融合。
- 分布式部署，但集中管理。

用于大数据和快速数据分析的下一代云

- 具有可选择的混合环境——裸机服务器和虚拟机、专用和共享，方便可选。
- 高性能云——以可承受的成本提供高性能 / 高吞吐量和现代计算。
- 更广泛的设备——数据仓库（DW）、基于 Hadoop 的批处理、实时分析等。
- 更广泛的存储选择——支持多种存储技术选项，包括著名的对象存储。
- 承载企业工作负载——云将一组企业级的操作、事务、交互和分析软件作为服务来交付。
- 大数据分析（BDA）即服务——BDA 解决方案通过 BDA 平台（开放的和商业级的）、并行文件系统、NoSQL 和 NewSQL 数据库进行加速。
- 自动缩放有助于并发地提供多个 VM、容器和裸机服务器。
- 通过本地可用的 in-memory 和 in-database 分析平台（IBM Netezza、SAP HANA、VoltDB 等）进行高性能分析。
- 牢不可破的安全环境——符合大多数与安全相关的标准，以便为客户资产提供牢不可破的防护与安全。
- 标准兼容——完全兼容工业级和开放标准，避免任何类型的供应商锁定。
- 完全自动化的环境——一系列自动化的工具，可以加速和增强云中心运营，并使用户能够采纳。
- 具有基于策略的管理、配置、定制和标准化机制。
- 更快的数据传输——为了基于云的数据分析，支持针对 WAN 进行优化的大规模数据传输。

为什么在云端进行大数据和快速数据分析

- 灵活性和经济性——不需要大规模基础设施的资金投入，只需要使用和付费。
- 云中的 Hadoop 平台——可以快速部署和使用任何 Hadoop 平台（通用的或专用的、开放的或商业级的）。
- 战略性地创新了大量分析平台用于运营分析、机器分析、性能分析、安全分析、预测性分析、规范性分析和个性化分析并将它们安装在云端。
- 云端数据库——云中具有各种聚集的、并行的、分析的和分布式的 SQL 数据库、NoSQL 和 NewSQL 数据库。
- WAN 优化技术——具有 WAN 优化产品和平台，以在 Internet 基础设施上有效地传输数据。
- Web 2.0 社交网站已经在云环境中运行，支持社交媒体和网络分析、客户和情感分析等。

- 云端关键业务应用程序——企业级和关键业务的应用程序，如 ERP、CRM、SCM、电子商务等，已经成功地在公共云上运行。
- 特殊的云，诸如传感器云、设备云、移动云、知识云、存储云和科学云等，正在变得流行起来。除了社交网站，云中的数字社区和知识中心也越来越多。
- 云中的运营、交易和分析工作负载。
- 云的集成商、代理商和协作者——有一些产品和平台用于不同的分布式系统、服务和数据间的无缝交互。
- 多云环境——云以公共、私有、混合和社区形式存在。

Hadoop as a Service（HaaS）　如前所述，云范型是为了支持服务计算。也就是说，IT 内部和周围的一切都将作为服务来提供。云基础设施是实现这一战略转型最为合适的基础设施。在这个过程中，现在有供应商提供"Hadoop as a Service"，特别是为中小型企业。所有的容量规划、数据采集、处理、分析、可视化任务、作业调度、负载均衡等都由 HaaS 提供商完成，消除了客户对所有与 IT 相关的担忧。Hadoop 专家负责运营的各个方面，包括配置、监控、测量、管理和维护。基于云的集群中的数据节点的动态弹性正在被自动化，从而可以通过云管理、业务编排和集成领域的发展实现成本优化。类似地，确保了集群的性能，以便为客户及其用户提供更多的舒适性。HaaS 理念包括了与 Hadoop 生态系统的全面整合，该生态系统包括 MapReduce、Hive、Pig、Oozie、Sqoop、Spark 和 Presto。用于数据集成和创建数据管道的连接器提供了完整的解决方案。Qubole（http://www.qubole.com/）是这个新领域的关键角色。它基于 Hadoop 的集群，无须额外的时间和资源来管理节点、设置集群和扩展基础设施。云环境中的 Hadoop 无须对 Hadoop 集群或相关 IT 支持进行前期投资。与按需采购的做法相比，现货即时定价可降低高达 90% 的成本。

MapR 与行业领先的云服务提供商合作，将云的灵活性、敏捷性和巨大的可扩展性带给 Hadoop 用户。MapR 平台的完全分布式元数据架构、符合 POSIX 的文件系统和高性能，使得云用户可以容易地构建规模可伸缩的同构集群，使用标准接口将数据收集到集群中，并从临时的实例中获得最佳的投资回报。https://www.xplenty.com 和 https://www.altiscale.com/ 也是著名的 HaaS 提供商。

Data Warehouse as a Service（DWaaS）　数据库是当今的企业系统的重要组成部分。然而，未来的趋势是将数据库迁移到远程云环境，提供数据库即服务（DBaaS）。有专门的数据库用于大数据和快速数据。IBM Cloudant 是提供 DBaaS 的一种解决方案。因此，数据库的组合将为企业和数据库开发人员带来一系列的进步。SQL 数据库以及同大数据更加相关的数据库，如 NoSQL 和 NewSQL 数据库，都正在进行现代化并迁移到云，以满足 DBaaS 这一长期目标。下面我们将广泛讨论云和大数据应用中的各种数据库。

对于所有成长中的机构而言，数据仓库（DW）都是关键的 IT 需求。随着大数据时代的开始，将来对数据分析所需要的数据仓库的需求必然也会越来越大。但是 DW 设备或企业 DW 解决方案代价不菲。在这一关键时刻，基于云的 DW 对于那些中小规模的企业而言无疑是好消息。目前有用于收集和处理数据的端到端平台，可以为管理人员和决策者提供可行的洞见。

IBM dashDB 是云中的完全可管理的数据仓库（DW）服务，它能提供强大的分析能力。dashDB 使得你可以摆脱所有基础设施的限制，而且 dashDB 能够满足你所有的业务期望，从而可以帮助你将现有基础设施无缝地扩展到云中，或者帮助你拥有新的数据仓库自助服务能力。它由高性能 in-memory 和 in-database 技术提供支持，可以尽可能快地提供应答。dashDB 为任何规模的组织提供了设备级的简单性，同时具有云的弹性和敏捷性。dashDB 解决方案正在解决关键的绊脚石：安全性。

可以使用 dashDB 来存储关系型数据，包括特殊的类型，如地理空间数据。然后使用 SQL 或高级内置分析对数据进行分析，内置分析包括预测分析和数据挖掘、使用 R 进行分析、地理空间分析。可以利用 in-memory 数据库技术来使用列式和基于行的表。IBM BLU Acceleration 快速且简单。它使用动态 in-memory 列式技术和创新技术（如可行的压缩）来快速扫描并返回相关数据。从 Netezza 集成的 in-databse 分析算法为高级分析带来了简单性和性能。dashDB 能够很容易地连接到你的所有服务和应用程序，你可以立即开始使用熟悉的工具来分析数据。

> Snowflake Elastic Data Warehouse 独家提供以下功能：
>
> - 数据仓库即服务——Snowflake 消除了与管理和调优数据库相关的痛苦。它支持对数据的自主访问，从而使分析人员可以专注于从数据中获取价值，而不是管理硬件和软件。
> - 多维弹性——Snowflake 的弹性缩放技术使得它可以独立扩展用户、数据和工作负载，从而在各种规模上都能提供最优的性能。弹性缩放使得它可以同时加载和查询数据，因为每个用户和工作负载都可以精确地拥有所需的资源，不存在争用。
> - 针对所有业务数据的单个服务——Snowflake 将本地半结构化数据存储到关系数据库中，该关系数据库能够理解数据并充分优化对该数据的查询。分析人员可以在单个系统中查询结构化和半结构化数据。

Treasure Data 是用于数据收集、存储和分析的另一种基于云的管理服务。这意味着他们正在为端到端的数据处理运营一个巨大的云环境，在那里它们进行所有的基础设施管理和监控。Treasure Agent 推进了数据采集，Treasure Plazma 用于数据存储，数据分析通过 SQL 和 Treasure 查询加速器完成。因此，数据仓库即服务（DWaaS）将会随着云的崛起而蓬勃发展，成为所有 IT 需求的一站式解决方案。数据仓库是一个昂贵的系统，需要巨大的资金和运营成本。随着 DW 作为服务提供，有需求的企业可以找到这些服务提供商，以较小的成本立即满足其 DW 需求。

云总结 云技术和工具在 IT 领域带来了很多值得注意的优化，促使许多人开始思考将软件定义的云中心用于高性能计算（特别是大数据分析）。公共、开放和廉价的 Internet 是公共云的主要通信基础设施。各种 IT 服务（基础设施和平台）正在利用云。关键业务应用程序（采购来的、自己开发的）正在云平台中进行操作、部署、交付、编排、维护和管理。因此，可以毫不夸张地推断，云正在成为个人应用、职业应用和社会应用的中心 IT 环境。

9.9 用于大数据的大文件系统

文件系统对大数据分析的巨大成功至关重要。文件系统中有着来自不同的、分布式来源的多结构化数据。文件系统是大数据存储、索引、搜索和检索的核心模块。在认识到这一意义之后，Hadoop 框架设计人员已将 Hadoop 分布式文件系统（HDFS）纳入其中。

Hadoop 分布式文件系统（HDFS）　Hadoop 的关键点是构建一个由常用的、廉价的、商用服务器的弹性集群来并行处理数据。每个服务器内部都有一组便宜的磁盘存储。SAN 和 NAS 等外部存储不适用于 Hadoop 风格的数据处理。如果采用外部存储，数据延迟会上升，而利用内部磁盘则可以消除额外的网络通信和安全性问题。HDFS 是一个基于 Java 的文件系统，提供可扩展和可靠的数据存储。HDFS 被设计为贯穿大型商品服务器群集。据 Hortonworks 网站称，在生产集群中，HDFS 已经展示了高达 200 PB 存储和 4500 台服务器的单个集群的可扩展性，支持近十亿个文件和块。

通过在集群内的许多服务器上分配存储和计算，存储容量可以根据需要来增加。这些功能确保 Hadoop 集群具有高功能性和高可用性。在宏观层面，HDFS 集群的主要组件是一个或两个 NameNode 以及数百个 DataNode，其中 NameNode 用于管理集群元数据，DataNode 用于存储数据。文件和目录在 NameNode 中由 inode 表示。inode 记录属性，如权限、修改和访问时间、命名空间和磁盘空间配额。文件内容被分割成大的块（通常为 128 MB），并且文件的每个块都在三个 DataNode 上独立地复制。这些块存储在 DataNode 的本地文件系统上。NameNode 主动监视块的副本数。如果由于 DataNode 故障或磁盘故障导致副本丢失，NameNode 将在另一个 DataNode 中创建该块的另一个副本。NameNode 维护命名空间树，块到 DataNode 的映射在 RAM 中保留整个命名空间映像。这里的复制技术确保了更高的可用性，因为商品硬件故障的频率较高。除了更高的可用性，这种复制产生的冗余还提供了多种好处。首先，这种冗余允许 Hadoop 集群将工作分解成更小的块，并在集群中的所有服务器上运行这些作业，以实现更好的可扩展性。其次，还可以获得数据局部性的好处，这在处理大型数据集时非常重要。

Lustre 文件系统　Lustre 是一种大规模并行分布式文件系统，通常用于大规模集群计算。Lustre 作为一个高性能文件系统解决方案，不仅支持小型的，也支持大型的计算集群。Lustre 文件系统由两种主要的 Lustre 服务器组件组成：对象存储服务器（Object Storage Server，OSS）节点和元数据服务器（Metadata Server，MDS）节点。文件系统元数据存储在 Luster MDS 节点上，文件数据存储在 OSS 上。MDS 服务器的数据存储在 Metadata Target（MDT）上，它对应着用于存储实际元数据的 LUN。OSS 服务器的数据存储在名为 Object Storage Target（OST）的硬件 LUN 上。大数据存储章节对这个功能强大的文件系统做了详细介绍。市场上的大多数集群和超级计算解决方案都利用这种强大的文件系统来实现大规模的存储和处理。

Quantcast 文件系统（QFS）　Hadoop 标准文件系统是 Hadoop 分布式文件系统（HDFS），几乎所有的 Hadoop 版本都支持它。更新、更强大的文件系统正在制作当中，目的是获得数据存储和访问中急需的效率。在本节中，我们将讨论领先的高性能 Quantcast 文件系统（QFS）。使用 C++ 编写的 QFS 是与 Hadoop MapReduce 兼容的插件，并且与 HDFS 相比，提供了一些效率改进。已经证明，通过纠错编码取代复制机制，能够节省大约 50% 的磁盘空间，写入吞吐量能够翻倍。此外，QFS 具有更快的名称节点，并通过一种并发追加功能支持更快的排序和日志记录。QFS 具有本地命令行客户端，比 Hadoop 文件系统和全局反馈指导的 I/O 设备管理更快。随着 QFS 已经捆绑到 Hadoop 当中，将数据从 HDFS 迁移到 QFS 的任务可以通过简单执行 hadoop distcp 得到简化。

Hadoop 的真正独特之处在于将数据处理逻辑放置到了数据所在的位置。由于数据规模通常非常大，移动代码更有利于确保资源效率。这样做还能够节省网络带宽，而且数据延迟几乎为零。为实现强制性容错，HDFS 采用复制技术。也就是说，它将一个数据副本存储在机器本身，另一个副本在同一个机架上，第三个副本存储在远程机架上。这些安排清楚地说明 HDFS 具有网络效率，但不是特别具有存储效率。因此，存储成本必将显著上升。

然而，通过巧妙地利用硬件工程的进步，QFS 采用完全不同的方法来降低存储费用。集群机架正在变得越来越常见，10 Gbps 网络也正在变得越来越普遍。负担得起的核心网络交换机现在可以在机架之间提供带宽，以匹配磁盘 I/O 吞吐量，因此其他机架不再遥远。Quantcast 已经利用这些显著的发展来提供高效的文件系统。设计人员放弃了数据局部性，而是依靠更快的网络将数据传送到需要的地方。通过这种方式，QFS 可以实现存储效率。QFS 采用 Reed-Solomon 纠错编码，而不是三重复制。为了存储 1 PB 数据，QFS 实际上使用 1.5 PB 的存储空间，比 HDFS 少 50%，因此节省了一半的成本。此外，QFS 写入大量数据的速度比 HDFS 快一倍，因为它比 HDFS 少写入 50% 的原始数据。

总而言之，QFS 具有与 HDFS 相同的设计目标，即为建立在商用服务器群集上的分布式、PB 级数据存储提供适当的文件系统接口。它旨在用于高效的 Hadoop 风格的处理，即文件被写入一次，然后被批处理读取多次，而不是进行随机访问或更新操作。

9.10   用于大数据 / 快速数据分析的数据库和数据仓库

今天，势不可挡的趋势和转变是：随着尖端技术的快速成熟和稳定，我们的每种有形物品都在进行系统的数字化。数字化使它们能够相互连接，支持服务使它们能够无缝地、有目的地集成和交互。交互导致大量的数据被产生。因此，技术和技术的采纳是大数据时代的关键成分和推动者。为了应对众所周知的大数据挑战，已经产生了大量的数据管理系统，其特点是高可扩展性、简单性和可用性。在基础设施方面，有通用的和专用的、纵向扩展的和横向扩展的系统。有强大的高端专用设备和超级计算机。另一个增长的可能是利用由普通、廉价、商品服务器组成的集群。简而言之，大数据法则正在为全人类社会创造新的可能性和机遇奠定坚实的基础。

毫无疑问，如今各种企业都面临着高度复杂、快速变化的 IT 环境。应用领域和类别都在不断增长。主要有独立和复合的云应用、企业应用、嵌入式应用和社交应用。如前所述，在数据端有不同类别的数据被生成、捕获和处理，以提取可行的洞见。在数据集成和转换方面，有优雅的、典范性的数据虚拟化工具。人们利用商业智能（BI）、报表和信息可视化平台，完成从数据到信息再到知识的完整生命周期。知识发现过程从数据收集开始，然后进行数据获取、预处理、处理、挖掘等，最终以知识发现和传播结束。可以采用一些复杂的算法对数据做更深入的调查，以便及时获得可行的洞见。类似 HDFS 这样的分布式文件系统可以应对各种类型的大规模数据。然而，与文件系统相比，数据库主要由于包含查询语言，能够更好地、更高效地访问数据。细粒度查询是关系数据库的著名标志。

在数据库方面，有不同维度上的新颖产品。SQL 数据库非常适合规模有限的结构化数据的事务处理。它们为多用户的记录级并行访问以及记录的插入、更新和删除进行了特别优化。但是，查询涉及很多工作。大数据超出了 SQL 数据库的大小限制，而且所包括的大量数据不是结构化的，并且要分析包含频繁查询的数据。所有这些都清楚地表明，传统的 SQL 数据库可能面临一些实际困难。因此，传统的 SQL 数据库供应商已经开始相应地增强其产品，以适应大数据和快速数据的极端需求。这就是为什么，我们经常听到、看到甚至用到并行化、分析、集群和分布式 SQL 数据库。

9.10.1　用于大数据分析的 NoSQL 数据库

有一个值得注意的现象是"NoSQL 数据库"开始出现并装备大数据应用程序。NoSQL 系统通常是简化和高度可扩展的系统，满足诸如无模式、简单 API、水平可扩展性和最终一致性等属性和优先级。也就是说，NoSQL 数据库不会坚持刚性模式且足够灵活，可以轻松应对新的数据类型。它们隐含地允许格式更改而不会破坏应用程序。我们知道 SQL 数据库是通用的，而 NoSQL 数据库的开发和设计目标是以简化的方式解决一些特殊用例。NoSQL 数据库被设计为分布在服务器集群的节点，并可以横向扩展，因此基本上具有几乎是线性和无限的可扩展性。将数据复制到多个服务器节点可以实现容错和故障后的自动恢复。考虑到对加速数据访问和处理的需求，先进的 NoSQL 实现包括集成的缓存功能，将经常使用的数据保存在 RAM 中。NoSQL 系统利用商品硬件在复杂数据环境中提供了急需的简单性，并且为数据提供了更高的吞吐量。

NoSQL 数据库的不同数据模型　针对 NoSQL 世界中的不同问题，主要有四种类型的数据模型优化：

键值存储　这些存储通常由大量键值对组成。该值使用唯一对应该值的键来访问。应用决定了值的结构。键值模型适用于 Web 数据的表示和快速处理，例如在线购物应用程序中的点击流。每个记录都有两个字段：key（键）和 value（值）。值的类型是字符串或二进制，键的类型可以是整数或字符串或二进制。键值存储方法有许多实现。最近的包括基于 in-memory 的和磁盘持久的。基于 in-memory 的键值存储通常用于缓存数据，磁盘持久的键值存储用于存储文件系统中的持久数据。当数据库中的项的数量增加到数百万，性能会逐渐下降。也就是说，读写操作都会大大减慢。因此，重要的是构思和构造一个简单而且高性能的持久键值存储，其性能要优于现有的键值存储，特别是内存消耗必须是最小的，同时数据访问和检索的速度较高。随着 IT 基础设施成为软件定义的，且云计算能够支持多种业务、技术和用户优势，键值存储必然将作为基于云的大数据存储而向云端转移。下一代数据和处理密集型应用程序需要高性能键值存储。

在意识到需要一个高性能的键值存储之后，Thanh Trung Nguyen 和 Minh Hieu Nguyen 共同设计和开发了一个新的强大的键值存储。细节可参见他们发表在《Vietnam Journal of Computing Science（2015）》上的研究论文，文章名为《Zing Database: High-Performance Key-Value Store for Large-Scale Stroage Service》。他们将其命名为 Zing DataBase（ZDB），这是一款高性能、持久的键值存储，旨在优化读写操作。该键值存储支持顺序写入、单磁盘寻道随机写入、单个磁盘寻道读取操作。这种新的存储已经使用一个示例场景进行验证，并发现具有高性能。

文档存储　通过令人赞叹的云技术确保的 IT 基础设施优化大大降低了部署和存储成本。然而，数据需要能够简单地分割和分布到多个服务器上，这样才能够享受所带来的益处。在复杂的 SQL 数据库中，这很困难，因为许多查询需要多个大表连接在一起以提供响应。另一方面，执行分布式连接在关系数据库中也遇到一个非常复杂的问题。存储大量非结构化数据的需求迅速增长，如社交媒体文章和多媒体。SQL 数据库在存储结构化信息方面非常有效。但是，我们需要适当的变通或妥协来存储和查询非结构化数据。另一个趋势是数据库模式需要随着需求的变化而迅速变化。SQL 数据库需要提前指定其结构。RDBMS 中的模式演进是由昂贵的 alter table 语句完成的。更改表需要手动 DBA 干预，并阻止应用程序团队快速迭代。

这些需求为 NoSQL 空间奠定了坚实的基础，而文档存储是一个高效的 NoSQL 数据表示模型。在诸如 MongoDB 的文档数据库中，与数据库对象相关的所有内容都封装在一起。MongoDB 是一个提供高性能、高可用性和易扩展性的文档数据库。它是高性能的，因为嵌入式文档和数组减少了对连接的需求，嵌入使读取和写入速度更快，索引可以包括来自嵌入式文档和数组的键以及可选的流写入（即没有确认）。MongoDB 通过具有自动故障切换功能的复制服务器确保高可用性。它还通过自动分片来支持可扩展性，这是用于运行时分发收集的数据以分散到集群中的多台计算机的最受追捧的技术。

在这个模型中，数据存储在文档中。这里的文档是通过唯一名称（键）引用的值。每个文档都可以具有自己的模式供应用程序使用。可以根据需要添加新的字段，并且可以替换或删除现有的字段。应用程序必须清楚这些，才能有目的地处理存储在文档中的数据。文档存储用于在文档中存储连续的数据。HTML 页面是一个很好的例子。以 JSON 格式表示的序列化对象结构是另一个推荐采用文档存储推荐的。考虑到粉丝和推文，Twitter 使用文档存储来管理用户个人资料。

列式存储　通过在每个节点上的多个磁盘以及多个节点上分布每个表中的行，典型无共享数据库（NoSQL）对数据进行水平分割。这里有种变形就是垂直分割数据，使得表中的不同列存储在不同的文件中。在仍为用户提供 SQL 接口的同时，在无共享架构中具有水平分割功能的"面向列"的数据库提供了巨大的性能优势。我们已经解释过列存储相比于行存储的关键优势。数据仓库查询通常仅从每个表中访问几列，而在面向行的数据库中，查询必须读取所有列。这意味着列存储从磁盘读取数据要减少 10～100 倍。因此，数据压缩起着非常重要的作用，因为磁盘 I/O 速度的进展无法与其他方面的改进相比，如磁盘和内存大小以及网络速度稳步增长，计算速度随着多核处理器的普及而增加等。

在 NoSQL 中，由于前所未有的效率，列式或面向列的数据库非常受欢迎。这种数据模型的受欢迎度飙升，原因在于它可以存储大量结构化数据，这些数据不能在典型的面向行的 SQL 数据库中流畅地访问和处理。想象一下，有数十亿行的大型的表，每一行代表一个数据记录。如果每个记录的列数很小，并且由于在面向行的数据存储中，必须为每个查询读取所有行，生产率会显著下降，因为许多查询可能与更少数量的列相关。因此，将数据存储在列中将有助于提高效率特性。此外，访问可以被限制到查询感兴趣的某些列。由于每个记录的列数有限，通常可以在一次读取中访问整个列，这样可以极大地减少要读取的数据量。还可以将列分为多个部分，用于简单的并行化处理以加速分析。

面向列的数据库是自索引的。在提供与索引相同的性能优势的同时，索引不需要额外的空间。由于某列仅包含一种类型的数据，并且通常每列只有几个不同的值，因此可以仅存储这些不同的值以及对这些值的引用。这确保了高度压缩。另一方面，插入或更新数据记录时需要更多的 CPU 周期。这种面向列的 DBMS 为数据仓库、客户关系管理（CRM）系统和图书馆目录卡片以及其他特殊查询系统（聚合是在大量相似数据项上进行计算的）带来了显著的优势。

最受欢迎的列式数据库之一是 Apache HBase，当你需要对大数据进行随机、实时读写访问时推荐使用它。这里的目标是在商品硬件集群上存储涉及数十亿行、数百万列的大型表。Apache HBase 是仿照 Google Bigtable 的一个开源的、分布式的、版本化的、非关系型数据库。正如 Bigtable 利用 Google File System（GFS）提供的分布式数据存储一样，Apache HBase 在 Hadoop 和 HDFS 之上提供类似 Bigtable 的功能。HBase 的重要特征包括：

- 一致性——虽然它不完全支持所有的"ACID"要求，但是 HBase 提供强大的一致性读写，远远优于最终一致的模型。
- 分片——由于数据由支持文件系统进行分布，所以 HBase 提供透明和自动的切分以及内容重新分配。
- 高可用性——HBase 集群架构包括主服务器和数个区域服务器，以确保在出现故障时能够快速恢复。主服务器负责监视区域服务器和集群的所有元数据。

HBase 实现最适合于：
- 大量和增量的数据采集和处理。
- 实时信息交换（例如消息传递）。
- 频繁更改内容的服务。

图形数据库　Neo4j 是一个杰出的图形数据库（http://neo4j.com/）。在本节中，我们将讨论为什么图形数据库是大数据中不可或缺的。如前所述，我们生活在一个本质上互联的世界。所有有形实体、信息片段和我们周围的域都以某种方式相互关联，并且可以分层地分割和呈现。因此，只有一个将这种关系作为数据模型核心方面的数据库才能够有效地存储、处理和查询这种连接。其他数据库实际上是在查询时代价昂贵地创建关系。然而，图形数据库将连接作为一等公民存储，使其可以随时用于任何"类连接"（join-like）的导航操作。

因此，图被证明是一种优秀的、通过顶点和边来表示信息及其联系的机制。访问这些已经持续的连接是一种高效、时间恒定的操作，并使得每个内核每秒钟可以快速遍历数百万个连接。主要的用例有进度优化、地理信息系统（GIS）、Web 超链接结构，以及确定社交网络中人与人之间的关系。如果对于单个服务器而言，顶点和边的数量变得太大，则必须对该图进行分区，以便支持横向扩展。

9.10.2　用于大数据／快速数据分析的 NewSQL 数据库

随着大数据和快速数据时代的到来，传统的数据库被压缩为按需交付容量。所以应用开发大部分时间都受到扩展数据库规模的工作的阻碍。因此，出现了著名的 SQL 混合版本（NewSQL 数据库）系统和 NoSQL 系统。NewSQL 系统的主要目标是实现 NoSQL 系统的高可扩展性和可用性的同时，为事务保留 ACID 属性以及 SQL 数据库的复杂功能。NewSQL 数据库系统被广泛推荐用于使用传统 RDBMS 但需要自动扩展性和高性能的应用程序。NewSQL DB 正在成为用于在线事务处理（OLTP）的高度可扩展的关系数据库。也就是说，它们要为读写工作负载提供 NoSQL 系统的成熟的可扩展性能，同时保持传统关系数据库的ACID 能力。NewSQL 系统通过采用 NoSQL 风格的功能（例如面向列的数据存储和分布式架构），突破了传统 RDBMS 性能的限制。其他重要的变化包括 in-memory 和 in-database 处理方法、对称多处理（SMP）、大规模并行处理（MPP），从而有效处理大数据特征（巨大的数量、更多的种类和不可预测的产生速度）。

一般来说，混合云竞技场中占有最重要地位的非功能性要求"可扩展性"正在以两大方式实现：纵向扩展和横向扩展。出色的横向扩展技术是分区、分片和集群，特别是对于数据库系统。对于纵向扩展，通常的做法是部署更贵的、更大的机器。未来的商业趋势是渴望具有天生的可扩展性的数据系统。这意味着新的数据节点可以随时动态加入运行中的 DB 机器中，而且不会影响应用程序的运行。随着商品化的发展，分布式计算是以低成本高效益来实现这种扩展的最合适的方法。这些数据库必须充分利用分布式架构。我们在以下各节中分享了关于这个关键概念的更多细节。如上所述，SQL 是 NewSQL 数据库的主要接口。

NewSQL 系统所针对的应用程序的特点是具有大量的事务。

NuoDB 是用于云中心的 NewSQL（横向扩展 SQL）数据库。它是一种 NewSQL 解决方案，旨在满足云计算规模应用以及全球超过 500 亿个连接的设备的需求。NuoDB 的三层分布式数据库架构是这种横向扩展性能的基础，它是一个真正的云数据库。NuoDB 是一个多租户数据库。也就是说，通过一个 NuoDB，你可以运行任意数量的不同数据库，为不同的客户端提供服务。每个数据库都维护自己的物理上独立的归档文件，并通过自己的一组安全凭证运行。混合事务 / 分析处理（HTAP）是数据库系统最近所要求的新的能力。一个数据库应该能够执行在线事务处理和实时运营情报处理。事务和分析数据库的底层体系结构传统上是分开的，而且相互不同，每种体系结构提供优化以执行特定的、独特的功能。然而，NuoDB 的点对点（P2P）架构克服了这一障碍，方法是通过允许将数据库和硬件资源专门用于执行两者中的任一功能。如今，云本地和云支持的应用程序需要本地性能、数据一致性和数据中心故障的恢复能力。NuoDB 通过支持跨多个地理位置分布单个逻辑数据库、具有多个主副本和真正的事务一致性，解决了这些挑战。Rubato DB 是另一个高度可扩展的 NewSQL 数据库系统，在一系列商品服务器上运行，它支持各种一致性保证，包括传统的 ACID 和 BASE 以及两者之间的一致性级别，并符合 SQL2003 标准。

Clustrix 也是一个强大的 NewSQL 解决方案。Clustrix 旨在通过提供有竞争力的技术，将 NewSQL 的优势带入事务应用和大数据应用，该技术能够：

- 通过利用大规模并行处理的能力，提供线性扩展以适应无限数量的用户、事务和数据。
- 提供具有完整 ACID 能力的完全关系型数据库实现，以保护信息，进而确保事务完整性和一致性。
- 提供自动容错功能，使开发人员和管理员能够集中精力履行其主要职责。

这些是解决方案本身所提供的，没有复杂的、具有挑战性的问题，如分片。该解决方案作为现场设备提供，也可以通过公共、私有和混合云配置提供。Clustrix 的技术战略提供以下技术优势：

- 数据分布——Clustrix 平台实现无共享架构，并使用行业标准构建块（如速度极快的固态硬盘（SSD））构建。Clustrix 自动在节点之间分布信息，以提供最佳性能，而无须任何管理员干预或专门的应用逻辑。
- 大规模并行查询处理——Clustrix 的分布式关系数据库架构提供线性事务性能。可以根据需要添加节点，可以部署的节点数量没有上限。

Clustrix 还提供了一个单查询接口，允许用户跨所有节点提交查询，无须知道数据所在的位置。该有专利权的查询评估方法使得可以对数据进行所有类型的查询，并且可以并行运行。复杂查询被分解成查询片段，并发送到相关节点进行并行处理。这种独特的方法可以消除数据移动，减少互联流量，并显著提高性能。因此，数据库扩展对应用程序开发来说是一个业务和技术上的障碍。理想的 DBMS 应弹性扩展，允许将新机器引入正在运行的数据库并立即生效。NewSQL 数据库必将在大数据分析和应用方面发挥非常巨大的作用。

9.10.3 用于大数据分析的高性能数据仓库

数据仓库是用于数据分析和知识发现的多维和专用数据库。数据仓库如今已经成为一个广阔的领域，人们正在建设和维护很多数据仓库，它们包含很多应用，例如支持数十名分析师的大规模先进分析数据仓库、支持数万用户的预先构建商业智能应用等。数据仓库可分为企业级数据仓库（EDW）和部门数据集市或多维数据集。每个企业都有一个数据仓库基础设施和平台，是即将到来的知识时代的 IT 基础设施的支柱。数据仓库使得执行人员和决策者能够进行长期和短期的规划，引导公司沿着正确的方向发展。诸如数据仓库等数据分析平台可以及时获得各种可行的洞见，使人们有充分的信心来做出完美的决策。数据仓库的主流技术和相关技术已经成熟，并且人们利用这些技术，以便在知识驱动和面向市场的经济中领先竞争对手。

对于大数据而言，数据仓库的作用和责任必将进一步发展。一般来说，大数据和数据仓库在宏观层面上拥有相同的目标。它是通过更深入的数据分析来提高企业的生产力和价值。然而，数据仓库和大数据平台之间存在一些重要差异。数据仓库是分析来自企业内其他数据库的数据。也就是说，企业的数据仓库包含其运营系统（ERP、CRM、SCM 等）、交易系统（B2C 电子商务、B2B 电子商务、C2C 网上拍卖等）、计费和端点销售（PoS）系统等。

大数据的时代正在呼唤着我们。大数据、快速数据正在逐步实现，并且激发出了大量应用。也就是说，毫无疑问，无论是大数据还是快速数据，都为企业的全新的可能性和机会奠定了坚实的基础。大数据的真正原因和动力包括技术成熟和采用、新的数据源的多样性和异构性、流程优化、基础设施优化、架构同化等。每个企业的 IT 团队都在建立大数据分析系统以有效利用新的数据源，让企业从这些海量数据集中分析和提取业务价值。出色的技术（Hadoop（MapReduce、YARN 和 HDFS）、NoSQL 和 NewSQL 数据库）正在快速发展，并被用来处理大数据。数据仓库和大数据系统之间既存在相似之处，也有很大的不同。因此，这需要仔细观察。数据仓库解决方案提供商正在准备增强数据仓库以容纳大数据，使得通过一个单独的、集成的系统，就可以同时实现传统数据和大数据分析。

Oracle 在其主页上指出，数据仓库系统将通过大数据系统得到扩充，大数据系统可以起到"数据水库"的作用。这将是新类型和新来源的大量数据的存储库：计算机生成的日志文件、社交数据、视频和图像，也用作更细粒度的事务数据的存储库。数据在大数据系统和数据仓库之间流动，为数据分析创造统一的基础。在未来的日子里，大多数业务用户将使用基于 SQL 的环境从数据仓库访问这种新的集成信息架构中的数据。使用 Oracle Big Data Appliance 的 Oracle Big Data SQL 功能，Oracle 在数据库和大数据环境中提供统一的 SQL 访问。

Apache Tajo：Hadoop 上的大数据仓库系统　　Apache Tajo 是 Apache Hadoop 的强大的大数据关系型、分布式数据仓库系统。Tajo 专为在 HDFS（Hadoop 分布式文件系统）和其他数据源上存储的大型数据集上的低延迟和可扩展的即席查询、在线聚合和 ETL（提取、转换、加载过程）而设计。通过支持 SQL 标准并利用先进的数据库技术，Tajo 可以通过各种查询评估策略和优化机会直接控制分布式执行和数据流。

Tajo 不使用 MapReduce，它有自己的分布式处理框架，该框架是灵活的，且专门用于关系处理。由于 Tajo 的存储管理器是可插拔的，因此它可以访问存储在各种存储器中的数据集，如 HDFS、Amazon S3、OpenStack Swift 或本地文件系统。Tajo 团队还开发了自己的查询优化器，该查询优化器与 RDBMS 的查询优化器类似，但是专门用于 Hadoop 规模的分布式环境。Apache Tajo 架构如图 9-3 所示。

基本上，Tajo 集群实例由一个 Tajo Master 和一些 Tajo Worker 组成。Tajo Master 协调集群的成员及其资源，并为客户提供一个网关。Tajo Worker 实际处理存储器中存储的数据集。当用户提交 SQL 查询时，Tajo Master 决定是否立即在 Tajo Master 中执行查询，或是通过一些 Tajo Worker 来执行查询。根据所做出的决定，Tajo Master 可能会将查询发送给多个 Tajo Worker。Tajo 有自己的分布式执行框架。图 9-4 显示了分布式执行计划的一个实例。分布式执行计划是一个有向无环图（DAG）。在图中，每个圆形框表示处理阶段，每个圆形框之间的每条线表示数据流。可以使用洗牌法（shuffle method）指定数据流。基本上，groupby、join 和 sort 需要洗牌。目前，支持三种类型的洗牌法：hash、range 和 scattered hash。hash 洗牌通常用于 groupby 和 join，range 洗牌通常用于 sort。此外，可以通过表示关系运算符树的内部 DAG 来指定一个阶段（圆角方框）。将关系运算符树和各种洗牌法结合使用，可以生成灵活的分布式计划。

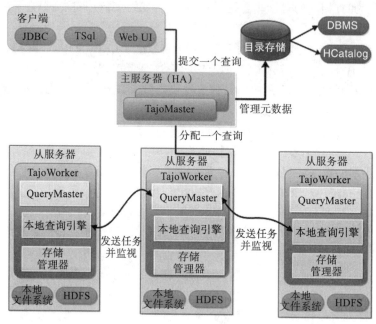

图 9-3   Apache Tajo 参考架构

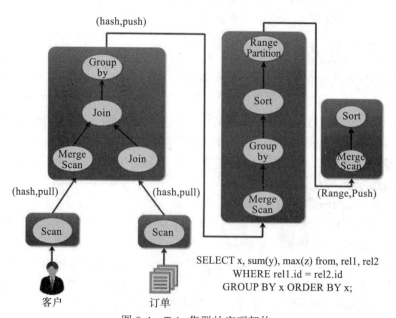

图 9-4   Tajo 集群的宏观架构

Tajo 支持对各种数据源（例如 HDFS、HBase）和文件格式（例如 Parquet、Sequence-

File、RCFile、Text、flat JSON 和自定义文件格式）的就地处理。因此，通过 Tajo，你可以通过调用 ETL 来维护数据仓库，也可以不通过 ETL 直接访问原始数据集。另外，根据工作负载和归档周期，还需要考虑表分区、文件格式和压缩策略。最近，许多 Tajo 用户使用 Parquet 来存档数据集，Parquet 还提供了相对较快的查询响应时间。由于列式压缩的优点，Parquet 的存储空间效率非常高。根据存档的数据集，可以构建数据集市，使得能够更快地访问某些主题数据集。由于其低延迟，Tajo 可用作 OLAP 引擎，通过 BI 工具和 JDBC 驱动程序基于数据集市进行报表或处理交互式即席查询。

9.11 流分析

通常数据处于不同的状态。数据可能处于静止/持久状态，也可能处于运动/传输状态，或者正在被业务应用所利用。在通过任何网络传输数据时会立即产生数据处理。另一方面，从本地和远程存储中检索数据时也必然会产生数据处理。我们已经广泛研究了数据在静止时如何对它们进行一系列的调查。也就是说，数据的检索、预处理、分析和挖掘等活动都作用在磁盘或内存中存储的数据上。现在，由于数据源和数据资源的极度动态增长以及数据产生速度的增加，需要在数据移动过程中对数据进行收集和处理，以提取真实的、实时的洞见。有几种成熟的数据表达形式化方法。对于"请求和应答"模式，数据被处理成数据消息，数据消息的内部包含输入和输出参数、方法签名等。此外，文档也被封装在消息内并传送给接收者。另一方面，消息被打开，并且被没有任何歧义地理解，之后会发起和完成正确的行动。然而，实时数据正在以事件消息的形式来封装和传输。最近，它被称为数据流。

事件是正在发生的事情。事件会发出一个或多个含义和洞见。在我们周围经常发生支持做出决策的和有价值的事件。证券市场的价格变动是一个事件，商业交易是一个事件，飞机起飞是一个事件。此外，还有一些非事件（nonevent），也就是说，应该及时发生但没有发生的事情。一个非事件可能是某个汽车零件错过了装配线上的一个步骤，或某个库存物没有从货车运送到仓库。任何状态变化、超过阈值、值得注意的事件或事故、正面或负面异常等可以被视为事件。

随着互联的机器、设备、传感器/执行器、社交媒体、智能手机、相机等的前所未有的增长，任何事件数据都能够很好地封装在标准化信息中，并以非常高的速度以数据流的形式产生。这些流需要实时地快速收集、获取和分析，以便提取可行的洞见。事件会被过滤、关联、证实，以获得各种有用的模式和提示。自动交易应用程序是示例事件应用程序之一，它扫描大量市场数据以发现交易机会，交易触发必须是立即的，否则会将机会错过。

事件处理最适合于需要对动态的、多功能的和快速变化的业务情况进行接近实时响应的应用程序，例如算法交易和交易监视。事件处理也可用于管理和解释各种业务流程中的事件。例如，某家保险公司使用事件处理引擎来监控外部业务合作伙伴的行为，如果这些动作延迟交易的进展，就可以做出反应。事件处理解决方案可用于：

- 检测、通知和行动型应用程序。
- 检测、行动型应用程序。
- 实时的、现实的应用程序。
- 集成的业务流程。

- 事件驱动的数据分析。
- 立即发现代表机会或威胁的模式或趋势，使企业能够立即做出响应。
- 组合来自多个来源的数据，并持续计算高级别总值，以便企业始终知道自己的头寸（或敞口）。
- 不断监测数据的交互，使企业能够根据情况的不断变化进行调整。
- 将当前情况考虑在内的自动化决策。
- 提供有助于做出有效和及时的决策的信息的仪表盘。

这种实时分析基于一组包含条件和动作的预定义规则。如果满足条件（可能是逻辑或时间方面的相关性），则会实时触发适当的动作。也就是说，事件处理一直是几个垂直行业的关键要求，以便与其成员和客户保持联系。

底层 IT 基础设施必须非常灵活，才能够应付每秒数万次的事件。另一个关键参数是延迟。事件输入和知识输出之间的时间决定了企业是否可以实现预期的成功。由于这些原因，任何事件处理引擎必须做到真正的快速和可扩展。为了避免耗时的 I/O 处理，用于事件流的收集箱通常被放置在内存中。如果单个服务器无法管理事件流所引起的负载，那么超出的负载将分布在多个协作的服务器上。每个参与的服务器都配备了一个事件处理引擎。进入的事件被处理，有时会被转发到其他服务器进行更深入的调查。简而言之，事件处理软件必须不间断地实时收集、处理和分析数据，即使数据以非常高的速度到达也能无延迟地产生结果。

如果某些规则需要较大的内存容量来处理时间窗口较长的事件，那么可以使用 IMDG 解决方案，因为所有的 IMDG 实现都可以在多个服务器上实现负载分配。由于 IMDG 解决方案具有高可用性，可以避免数据丢失。也就是说，IMDG 有助于自动将数据复制到另一个服务器或持久存储中，以防发生故障。因此，由于前所未有的数据增长，事件处理的复杂性一直在上升。根据用例的不同，事件处理引擎的结果可以转发到 HDFS、NoSQL 数据库、in-memory 数据库或 in-memory 数据网格，以用于进一步的目的，如分析、可视化或报表。

Forrester 的报告指出，复杂事件处理（Complex Event Processing，CEP）平台是一个软件基础设施，它可以通过对从不同的实时数据源捕获的数据进行过滤、关联、上下文和分析来检测事件模式或预期的事件未发生，从而根据使用平台开发工具定义的内容做出响应。CEP 是具有事件处理功能的一系列产品之一。其他的产品包括业务活动监控（BAM）、业务流程管理（BPM）、系统和运营管理、活动数据库、运营商业智能（BI）、商业规则管理系统（BRMS）、消息中间件等。

事件处理是对事件数据的实时分析，目的是产生及时和完美的洞见，并能够对变化的条件进行即时响应。所有这些都是关于主动和智能地捕获和实时处理业务事件流，以提示、趋势、关联、模式等形式提供可行的洞见。事件处理的参考架构如图 9-5 所示。

Solace（http://www.solacesystems.com/）采取了创新的方法，通过硬件处理信息的路由来解决实时数据移动带来的挑战。Solace 消息路由器能够有效地将世界各地的各种应用、用户和设备之间的信息移动到各种网络上。这为 Solace 客户提供了具有弹性容量和无与伦比的性能、健壮性、TCO 的应用感知网络。这提供了商业价值，让他们可以专注于抓住商业机会而不是解决数据移动问题。图 9-6 给出其架构表示。

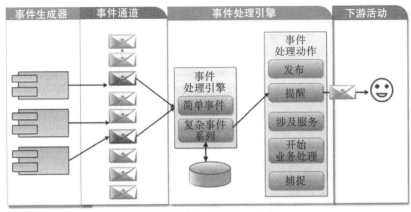

图 9-5　高级事件处理架构

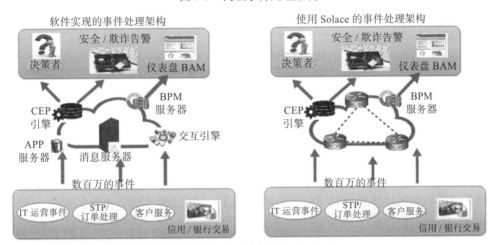

图 9-6　两个不同的事件处理架构

用于流分析的 IBM InfoSphere Streams

Streams 解决方案是 IBM 的旗舰、高性能流处理系统。其独特的设计和实现使其能够大量获取流数据和实时数据，并以线速处理。因此，它已经在各种领域中应用，包括交通、语音分析、DNA 测序、射电天文学、天气预报和电信。Streams 的流处理语言（Stream Processing Language，SPL）使从业者可以将复杂的应用定义为由可作用在多个数据流的运算符所构成的一系列离散变换，这些数据流具有方向性，同时抽象出了分布式执行的复杂性。通过内置库和包含常用流处理结构和特定领域实用工具的工具箱，应用程序可以在几分钟内启动并运行。除了 SPL 之外，用户可以选择使用 C++和 Java 或其他可以封装在这两种编程语言来定义他们的操作符，例如 Fortran 和脚本语言。此外，Streams Studio 是一个全面的开发和管理环境，将开发简化为拖放现有组件，同时为集群管理和监视提供了一个集中的门户。在架构上，Streams 由处理分布式状态管理的不同方面的管理服务组成，如认证、调度和同步。Streams 的作业在处理单元内执行，这些作业可以进一步融合以降低延迟。此外，标准的基于 TCP 的排队机制可以用内置的高性能低延迟消息（LLM）来替代，以进一步优化某些环境中的应用。详细情况见：https://developer.ibm.com/streamsdev/wp-content/uploads/sites/15/2014/04/Streams-and-Storm-April-2014-Final.pdf。

Apache Storm 是一个开源的流处理框架。Storm 应用程序也被称作拓扑,可以用任何编程语言编写,但以 Java 作为主要语言。用户可以自由地通过 spout(数据源)和 bolt(运算符)来拼出执行过程的有向图。在架构上,它由被称为 Nimbus 节点的中央作业和节点管理实体以及被称为 Supervisor 的每个节点上的一组管理器组成。Nimbus 节点负责工作分配、作业编排、通信、容错和状态管理。拓扑的并行性可以控制在 3 个不同的级别:工作机的数量(集群进程)、执行进程(每个工作机中的线程数)以及任务(每个线程执行的 bolt/spout 的数量)。Storm 中的工作机内的通信由 LMAX Disruptor 支持,而 ZeroMQ1 则用于工作机之间的通信。此外,任务之间的元组分布由分组决定,默认选项是洗牌分组,该方法能够进行随机分布。使用的软件解决方案包括用于集群管理的 ZooKeeper、用于多播消息的 ZeroMQ 和用于队列消息的 Kafka。

因此,由于流数据源的成倍增加,流分析(支持分布式和不同数据流实时分析以得到实时洞见)学科正在获得发展动力。此外,以前主要针对历史数据进行战术和战略决策的分析,正在越来越多地在现实世界、实时数据流中实现。考虑到需要立即决定和采取行动吸引新客户,并通过提供丰富的、令人愉快的服务来保留现有客户,高度复杂的流分析被证明是用于全球企业的优秀工具。实时分析是当今热点,每个人都在努力实现这一关键需求。

9.12 结论

我们都知道,数据对于改变业务具有不可思议的力量。无论是流程优化、供应链微调、监控车间操作、衡量消费者情绪等,系统都捕获和分析这些环境中由于这些活动而产生的各种数据是目前的需要。大数据分析超越了对知识的好奇心的境界,正在对业务运营、产品和愿景产生实际的和趋势性的影响。它不再是炒作或流行语,而且已经成为各类企业、利益相关者、最终用户的核心要求。

在本章中,我们清楚地阐明了加速大数据和快速数据分析的 IT 基础设施。在过去的一段时间里,出现了集成的、融合的 IT 系统来大幅加快数据分析。设备正在作为大数据分析的以硬件为中心的先进 IT 解决方案。此外,我们还介绍到文件系统、数据库和用于大数据和快速数据存储和处理的数据仓库。大型基础设施上的大数据分析导致了大的洞见(知识发现)。我们为知识传播、信息可视化、报表生成和仪表盘专门设立了一章。

9.13 习题

1. 为大数据分析融合式基础设施撰写简短说明。
2. 解释 IMDG。
3. 写以下内容的简短说明:
   - Hadoop 即服务
   - 数据仓库即服务
4. 解释 NoSQL 数据库的不同数据模型。
5. 解释 Apache Tajo 参考架构。
6. 描述事件处理架构及其变体。

第 10 章

高性能网格和集群

10.1 引言

数据仓库中的数据每天都在呈指数级增长。到 2014 年年底，我们已生产数 ZB 的数据。来自沃尔玛这样的跨国连锁超市和 Google、Facebook、Amazon 这样的 Web 服务的消费者数据是超级巨量的。Cisco 公司将物联网提升为万物互联（Internet of Everything），为这一趋势推波助澜。物联网使得我们可以从日常的机器中收集数据，并对其进行分析，以便优化处理。数据不仅局限于大多属于关系数据库领域（数据记录有固定的结构）的事务数据，还包括我们的社交信息；我们每天的饮食、健康和锻炼细节；我们的互联网搜索记录；甚至可能包括我们与冰箱和空调等日常用品的交互（基于物联网和智能设备），这些数据可能没有固定的结构。

收集到的关于某个人的所有数据可以用来将他的行为按照预定义的类别进行分类，并将具有相似兴趣和爱好的人聚在一起形成聚类。这一分析可用于推荐产品和提升客户体验，例如，电子商务网站的推荐引擎，针对类似兴趣的用户的 Facebook 广告，以及网络安全中的垃圾邮件过滤。这并不局限于我们的数字生活，数据可以被分析来构建我们所生活的世界的背景图，我们可以用它来重塑世界。这些数据可以用来预测流感的爆发，也可以用来可视化显示世界各国的缺水情况。

但是，要实现这些效益并解锁数据包含的信息，必须对数据进行处理，搜索熟悉的模式，发现未知的模式，并找到对象与其行为之间的关系。首先需要对数据进行预处理，以消除垃圾信息并选择相关数据；分析必须以一种简单易懂的方式进行可视化，这样就可以基于它们做出更好的决策。

处理平台应该能够对大量数据进行处理，这些数据具有完全不同的速度和多样性（大数据的 3V 特性）。处理系统应该能够存储结构化的和非结构化的数据。这种类型的处理被称为数据密集型计算。这类计算在单个系统上通常需要花费大量的时间来完成，因为单个系统可能无法提供足够的数据存储和 I/O 能力，或者没有足够的处理能力。为了解决这个问题，我们可以使用"分而治之"的原则，将任务划分为更小的任务（任务并行化）且并行地执行它们，或者将大量的数据分成可管理的数据集，然后并行地处理数据（数据并行化）。这些并行处理技术通常被归类为数据密集型或计算密集型（Gorton 等 2008，Johnston 1998，Skillicorn 和 Talia 1998）。一旦较小的任务分别在不同的系统上执行完毕，那么就可以通过对子结果进行汇总，以获得最终输出结果（图 10-1）。

计算密集型处理指的是受计算量限制的应用程序。在这些应用程序中，大多数执行时间都是用于处理而不是 I/O。这些应用程序通常只处理小规模数据。计算密集型应用程序的并行处理包括单个算法的并行化以及将整个应用程序处理划分为单独的任务且并行执行，从而比顺序处理达到总体上更高的性能。在任务并行应用程序中，多个操作同时执行，每个操作解决问题的特定部分（Abbas 2004）。超级计算机和向量计算机都属于这一类系统。这些系统解决复杂的计算需求，并支持具有大量处理时间需求的应用程序。超级计算机通常用于计算密集型的问题和科学研究，但随着数据密集型

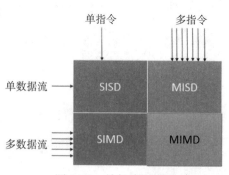

图 10-1 并行编程模型

应用程序的开发，这种情况正在慢慢改变。超级计算机利用了高度的内部并行性，使用具有定制内存架构的专用多处理器，这些处理器为数值计算进行了高度优化 [1]。超级计算机还需要特殊的并行编程技术来利用它的性能潜力。大多数研究和工程机构通常使用这些系统来解决诸如天气预报、车辆碰撞建模、基因组研究等问题。高性能计算（HPC）被用来描述利用超级计算机和计算机集群的计算环境（图 10-2）。

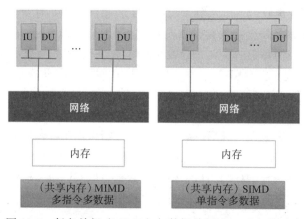

图 10-2 任务并行（MIMD）与数据并行（SIMD）的对比

数据密集型计算包括可扩展的并行处理，它允许政府、商业机构和研究环境处理大量的数据并开发应用程序，这些在以前都是无法做到的。数据密集型计算的基本挑战是管理和处理指数级增长的数据量；显著减少相关的数据分析周期以支持实际的、及时的应用程序；开发可扩展为搜索和处理海量的数据的新算法。关系数据库技术对事务型数据很有用，但是正如我们所看到的，生成的数据并不总是符合关系型的范畴。RDBMS 解决方案对于分析工作负载所要求的高性能以及 Web 大型机构所要求的处理均存在扩展性方面的问题。这导致了一些机构开发能够利用商用服务器大型集群的技术，为处理和分析大规模数据集提供高性能计算能力。另一种始于 20 世纪 90 年代末的现象叫作网格计算（早期称为元计算）。这种系统架构有助于整合跨组织或地理边界的闲置资源。集群使得在组织层面上共享计算能力成为可能，网格则提供了在具有更多安全特性的不同组织之间进行协作的方法。

集群可以由数百甚至数千台使用高带宽网络连接的商用计算机组成。这类集群技术的例子包括 Google 的 MapReduce、Hadoop、Sector/Sphere 和 LexisNexis HPCC 平台。然而，网

格可以由几万个通过 WAN 连接的系统组成。网格的例子包括 Europe Grid、印度的 Garuda Grid、日本的 NARAGI Grid、World Community Grid。

在随后的章节中，我们将学习更多关于这两个强大的计算平台的知识。我们将学习集群和网格系统的基本架构、设计原则、挑战以及优点，然后我们将对这两类系统进行比较。接下来，我们将简要讨论处理系统的未来，以及市场上一些先进的系统/应用程序，如 GPU 集群、FPGA 集群、网格内的集群和云上的集群。

10.2 集群计算

根据摩尔定律，处理器的处理能力每 18 个月增加一倍。如今的工作站的计算能力比 20 世纪 80 年代末和 90 年代初的超级计算机的计算能力更强。这导致了高性能计算的超级计算机设计的新趋势：使用独立处理器并行互联的集群。许多计算问题的算法都可以并行化，其中常常可以通过每个独立处理节点并行地处理问题的一部分的方式来分割问题。

10.2.1 集群计算的动机

每个寻求可扩展 IT 解决方案以满足日益增长的数据存储和复杂工作负载的企业，选择的 IT 解决方案必须是具备成本效益的，这样才具有商业价值。这样的体系结构应该是可扩展的，应该具有高性能和规模经济性。根据这些需求，集群计算就成为企业可以选择的可行的、有效的解决方案。

传统的企业架构设计基于以下假设，有三种主要类型的硬件资源需要管理：包含数千个处理器核心和主存的服务器，而且这些服务器应当时刻忙碌；使用多种不同类型的存储技术的存储阵列，不同技术下的每 GB 的存储成本不同，包括磁带、SATA 到 SSD；将一组服务器连接到一组存储阵列的存储区域网络。该体系结构的一个好处是服务器和存储是分离的，可以独立升级、修复或收回。SAN 使得在任何服务器上运行的应用程序，只要它们具有写入权限，就能够访问存储在任何存储阵列上的所有数据。在企业环境中，所有的组件都被设计为具有健壮性，并且为了确保高可用性，这些组件不会经常出故障，且一旦出现故障就会被替换。然而，这一特性推动了价格的上升，并要求有价格溢价。这主要用于在极小的数据子集上有大量处理周期的计算密集型应用程序。该数据通过 SAN 从存储阵列中复制过来，进行处理并通过 SAN 写回（图 10-3）。

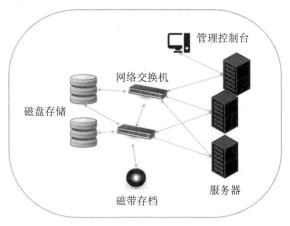

图 10-3 采用 SAN 的企业 IT 体系结构示意图

例如，沃尔玛在每天结束后会对美国每天的牛奶消费量进行统计和分析，因为沃尔玛的牛奶产品只是数据中的一个非常小的子集。现在想象一下你实际上需要对大数据做类似的处理。为了处理类似的查询，需要对整个数据集进行处理。由于服务器不存储数据，数据必须从 SAN 转移到服务器进行处理，这不仅需要花费大量时间，还会导致 SAN 上的巨大负载。这无疑是一项数据密集型的工作。因此，我们需要理解能够处理大数据工作负载、提供业务所需性能的且仍具有经济效益的体系结构。这就是促使我们采用集群计算的原因。

10.2.2 集群计算架构

集群计算架构的基本设计原则基于以下几点：

1）处理核心、存储和网络互联使用商用现货组件，以利用规模经济和降低成本。

2）使用数据密集型应用程序来扩展 Web 的规模和范围。

3）大数据的两个主要特征是速度和多样化，因此系统需要支持高吞吐量和优秀的实时性能。

高性能计算集群不仅在数据挖掘或研究方面有其过人之处，工程设计团队利用这些技术进行快速模拟，提供更多的协作时间和有效的 IT 资源利用率。集群的构建是为了支持这种编程范型。今天，许多工程和数据挖掘应用程序，比如 CAE、CAD 和 Mathematica 都有可用于集群的版本（"并行版"），目的是利用计算机和集群计算架构中的并行架构。这些并行化的应用程序利用集群节点中的多个核心。集群系统允许使用具有成本效益的课堂系统（classroom system）。一些高性能的集群系统很容易媲美市场上的超级计算机。

高性能计算集群是指由通过高速互联技术连接的、商用现货组件构建的一组服务器。集群可以通过它的许多处理器提供聚合计算能力，这些处理器的处理核心可以进行扩展，以满足更复杂工作负载的处理需求。基于商品处理器和其他可广泛使用的组件构建的集群，可以比其他可选解决方案提供更好的性价比优势，比如定制系统或超级计算机（图 10-4）。

集群是由易于组装在一起的简单、基础组件组成的，就此而言，集群架构是模块化的。集群中的每个计算资源部分被称为节点。节点通过 InfiniBand 和以太网等互联网络连接。

每个节点由商用处理内核以及附加到商用存储的主存组成。这些节点可以是单处理器系统或多处理器系统，如 PC、工作甚至 SMP。一堆节点构成一个机架，一组机架构成一个集群。如今的供应商提供预先配置的集群解决方案，将多个节点封装到一个机柜中，或者可以通过连接现有的计算机硬件来创建集群。

集群架构是高度模块化和可扩展的，不断增加节点和机架就能够增加容量，这也被称为水平扩展，水平扩展同垂直扩展不同，垂直扩展是指在企业架构中用更强大的处理器或内存取代当前

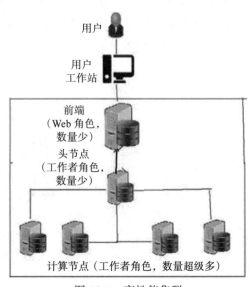

图 10-4　高性能集群

的处理器或内存。数据局部性是大多数现代集群都遵循的另一个设计原则。数据局部性是指数据的处理是在数据分配到的磁盘所属的节点上进行的，从而消除或减少网络上的数据传输，使网络不再是瓶颈。这极大地帮助了大规模并行处理性质的活动和任务的并行化。磁盘 I/O 的并行化在保持每 GB 磁盘成本的同时增加了 I/O 操作的数量。例如，SSD 每 GB 的成本为 1.20 美元，并支持每秒约 5000 次写入 I/O 操作和每秒约 30 000 次读取 I/O 操作，而 SATA 每 GB 的成本约为 0.04 美元，仅提供每秒约 250 次 I/O 操作。现在假定我们在使用 SATA 磁盘的集群中有 120 个节点，也就是可能有每秒 120×250 次（即 30 000 次）I/O 操作，以和 SSD 相同的成本得到与 SSD 相同的性能。另一个重要的特点是系统为用户提供了一个单一的系统映像。例如，如果用户向 100 个节点的集群系统和 1000 个节点的集群系统提交程序，用户不需要针对不同大小的集群对程序进行调整，而且可以从集群的管理中抽离出来。

根据我们在前面的章节中所看到的，对集群的设计目标和特征进行概括，集群计算体系结构如下：

- 将商品计算机和网络作为单独的组件使用，来驱动规模经济。
- 具有可扩展性，以便为不断增长的处理负载提供服务。
- 具有高可用性，具有更强的故障恢复和错误响应能力。
- 具有高性能，以便为复杂工作负载提供服务并做出更快的响应。
- 单系统映像，允许用户和开发人员从集群管理中的复杂中抽象出来，更多地关注于应用程序。
- 负载均衡，以便有效利用那些未使用或未充分使用的资源。

但是，集群计算还有一些潜在的问题，例如集群是基于商用硬件，这些硬件可能会发生故障，因此管理集群和在集群上运行的应用程序的软件需要检测并响应故障，这些增加了复杂性。第二，为了应对数据丢失，数据被一次性复制到多个节点上，这增加了所需的存储容量。另一个潜在的问题是，为了达到性能，数据需要均匀地分布在集群中。应用程序需要按照 MPP 的方式设计，并且需要细心的管理。

在 20 世纪 90 年代初，研究人员将实验室和教室中的系统连接起来，得到了像 Beowulf 这样的最初的集群系统、工作站网络和 MPI 与 PVM 等软件库。

10.2.2.1　Beowulf 集群

Beowulf 这个名字最初指的是 1994 年由美国宇航局的 Thomas Sterling 和 Donald Becker 制造的一台特定的计算机。Beowulf 集群允许将处理任务在通过 LAN 连接的计算机之间共享。这是通过对程序和库的支持来完成的，例如 MPI 和 PVM。最后，我们得到的是由低价组件组成的高性能并行计算集群。

Beowulf 集群通常运行使用开源库构建的 Linux 系统。使用 MPI 和 PVM 这样的并行处理库，程序员可以将任务划分为子任务，并将其分配给集群中的计算机，并且在处理完成之后，将结果返回给用户。伯克利大学的 Network of Workstations（NOW）和 Beowulf 之间的主要区别是它们所描绘的单一系统映像。

一些用于构建 Beowulf 集群的 Linux 发行版包括 MOSIX、ClusterKnoppix 和 Ubuntu。像开源集群应用程序资源（Open Source Cluster Application Resources，OSCAR）这样的软件工具可以用来自动化集群上的资源配置。

10.2.3 软件库和编程模型

10.2.3.1 消息传递接口（MPI）

MPI[2] 代表消息传递接口，提供了在支持分布式执行的节点之间传递数据的方法。该库提供了初始化、配置、发送和接收数据的例程，并支持一对一、一对多的数据传输，如广播和多播。在 MPI 模型中，在程序启动时启动一组进程。每个处理器都有一个进程，而且它可能执行不同的进程。这意味着 MPI 属于并行中的多指令多数据（MIMD）类型。MPI 程序的进程数量是固定的，且每个进程都被命名。一对一通信使用进程名，而广播或同步使用进程组，进程组就是进程的分组。MPI 提供了消息交换的通信上下文，并且支持同步和异步的消息传递。MPI 标准为可重用库定义了消息传递语义、函数和一些原语。MPI 没有为程序开发和任务管理提供基础设施，这留给了 MPI 实现和开发人员。MPICH2 和 OpenMPI 是 MPI 的两种流行的实现。

MPI 有各种各样的实现形式，比如其高性能实现 MPICH2。该程序可以具有容错性、能适应网络干扰和中断。它可以协调和执行并行分布式算法，而使用线程的内部并行化可以利用像 pthreads 和 OpenMP 这样的库。这些库极大地简化了并行结构。MPI 和 OpenMP 的组合可以使用分布式并行处理和线程并行处理来封装更强大的系统（图 10-5）。

```
#include <stdio.h>
#include <mpi.h>

int main (argc, argv)
    int argc;
    char *argv[];
{
  int rank, size;

  MPI_Init (&argc, &argv);       /* starts MPI */
  MPI_Comm_rank (MPI_COMM_WORLD, &rank);       /* get current process id */
  MPI_Comm_size (MPI_COMM_WORLD, &size);       /* get number of processes */
  printf( "Hello world from process %d of %d\n", rank, size );
  MPI_Finalize();
  return 0;
}
```

图 10-5 使用 MPI 的 hello world 程序

上面的程序显示了一个使用 OpenMPI 的简单 hello world 程序。接下来，让我们看看在统计语言处理中一个简单而又关键的计算，即字频（word frequency）。字频是计算词频（term frequency）的基本步骤之一。它表示一个特定的字出现在文档中的次数。倒排文档频度（inverse document frequency）给出了特定的字在一组文档中出现的次数。词频和倒排文档频度用在基于关键字的搜索统计技术中。图 10-6 的代码摘录显示了 C 语言编写的字频计算。

但是当字符串的规模太大，以至于不能放置到单个系统缓冲区时就会产生问题，例如，你正在构建一个简单的软件来显示包含一个特定单词的所有文件，而文件数量范围是 1000 万左右。

当前的搜索引擎索引的页面数量远超过一亿个。这样的情况就需要采用分布式计算。现在，我们希望扩展上面的程序，这样即使一个文件太大而不能放置到缓冲区，我们也可以尽可能快地处理它并返回结果。使用 MPI，master 系统读取文件并分配数据（如图 10-7 和图 10-8 所示），worker 系统接收原始数据的一部分，使用图 10-6 中的代码处理数据，并将结果返回给 master。

```
void insert_word (word *words, int *n, char *s) {
        int     i;

        /* linear search for the word */
        for (i=0; i<*n; i++) if (strcmp (s, words[i].s) == 0) {

                /* found it?  increment and return. */

                words[i].count++;
                return;
        }

        /* error conditions... */

        if (strlen (s) >= MAXSTRING) {
                fprintf (stderr, "word too long!\n");
                exit (1);
        }
        if (*n >= MAXWORDS) {
                fprintf (stderr, "too many words!\n");
                exit (1);
        }

        /* copy the word into the structure at the first available slot,
         * i.e., *n
         */

        strcpy (words[*n].s, s);

        /* this word has occured once up to now, so count = 1 */

        words[*n].count = 1;

        /* one more word */

        (*n)++;
}
```

图 10-6   MPI 和 C 编写的字频统计程序

```
MPI_Send(void* data, int count, MPI_Datatype datatype, int destination,
        int tag, MPI_Comm communicator)
```

```
MPI_Recv(void* data, int count, MPI_Datatype datatype, int source,
        int tag, MPI_Comm communicator, MPI_Status* status)
```

图 10-7   MPI 的发送和接收函数。data 是数据缓冲区，而 count 是发送或接收的记录数，
data type 表示对象的数据类型，destination 和 source 给出发送方和接收方的地址

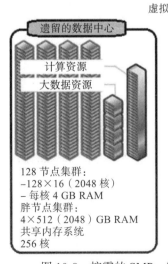
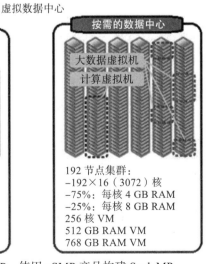

图 10-8   按需的 SMP，使用 vSMP 产品构建 ScaleMP

10.2.3.2 并行虚拟机

支持集群中的数据处理的另一个并行处理库是并行虚拟机（Parallel Virtual Machine，PVM）。集群中将有一台控制机和多台工作机。并且该库允许控制机器在其他节点上进行处理，并允许创建用于运行并行程序的封装环境，即使在异构系统上。

并行虚拟机（PVM）[3] 有在所有集群节点运行的守护进程和一个应用程序编程库。PVM在某种程度上将集群虚拟化，并将异构资源当作同构集群环境呈现给程序。PVM 守护进程可以在具有不同计算能力的计算机上运行，从笔记本到超级计算机。PVM 以 API 函数的形式提供了 C 和 C++ 的语言绑定，并以一组子程序的形式提供了对 Fortran 的绑定。

PVM 的使用是非常直接的。首先，用户启动集群节点上的 PVM 守护进程，将它们合并到共享的集群资源中。接下来，用户编写调用 PVM API 的串行程序。一个用户在一台机器上执行一个"master"程序。master 程序将根据需要使用 PVM API 在其他节点上派生 slave 程序。master 程序执行结束后，slave 程序的执行也随之结束。在 master 程序启动之前，PVM 守护进程必须能够访问每个 slave 程序的代码。基本上，在所有节点中，在 PVM 实例中运行程序都是作为在主机操作系统上执行的任务来完成的。PVM 任务由一个 task ID 来标识，它构成了任务间通信的基础。PVM 任务可以属于一个或多个任务组，这些任务组是动态的，即任务可以随时加入或离开任务组，无须任何通知。任务组可用于多用例通信（multi-case communication），而且 PVM 还支持广播通信。

10.2.3.3 虚拟对称多处理技术

对称多处理允许多个程序被两个或多个共享通用操作系统和内存的处理器运行。在虚拟 SMP 中，两个或多个（通常是 10～100 个）虚拟处理器被映射到一个虚拟机中。由于强大的行业聚合，一个系统用户的标准系统可以从任何应用程序访问大量的数据。这可以与多线程一起使用，将处理任务分别在不同的线程上运行。按需的 SMP 供应是 vSMP 软件的主要功能。正如我们已经知道的，SMP 非常适合在线事务处理系统。用户负载从来不恒定，因此需要对这些变化做出响应，可以通过创建虚拟 SMP 让用户和应用程序访问数百个核心和 TB 级的内存。图 10-8 展示了通过 ScaleMP 的 vSMP Foundation 提供的按需 SMP 供应的理念。

当今的集群用于广泛的数据分析和大型组织的高性能。互联网搜索引擎 Google 率先使用商用现成组件为 Web 规模数据进行分布式并行编程。它创建了一个高可用且高度可靠的分布式文件系统，即 Google File System，以及被称为 MapReduce 的分布式处理框架。这已经被用于机器学习、分析，并被用作 Google 许多其他应用的基础。一个值得注意的开源实现是 Hadoop。Hadoop[4] 已经被用于各种各样的互联网公司，如 Facebook、Yahoo、Twitter、LinkedIn 等，还有其他基于 Hadoop 的系统在构建中。

根据 comScore 公司 2014 年 8 月发布的数据，互联网搜索引擎 Google 占据了 67% 的 PC 搜索市场，处理了 83% 的搜索查询，Google 公司是 MapReduce 编程的先驱，并且是基于群集计算系统。一次 Google 查询必须处理 100 MB 的数据。鉴于平均查询次数每秒接近 450 万次，所以数据和处理的需求是巨大的。Google 使用集群的原因是集群具有更好的性价比。它的两个重要设计目标是高吞吐量和高可靠性。通过高复制、负载均衡和并行执行，Google 公司的集群分布在全球，由数百万台商用 PC 组成，实现了上述设计目标。

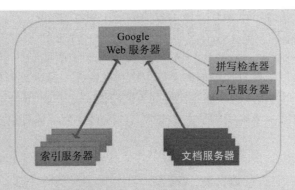

　　上图以最简单的方式显示了 Google 搜索引擎的工作原理。索引服务器具有倒排索引（inverted index），通过该索引可以将搜索查询映射到一组文档。分数是根据某一特定文档同用户查询的相关程度计算的，而且结果按照分数的顺序返回。一旦找到了文档，就会读取该文件，并获取文档的关键字及上下文的部分，此外，拼写检查器和广告服务器也会被激活。Google 的主要收入来源是广告，广告服务器根据查询内容和用户上下文发送相关广告。拼写检查器纠正搜索查询中关键字的拼写错误。

　　Hadoop 也有名为 HDFS 的分布式文件系统和名为 Map-Reduce 的处理框架。当前最新的版本是 Hadoop 2.4.1。在接下来的段落中，我们将简要地研究 Hadoop 架构，并编写一个基本的 MapReduce 程序来计算一个文本中的字频。

　　Hadoop 是一个顶级的 Apache 项目，它是 Google 的 MapReduce 和 Google File System 的开源实现。Hadoop 生态系统还包括大规模机器学习库 Apache Mahout，分布式系统的协调服务 Apache ZooKeeper，和从 Google BigTable 中获得灵感的 Apache HBase。Hadoop 有两个主要组件。

　　Hadoop 分布式文件系统支持对应用程序数据的高吞吐量访问。

　　1）MapReduce，大数据集的并行处理系统。

　　2）Hadoop YARN，一个作业调度与资源管理框架。

10.2.3.4　MapReduce

　　MapReduce 是一种并行编程模型，它可以在大型集群上执行，并作用于大数据集。该模型由两个名为 map 和 reduce 的函数组成[5]。在某种程度上，map 函数可以被看作是数据的预处理，而 reduce 则是实际的计算和聚合。并不是所有的问题都适合 MapReduce 范型，对于一些问题，我们可以使用迭代的 MapReduce 来解决。在迭代的 MapReduce 中，存在一个顺序组件（sequential component），它启动 MapReduce 任务的迭代。MapReduce 作业通常将输入数据集分成独立的块，这些块由 map 任务并行处理。然后，框架对 map 任务的输出进行排序，并把已排序的输出发送到 reduce 任务中。为了解决中间故障的问题，中间输出和输入被写到磁盘上。reduce 阶段读取中间键值对，并生成用户可以理解的键值对作为输出[5]，这就是 MapReduce 编程模型的基本框架。

　　现在让我们来看一个计算字频的简单问题。我们以计算一个文件中的单词数作为基本示例，这个例子可以使你更好地理解 MapReduce 模型。我们以两个有任意行数的文件为例。为了简单起见，这里的每个文件只有一行。

输入行首先传递给 map 函数，该函数提取行中用空格分隔的每一个单词，并为每个单词赋值 1。这样 map 函数就生成一组形如（word，1）的键值对，在排序阶段，这些键值对进行排序，得到形如（word，{1，1…}）的键值对作为中间结果。这些中间结果键值对被传递给 reduce 函数，该函数累加单词在文件中出现的次数，并生成形如（word，count）的键值对作为输出。下面给出了这个样本实例的不同阶段。

MapReduce 的另一个现实例子是"查找日志文件中所有出现的日期中每个日期里的登录用户数"。

HDFS 是一个被设计为在商用硬件上运行的分布式文件系统。HDFS 的主要特点是高容错性、高吞吐量访问、大的数据集、数据的本地计算、异构硬件的支持和一个简单的融合模式（coherence mode）。HDFS 采用主从式架构，主服务器被称为 NameNode，并且该系统管理着文件节点命名空间并控制文件访问。DataNode 管理存储在它们中的数据。文件通常被划分为 64 MB（至 512 MB，可配置）大小的存储块，从而支持存储非常大的文件，这些文件的大小可以为数百 MB、数百 GB 乃至数百 PB。

数据本地计算是通过 DataNode 的支持来完成的。这些 DataNode 对本地拥有的数据进行处理，从而减少了网络上的数据移动。数据块被复制以防止由于系统故障或网络故障造成的数据丢失，并提供并行处理和负载均衡的手段。然而，NameNode 是集群中的中央机。它导致了单点故障的脆弱性，因为即使 DataNode 仍在运行，集群仍然可能失效。解决这个问题的一些方法是保存元数据的多个副本。但到目前为止，Hadoop 实现不包括自动故障转移。

在早期的 Hadoop 版本中，MapReduce 的执行环境也有主从架构，主节点称为 jobtracker，通常运行在 NameNode 的 HDFS 中。jobtracker 监控着在集群上运行的各种 MapReduce 任务。JobTracker 也负责负载均衡和在发生故障情况下的任务重新调度。jobtracker 带来单点失效的风险。这是以 YARN 的形式处理的。

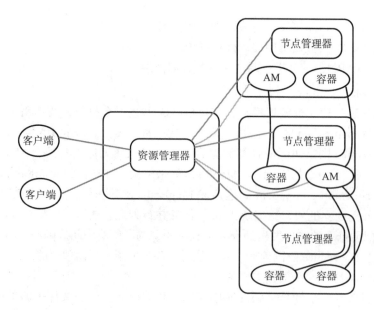

YARN 的基本思想是将 jobtracker 的两个主要功能，即资源管理和作业监控，分拆到独

立的守护进程上。将会有一个全局的资源管理器（Resource Manager，RM）和若干个针对应用程序的 application master（AM）。资源管理器和针对节点的节点管理器形成了计算框架。资源管理器对系统中的所有应用程序仲裁资源。针对应用程序的 application master 与资源管理器协商资源，并与节点管理器一起执行和监控任务。资源管理器负责根据一些限制和作业队列将资源分配给应用程序，并负责接受作业提交、创建 application master，以及在出现故障时重新启动 application master。

　　Zookeeper 是分布式应用程序的集中式协调服务。它通过一个简单接口提供公共服务，如配置、同步、管理和命名。不同进程间的协调是通过一个共享的分层命名空间实现的。与文件系统不同，它将数据保存在内存中，提供高吞吐量和较低的延迟。组成 Zookeeper 服务的服务器必须彼此了解。它们使用事务日志和持久性存储中的快照来维护一个 in-memory 状态映像。它是有序和快速的，对 Hadoop 集群的主要功能增强是进程同步、首领的自主选择、可靠的消息传递和配置管理。

　　Hadoop 主要用于批处理工作，因为它是为高吞吐量处理设计的，而不是为较低延迟设计的。Facebook[6] 需要一个高度可扩展并能够支持实时并发但顺序访问数据的系统。因此，他们采用了 Hadoop 系统，并对 HDFS 进行了改进，以提供更实时的访问。第一个更改之处是使用 Avatar 节点 [7]，它通常是围绕 NameNode 的包装器，并且会有另一个热备份的 Avatar 节点，它在出现故障时可以迅速起到主节点的作用。这两个服务器是同步的，它们都有最新的系统映像来支持新事务在进行块分配时写入事务日志（edit log）中。第二个更改之处是在客户端使用一个分布式 avatar 文件系统（Distributed Avatar File System，DAFS)，它可以透明地处理故障转移的情况。为实现实时系统而进行的其他一些修改是 RPC 超时，它被设置为快速失败（fail fast）并重试，与默认的 Hadoop 设置相反。

　　如果 NameNode 仍然存活，则节点将继续等待，这是通过将租约（lease）快速地从文件中撤销而完成的行为。另一个重要改进是客户可以从本地数据副本中读取数据。

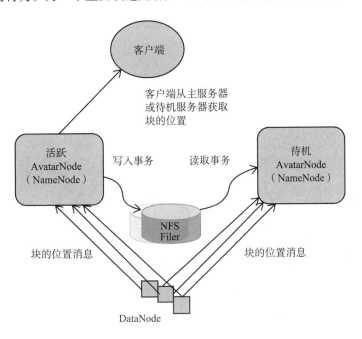

使用 Map Reduce 的图形处理

由于图形处理算法的递归性质，图形处理并不非常适合于 MapReduce 的编程范型。在 MapReduce 框架中实现图形处理算法的一种方法是为每次迭代启动 MapReduce 任务。通常 Web 规模的拓扑图有数千至数百万的互相连接的节点。通过邻接边来表示图不适用于迭代应用程序，所以选择表示图的另一种方法，即邻接矩阵，它表示当前行对应的节点和当前列对应的节点之间是否存在边。然而，矩阵的很大一部分是零，因此增加了不必要的网络负载。另一种方法是使用稀疏矩阵，它只表示节点间有边存在的节点对的列表。既然我们已经表示了图，那么让我们看看图处理中的一个基本问题，即找到两点间的最短路径。下面的代码利用了 Dijistra 算法。

Input: Graph $G = (V, E)$, directed or undirected; positive edge lengths $\{l_e : e \in E\}$; vertex $s \in V$

Output: For all vertices u reachable from s, $dist(u)$ is set to the distance from s to u.

procedure DIJKSTRA(G, l, s)

```
        for all u ∈ V do
            dist(u) = ∞
            prev(u) = nil
        dist(s) = 0

        H = MAKEQUEUE(V)                           ▷ using dist-values as keys
        while H is not empty do
            u = DELETEMIN(H)
            for all edges (u, v) ∈ E do
                if dist(v) > dist(u) + l(u, v) then
                    dist(v) = dist(u) + l(u, v)
                    prev(v) = u
                    DECREASEKEY(H, v)
```

使用 MapReduce 寻找最短路径的代码如下。

```
1: class MAPPER
2:     method MAP(nid n, node N)
3:         d ← N.DISTANCE
4:         EMIT(nid n, N)                          ▷ Pass along graph structure
5:         for all nodeid m ∈ N.ADJACENCYLIST do
6:             EMIT(nid m, d + 1)                  ▷ Emit distances to reachable nodes
1: class REDUCER
2:     method REDUCE(nid m, [d₁, d₂, . . .])
3:         d_min ← ∞
4:         M ← ∅
5:         for all d ∈ counts [d₁, d₂, . . .] do
6:             if IsNODE(d) then
7:                 M ← d                          ▷ Recover graph structure
8:             else if d < d_min then             ▷ Look for shorter distance
9:                 d_min ← d
10:        M.DISTANCE ← d_min                     ▷ Update shortest distance
11:        EMIT(nid m, node M)
```

对于一个 MapReduce 作业的每次迭代，图都要向后跳转一个单元。需要考虑的一点是 MapReduce 算法如何终止，一个简单的终止条件可以是迭代的次数。

Hadoop MapReduce 的实现还有很多其他的变体，包括来自 Nokia 的 Disco 开源平台，来自 LexisNexis 的 HPCC 平台，来自 Microsoft 的 DyradLinq，以及另一个高性能分布式计算的竞争者 Sector/Sphere。

不管是一站式方案还是自行搭建，集群背后的基本思想是一样的：将一个复杂的计算问题分成更小的部分，使得集群的多个核心可以并行解决，从而缩短运行时间。为分布式环境开发程序并调试它们可能是一项艰巨的任务。为了帮助解决这些问题，也可以使用各种调试工具，如用于 MPI 的 XMPI 和用于 PVM 的 XPVM，以及像 Condor 这样的资源管理工具。OSCAR 是可用于管理集群的工具。集群管理的主要功能是利用以上工具，市场上的一些集群管理软件有 platform HPC、Windows HPC server、Altair Gridworks、Oracle Grid Engine 以及许多其他的开源软件。

10.2.4　先进集群计算系统

10.2.4.1　用于高性能计算的 GPU 集群

GPU 集群是每个节点都有一个图形处理单元（GPU）的计算机集群，利用 GPU 的大规模并行计算能力进行更通用的处理。数据分析是在具有 GPU 加速器的集群中进行的。更高层次的语言结构，如 NVIDIA 的 CUDA 和 AMD 的 OpenCL 对于将通用计算引入 GPU 中有很大的帮助。CUDA 和 OpenCL 是基于 C 语言的编程语言，编程规则与 OpenMP 非常相似[8]。

另一个主要步骤是通过对 GPU 的虚拟化，在集群中，只有几个节点配备了 GPU，这些节点彼此相连；RCUDA 中间件[9]使得集群的机器能够访问 GPU，就仿佛这些 GPU 位于主机系统上一样。人们开展了许多工作来实现虚拟机中的虚拟 GPU。像 Amazon 和 Nimbix 这样的云服务提供商可以为高性能应用程序按需提供 GPU。

10.2.4.2　FPGA 集群

用于基于 FPGA 加速器的高性能解决方案的加速器产品越来越多。FPGA 的优点是芯片内部的硬件电路可以根据我们的需求再次布线和使用，这是 CPU 和 GPU 所不能做到的。虽然这还有很长的路要走，但全球主流金融公司和研究人员正在利用这些产品来多方面加速应用程序。例如，像 CASPER 这样的研究小组一直为 MATLAB 提供客户端库和开源电路设计插件。该小组主要聚焦于射电天文学和电子工程。需要开发开源编译器或像 GPU 上的 CUDA 这样的语言结构，用于将任何一般的高级语言的程序转换为在 FPGA 上运行的 HDL，以使 FPGA 集群有更多的市场。

10.2.4.3　云上的集群

集群计算一般涉及将两个或多个物理机器连接在一起，而云中的集群是虚拟的，即虚拟集群。虚拟集群是部署在单个服务器上的 VM 集合。事实上，每个 VM 都可以部署在物理集群上。这些虚拟机通过虚拟网络接口控制器连接，并允许相互通信。Amazon Web 服务和 Windows Azure 允许在其云环境中创建虚拟集群。各个机构正在利用云计算来降低只持续几个小时的高性能作业的计算成本。例如在 AWS（Amazon Web Service）中，一个拥有 128 TB 存储和 1000 内核处理能力的集群花费大约 1000 美元。

10.2.5　网格与集群间的差异

网格和集群的不同之处在于结构、范围和应用程序的使用。集群传统上用于提供冗余、可用性和高性能。Beowulf 集群是现代集群计算的先驱。两个相似的系统通过相互协调形成一个单一的实体，并解决一个更大的问题。它们提供单一的系统映像，目前通常可扩展到大约 100 台服务器。Petascale（千兆）级集群正在扩展到 1000 多台服务器，一些集群也支持跨数据中心的负载分布。网格主要是运行高度资源密集型的应用程序。在此之前，这仅限于科学和工程应用。

它们可以被看作是一个资源共享平台，拥有多个所有者和高度动态的异构系统。一些著名的网格是 Eurogrid、Japan Grid 和 Indian Garuda Grid。网格支持分布式负载均衡和调度，并且支持跨管理集或域的计算。它们可以是计算网格或数据网格，数据网格控制大量分布式数据的共享和管理，并且可以被看作是当今云计算中我们所看到的按需计算的原始形式。网格可以利用一台计算机的空闲计算能力，而集群中的系统则作为单一的单元专注于工作。在网格中，资源通常分布在不同的地理空间，而在集群中，计算机相对更近，主要位于同一个数据中心中。

10.3　网格计算

网格计算 [10] 可以看作是用于复杂和巨大的资源密集型任务的实用工具或基础设施，而远程资源可以通过互联网被工作站、笔记本电脑和移动设备使用。网格计算的愿景 [10] 类似于电网，电网中的用户不知道电能是在哪里产生的。类似于电网中的电力，我们在网格计算中有计算资源。想象一下，来自世界各地的各个国家的个人或机构所拥有的数以百万计的计算机、集群和超级计算机连接在一起，形成了一个巨大的超级计算机。用户可以通过支付使用费来利用这些计算资源。这种网格具有非常大的扩展的可能性。你可以把它看成是网格的网格。尽管不那么受欢迎，但仍存在一些网格经济模型。

网格计算在整合各种不同技术和平台的道路上走过了一段漫长的历程。这一范型的关键价值在于底层的分布式计算基础设施，这些基础设施是在支持跨组织资源和应用程序共享的基础上发展的，换句话说就是虚拟化或透明地访问资源，这种虚拟访问是跨组织、技术和平台的。如果不使用开放标准，这种虚拟化是不可能实现的。开放标准有助于确保应用程序能够透明地利用它们能够访问到的适当资源，在异构平台之间提供互操作性。这样的环境不仅提供了在分布式和异构环境中共享和访问资源的能力，而且还需要在授权、调度、任务协调、安全等方面提供技术和标准。

现在的大多数网格是根据资源仅在一个组织中共享的还是跨组织共享的来进行区分。组织内网格和组织间网格之间的区别并不仅仅基于技术差异。相反，区别主要基于安全域、策略类型和范围、所需的隔离程度以及基础设施提供商和用户之间的合同义务等配置选择。网格计算涉及一套不断发展的 Web 服务和接口的开放标准，这些服务和接口使服务或计算资源在互联网上可用（图 10-9）。

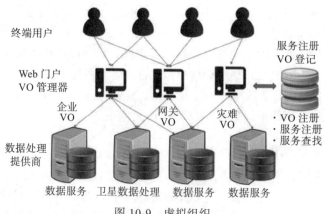

图 10-9　虚拟组织

虚拟组织（或公司）[14] 的成员在地理位置上是分散的，通常通过计算机传递消息完成工作，在其他人看来是一个单独的、统一的组织，并且具有一个真实的物理位置。共享资源的授权以及资源可能被使用的方式（内存、计算能力等）是虚拟组织中需要考虑的一些因素。

网格技术经常被用于同构集群，它们可以通过协作增加这些集群的价值，例如，通过对集群中的资源进行调度或配置。术语"网格"及其相关技术适用于整个系列。

10.3.1　网格计算的动机

高端计算机应用包括模拟核反应堆事故、药物研发和天气预报等。尽管 CPU 的能力、存储和网络速度不断提高，这些资源仍不能满足日益增长的复杂的用户需求。

典型的高性能计算的逻辑组件如下图所示。

用户通过前端客户机提交作业，处理工作站通常是向量系统或 SMP 系统（Milkyway2、Stampead 等），它们在当前的局限下也能够轻易地跨越 1 Tflop。该系统上编程需要特殊的工具和语言。处理后，被处理的数据会被发送到后端处理站进行可视化和存储。但这个超级计算机的搭建是非常昂贵的。成本因素是网格计算机发展的主要原因。利用未使用资源的想法是集群和网格计算模型兴起背后的另一动机（图 10-10）。

RANK	SITE	SYSTEM	CORES	RMAX (TFLOP/S)	RPEAK (TFLOP/S)	POWER (KW)
1	National Super Computer Center in Guangzhou **China**	**Tianhe-2 (MilkyWay-2)** - TH-IVB-FEP Cluster, Intel Xeon E5-2692 12C 2.200GHz, TH Express-2, Intel Xeon Phi 31S1P **NUDT**	3,120,000	33,862.7	54,902.4	17,808
2	DOE/SC/Oak Ridge National Laboratory **United States**	**Titan** - Cray XK7 , Opteron 6274 16C 2.200GHz, Cray Gemini interconnect, NVIDIA K20x **Cray Inc.**	560,640	17,590.0	27,112.5	8,209
3	DOE/NNSA/LLNL **United States**	**Sequoia** - BlueGene/Q, Power BQC 16C 1.60 GHz, Custom **IBM**	1,572,864	17,173.2	20,132.7	7,890
4	RIKEN Advanced Institute for Computational Science (AICS) **Japan**	**K computer**, SPARC64 VIIIfx 2.0GHz, Tofu interconnect **Fujitsu**	705,024	10,510.0	11,280.4	12,660
5	DOE/SC/Argonne National Laboratory **United States**	**Mira** - BlueGene/Q, Power BQC 16C 1.60GHz, Custom **IBM**	786,432	8,586.6	10,066.3	3,945
6	Swiss National Supercomputing Centre (CSCS)	**Piz Daint** - Cray XC30, Xeon E5-2670 8C 2.600GHz, Aries interconnect , NVIDIA K20x **Cray Inc.**	115,984	6,271.0	7,788.9	2,325

图 10-10　来自 top500.org 的前 6 名超级计算机

网格计算的增长和采用的另一个原因是组织有可能减少 IT 资源的资金和运营成本，同时仍然保持其所需的计算能力。这是因为大多数组织的计算资源在很大程度上未得到充分利用，但对于短时间内的某些操作又不可少。因此，通过参与网格计算，即使网络和服务成本可能略有增加，但 IT 投资的投资回报率可以提高。这也是企业为了满足这些不定期需求而寻求云解决方案的主要因素（图 10-11）。

网格计算的特点通过上图略微进行了解释，网格中的用户是一个非常大和动态的人

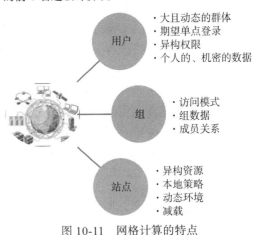

图 10-11　网格计算的特点

群，用户可以随时加入或离开网格。用户根据他在各自组织中的角色拥有自己的特权和授权，并拥有自己的机密数据。站点隐式地告诉了用户网格中资源的分布式特性。这些站点可能具有不同的使用策略和潜在的不同类型的资源。在高工作负载或最优处理要求的情况下[11]，负载将在网格中的不同站点之间进行均衡。

10.3.2   网格计算的演进

在过去 30 年中，PC 的处理能力已经显著上升（从 100 MHz 至几 GHz），并且拥有快速且廉价的网络，随着内置存储，个人电脑的使用率呈指数级增长。免费的开源软件和像 Linux 这样的操作系统已经成为一个强大、高效的操作系统，并且有着大量的应用程序。低成本高性能的 Linux 集群已在学术研究机构中得到了广泛应用。

网格计算的想法并不新鲜。"共享计算能力"的思想来自 20 世纪 60 年代和 70 年代，当时的计算由整个组织共享的大型计算机主导。"计算作为一个实用工具"的想法首次在 1965 年由名为 Multics（UNIX 的祖先，UNIX 是 Linux 的祖先）的操作系统的开发人员提出。

网格计算的直接祖先是"元计算"，它可以追溯到 20 世纪 90 年代初。元计算用于描述连接美国超级计算中心的行动。

FAFNER（Factoring via Network-Enabled Recursion）和 I-WAY（Information Wide Area Year）是美国的前沿性的元计算项目，均构想于 1995 年。这两个项目都影响了关键网格技术的发展。FAFNER 的目标是将非常大的数字分解，这是与数字安全高度相关的挑战。由于这个挑战可以被分解成小的部分，所以即使是相当普通的计算机也可以提供有用的计算能力。FAFNER 对今天网格的贡献在于划分和分配计算问题的技术，该技术是各种志愿计算项目使用的技术先驱。I-WAY 的目标是使用现有网络连接超级计算机。I-WAY 的创新之一是计算资源代理，在概念上与目前为网格计算开发的计算资源代理类似。

1996 年，Globus 项目启动（ANL & USC）。2002 年，开放式网格服务架构（Open Grid Services Architecture，OGSA）首次在全球网格论坛（现为开放网格论坛）上公布。2003 年 7 月，发布了使用基于 OGSA 和开放式网格服务基础设施（Open Grid Services Infrastructure，OGSI）的面向服务方法的 Globus Toolkit。2004 年发布了 Web 服务资源框架，2005 年，Globus Toolkit 支持 WSRF。2006 年，全球网格论坛更名为开放网格论坛。

10.3.3   网格系统的设计原则和目标

为了给用户提供无缝的计算环境，网格系统[12]的理想设计目标如下：
- 异构性。网格由高度异构的资源阵列组成，并涵盖广泛的技术。
- 多个管理域和自主权。网格资源可能不仅在地理上分散，而且可以轻松跨越多个管理域，并可能由不同的组织拥有。必须了解资源所有者的自主权，遵守其本地资源管理和使用政策。
- 可扩展性。一个网格集成的资源数量可以从几个到数百万个。虽然这很好，但随着网格规模的增加，性能可能会降低。因此，需要大量不同地理位置资源的应用，在设计时必须考虑到延迟和带宽容忍等因素。如今最大的网格拥有超过 435 Tflops 的处理能力和超过 200 万台主机（BOINC Stats World Community Grid）。
- 动态性、适应性、故障恢复。在网格中，资源故障是经常发生的，而不是异常情况。网格资源数量非常多，一些资源发生故障的概率相当高。资源管理者或应用程序必须动态调整其行为，并有效、高效地使用可用的资源和服务。

设计网格环境时，其他一些目标还包括降低计算成本、增加计算资源利用率、减少作业周转时间、降低用户复杂度等。

因此，理想的网格环境将以无缝的方式提供对可用资源的访问，使得物理的不连续性变得完全透明，例如平台、网络协议、管理边界之间的差异。实质上，网格中间件将一个完全异构的环境转化为一个虚拟的同构环境。

以下是网格环境应提供的主要设计特性：

- 通信服务：不同的应用程序具有不同的通信模式，从点到点通信到组播通信。这些服务也是机器到机器交互以及分布式资源之间的任务协调所必需的。考虑到容错、带宽、延迟、可靠性和抖动控制等重要 QoS 参数，网格应为应用在选择通信模式方面提供灵活性。
- 信息服务：鉴于网格环境的动态性质，有必要使系统中的任何进程都可以访问所有资源，而不考虑资源用户的相对位置以及有关网络结构、资源、服务和状态的信息。
- 命名服务：命名服务在整个网格环境中提供统一的命名空间。在网格中，名称指的是处理站、服务和数据等各种对象。
- 分布式文件系统：大多数情况下，分布式应用程序需要访问分布在多个服务器之间的文件。
- 安全性和授权：任何系统必须按照 CIA 的机密性、完整性和身份验证来提供安全性。但是，网格环境中的安全性是复杂的，因为它需要多种资源来自主管理，并以不影响资源可用性且不会在整个系统中产生安全漏洞的方式进行交互。
- 系统状态和容错能力：工具提供可靠和健壮的环境，包括监控资源和应用程序的实用工具。
- 资源管理和调度：总体目标是提供高效和最佳的资源利用来处理网格计算环境中的应用程序。从用户的角度来看，资源管理和调度是完全透明的。网格调度程序应该能够与本地管理技术协调，因为网格可能涉及具有不同使用策略的不同组织。
- 编程工具和范型：网格最重要的部分是提供开发网格应用的方法。网格应提供接口、API、工具和实用程序，以提供丰富的开发环境。应具备 C、C++、Java 和 Fortran 等最常见的网格编程语言，应具备应用级接口如 MPI、DSM 和 PVM。网格还应支持各种调试工具、分析器和用户库，使编程更简单。

用户 GUI 和管理 GUI 需要简单直观，界面也可以是基于 Web 的界面，以便于管理和使用。计算经济和资源交易不仅激励资源所有者，而且还提供了保持供应需求的手段。管理层次结构确定管理信息如何流经网格。

10.3.4　网格系统架构

网格和其他技术（如网络计算模型）之间的关键区别在于资源管理和发现。网格中间件连接应用程序和资源。这个网格中间件可以被认为是核心中间件和用户中间件。核心中间件提供类似安全和有效的资源访问等基本服务，用户中间件为作业执行和监视、身份验证和将结果传送回用户提供服务（图 10-12）。

网格架构[11]可以从不同的层面来看，每个层面都有预定义的功

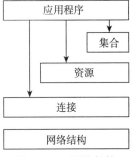

图 10-12　网格架构

能。较高层通常以用户为中心，而较低层则以硬件为中心，侧重于各种资源：

- 最低层是网络层，它为将各种网格资源相互连接的任何网格提供基础骨干网，例如印度的 National Knowledge Network。
- 网络层上方是将实际网格资源连接到网络的资源层。这些资源可以是工作站、个人电脑、传感器、望远镜，甚至数据目录。
- 接下来是中间件层，它提供各种工具，以使各种资源能够参与到网格中。
- 最高层是应用层。这包括网格应用程序以及支持应用程序的开发工具包。网格用户与此层交互，它还提供了通用管理功能和审计功能。

不同的应用程序可以在网格上进行处理，不同的组织为各种用例使用网格。一些组织可能会使用网格进行高性能计算或资源聚合，也可能使用网格进行分布式数据存储和访问。人们设计了不同类型的网格架构来满足这些要求，网格可分为以下几种。

10.3.4.1　计算网格

计算网格[17]被用于希望扩展能力、组合和共享现有资源以最大限度利用、需要比当前可用的处理能力更多的组织。这些组织可能正在解决全球变暖问题，预测天气，或在基础科学、财务数据、分布式数据挖掘或高性能网络服务方面进行尖端研究。无论原因如何，所有这些问题都有一个非常重要的相似之处：处理资源的可用性和可达性。这是这类网格的主要目标。请注意，并不是所有的算法都能够利用并行处理和数据密集型和高吞吐量计算。

计算网格可以通过这些主要特征来识别：按需即时访问资源，集群或超级计算机，处理大规模作业的计算能力以及 CPU 拾遗（CPU scavenging）以有效利用资源。

计算网格的主要优点是降低了总体拥有成本（TCO）和较短的部署生命周期。World Community Grid，Distributed Petascale Facility（TeraGrid），European Grid Infrastructure 和印度的 Garuda Grid 都是已部署的计算网格的不同实例。

10.3.4.2　数据网格

计算网格更适合于资源聚合和远程资源访问，而数据网格[17]的重点在于向用户透明地提供对分布式和异构数据池的安全访问。这些数据网格还可以包括诸如分布式文件系统甚至联合数据库或任何其他分布式数据存储等资源。数据网格还利用存储、网络和位于不同管理域（区别在于数据使用和高效调度资源方面的本地及全局策略）中的数据，给出约束（本地和全局），并提供高速可靠的数据访问。为数据网格带来利益的一个用例是组织采取主动行动扩展数据挖掘能力，最大限度地利用现有的存储基础设施投资，从而降低数据管理的复杂性。

10.3.4.3　网格拓扑

合作伙伴数量越多，地理参数和约束越多，网格越复杂。在资源发现时，可用性和非功能性要求（如安全性和性能）变得更加复杂。资源共享不仅仅是文件交换，它是直接访问计算资源和数据。这需要来自网格环境的一系列协作解决问题和资源代理策略。这种共享应该是高度安全和可审计的。因此，根据复杂性和涉及合作伙伴，网格计算拓扑被分类如下：在单个组织内形成 Intragrid，并具有单个集群。Extragrid 是通过汇集多个 Intragrid 来形成的。这通常涉及不止一个组织，管理复杂性增加了安全性问题。安全性分散，资源更加动态。通过资源、应用和服务的动态集成形成 Intergrid，用户通过 WAN / Internet 获取访问权（图 10-13）。

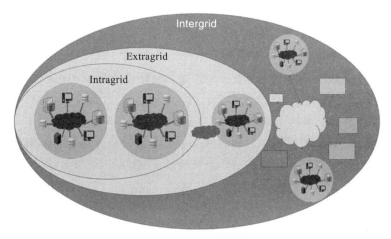

图 10-13　网格拓扑

10.3.4.4　网格计算系统的工作

用户首先提交作业（用户希望在网格中运行的任务）。当作业需要运行时，网格将作业放在队列中，并对作业进行调度。网格首先找到工作所需的适当资源，并组织有效的数据访问和认证处理，与本地站点的资源分配机制和策略进行联系，运行作业，监控进度，在发生故障时恢复执行，并在作业完成后发出通知。网格的另一种方式是以服务的形式来运行。随着 Web 2.0 和 SOA 的出现，大多数网格中间件都是围绕网格服务进行改写或设计的。网格服务是与网格资源相关的服务接口。在网格环境下，资源及其状态通过网格服务进行监测和控制（图 10-14）。

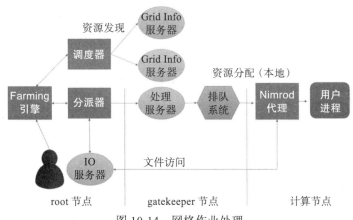

图 10-14　网格作业处理

上图使用 Nimrod 调度器来处理执行。计算节点是运行作业的节点。调度器接受调度决策，即在网格中分配哪些资源。这些资源可以在网格中，或者是必须从外部网格系统访问的资源。root 节点是用户提交作业的位置，gatekeeper 节点负责排队作业。

这些计算框架尽管功能强大，但需要高度的知识资本来成功部署和开发。这种限制可能是对希望尝试网格计算的个人或团体的障碍。对于新的程序员来说，这就像是为第一个 Web 应用程序使用 Struts，而不是从头开始编写自己的 servlet。

然而，许多网格中间件为开发网格应用程序提供了高度抽象的机制。这些中间件支持一种版本的 MPI 来开发应用程序，并提供用户库和网格 API 来利用网格基础设施。有关网格基础设施编程的更多信息，请参阅"进一步阅读"部分。

10.3.5   网格计算系统的优点和局限

网格计算的关键是用一组计算机来并行处理一个复杂的问题，而不是仅用一台计算机。这种方法给我们以下好处：

- 有效的资源利用：网格计算的基本优势是在不同的计算机上运行现有的应用程序。这可能是由于之前的计算机上负载过重，或者是因为作业是资源密集型的，因此必须在多台计算机上执行。该作业可以在网格上其他位置的空闲计算机上进行处理。通过使空闲的资源工作，效率得到提高。
- 并行 CPU 容量：通过汇总资源，网格不仅可以增加资源利用率，还可以累积潜在的大量处理能力。世界网格论坛在 2014 年拥有超过 435 Tflops 的 CPU 容量。像许多并行编程环境一样，网格环境非常适合于执行可并行化的应用程序。使用像 MPI 和 PVM 这样的库和编程模型，可以传递数据并在分布式资源之间协调处理。
- 虚拟资源和虚拟组织 [14]：将网格用户动态组织到具有不同策略的多个虚拟组织中。当谈论资源共享时，它不仅限于文件，还可以涉及许多专门的资源、装置、服务、软件许可等。所有这些资源都被虚拟化，使得所有网格参与者之间更加统一、可互操作和可靠访问。
- 访问额外的资源和可扩展性：大多数情况下，特定的应用程序或服务可以具有平均负载，但偶尔负载可能会达到峰值。特别是在偶尔的高峰时期，许多组织寻找额外的资源。或者有时候组织会对数据进行定期分析，这可能需要额外的资源来处理分析。
- 故障恢复能力：网格环境中通常的模块化结构和无单点故障，使网格更具有故障恢复能力，故障发生时作业能够自动重新启动或转移。
- 可靠性：由于网格的分布性，任何一个位置的故障都不会影响网格其他区域的功能。保留数据和作业的多个副本以便服务于 QoS 和关键应用限制。
- 资源管理与维护：由于资源聚合和网格监控，这些分布式资源的调度和管理变得更加简单。

与其他范型一样，网格计算有一些局限：

- 不能分布的内存密集型应用程序不适合网格环境。
- 高性能分布式应用可能需要高性能互联。
- 在具有多个管理域的大规模网格环境中进行同步是具有挑战性的。
- 组织可能不愿分享资源，必须建立必要的政策。
- 其他一些挑战可能是性能分析、网络协议、安全性、编程模型和工具。

10.3.6   网格系统和应用

网格计算不仅在资源密集型应用中有用，也适用于任何重复的工作。一个组织，无论是大型跨国公司还是中型公司，都可以使用网格来提高效率和资源利用率。网格创造了按需计算模式，随着云计算的蓬勃发展，按需计算达到了一个新的水平。网格计算的发展与云计算相比要早十年的时间，而且与云计算模型有所重叠。要使网格计算成为主流，具有高商业价值的引人注目的商业用例非常重要。第一个这样的用例可能是分布式数据挖掘。数据挖掘是从业务数据中识别有趣的关系和模式的一种方式。杂货店可以使用数据挖掘来研究购买模式，并战略性地决定特定产品在仓库中需要保存多少库存，或使用任何其他推荐引擎电子商务网站或广告网站。第二个用例可能是数据驱动的决策和风险分析。

构建网格计算环境的最常见方法如下（图 10-15）：

- 专用机器仅用于网格工作负载。
- 网络周期挪用，通过对组织中的空闲计算机进行重新利用，可以运行网格作业。
- 全局周期挪用：志愿计算的一种形式，志愿者通过互联网捐赠 CPU 周期。

网格计算正在远离小众的高性能应用，已被更多地集成到日常系统中 [13]。

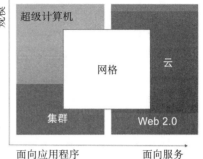

图 10-15　网格、集群、云的对比

现在我们来研究一些市场上有代表性的网格环境。之后，我们将研究两个重要的网格计算项目。

10.3.6.1　Globus

Globus Toolkit[14] 被认为是当前网格的实际标准。目前版本为 5.0，Globus Toolkit 由 Globus Alliance（Globus 联盟）设计。它包含一组开源实用工具、服务、API 和协议。这是最广泛使用的构建网格的中间件。Globus 模块，如资源管理或信息基础设施，可以独立使用，而不使用 Globus 通信库。Globus Toolkit 支持以下功能：

- 网格安全基础设施（GSI）。
- GridFTP。
- Globus 资源分配管理器（GRAM）。
- 元计算目录服务（MDS-2）。
- 二级存储的全局访问（GASS）。
- 数据目录和副本管理。
- 高级资源预留和分配（GARA）(图 10-16）。

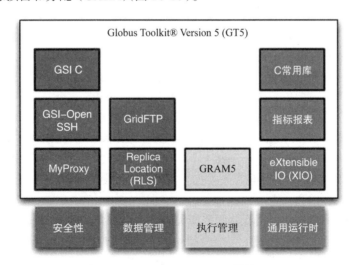

图 10-16　Globus Toolkit 模块

Globus 是用于访问网格环境的底层服务的一组 API。Globus Toolkit 为应用程序开发人员提供了一个逻辑视图来创建支持网格的应用程序。使用 Globus，开发人员可以向其用户团体提供安全强大的文件传输、身份、配置信息和组管理。Globus 允许终端用户创建和管理一个独特的身份，并可以将其链接到外部身份进行验证。终端用户也可以更快、更轻松地在广域网上传输文件，无论其地理位置如何。

Legion 是由弗吉尼亚大学开发的基于对象的网格系统。在 Legion 系统中，软件或硬件资源都被表示为一个对象。每个对象通过方法调用进行交互。Legion 定义了一个用于对象交互的 API。

10.3.6.2   BOINC

BOINC[15] 最初是为志愿计算设计的，如 SETI @ HOME 和 Folding @ Home。但它也适用于网格计算环境。World Community Grid 是基于 BOINC 的网格之一。科学家利用这个网格来创建志愿计算，而大学使用它来创建虚拟超级计算机，公司使用它来创建桌面网格计算。桌面网格和志愿计算的一些主要差异在于桌面网格计算资源大都是信任的，并且不需要屏幕保护图形。

BOINC 的整体流程如下：

- 当 BOINC 客户端是免费资源时，它与资源调度程序协调任务。在此过程中，客户端声明其平台和其他参数。
- 调度程序找到未处理的作业并将其传递给客户端。
- 客户端下载与应用程序版本和工作单元相关联的文件，并执行程序。
- 完成工作后，从客户端上传结果。

这个过程一直持续下去。

SZTAKI 桌面网格和 Jarifa 是基于 BOINC 的，被开发用于在层级组织中共享资源，形成计算网格。

10.3.6.3   OGSA

开放网格服务架构（OGSA）[16] 代表了基于 Web 服务概念和技术的网格系统架构的演变。网格服务解决了虚拟资源及其状态管理的问题。网格是一个动态环境。因此，网格服务可以是暂时的而不是持久的。网格服务可以动态创建和销毁，这方面与 Web 服务不同，只要客户端可访问其对应的 WSDL 文件，就会假定 Web 服务可用。Web 服务时间通常比所有客户端都要长。以下是一些关键功能，OGSA 服务模型要求兼容的网格服务提供新的资源实例的创建、独特的全局命名和引用、生命周期管理、服务注册和发现以及客户通知：

- Open Grid Service Interface（OGSI）网格服务：Open Grid Service Interface 定义了关于如何使用作为 Web 服务扩展的网格服务来实现 OGSA 的规则。网格服务通过 Grid Web Services Definition Language（GWSDL）来定义，GWSDL 是 WSDL 的扩展。
- Web Services Resource Framework（WSRF）网格服务：这些是描述使用 Web 服务实现 OGSA 功能的一组 Web 服务规范。Globus Toolkit 4.0 及更高版本提供了一个开源 WSRF 开发套件和一组 WSRF 服务。

Nimrod-G 和 Condor-G 是调度器和资源管理器，可以与 Globus Toolkit 一起使用，以满足 QoS 要求。通常可以整合我们讨论的多个系统以形成更强大的系统。这样的一个网格计算项目是 Lattice。它是基于我们之前介绍过的 BOINC。它集成了 Condor-G 作为调度器和 Globus Toolkit 作为网格的骨干，而 BOINC 客户端也被用于包括志愿计算资源。

目前几个正在使用中的科学网格如下：

- European Data Grid。European Data Grid 是一个由欧盟资助的项目，旨在创建一个庞大的计算和数据共享网格系统。其目标是 CERN 领导的高能物理学项目、生物医学图像处理和天文学。
- Worldwide LHC Computing Grid。Worldwide LHC Computing Grid（WLCG）项目是 40 个国家的合作项目，共计 170 个计算中心连接各个国家和国际网格，每天运行 200 万个作业。WLCG 项目的使命是提供全球计算资源，用于存储、分发和分析由法国和瑞士边界的 CERN 大型强子对撞机（LHC）每年生产的约 30 PB（3000 万 GB）的数据。

10.3.6.4 in-memory 网格计算

in-memory 网格 [17] 是与 NoSQL、RDBMS 和 in-memory 数据库完全不同类型的数据存储。它的 data fabric 是将数据分布到在某个位置或多个位置的多台数据存储服务器上。这种分布式数据模型被称为无共享架构。数据存储在服务器的内存中。可以通过不间断地添加更多的服务器来添加更多的内存。数据模型不是关系型的，而是基于对象的。支持在 .NET 和 Java 应用程序平台上编写的分布式应用程序。data fabric 是弹性的，允许对单个服务器或多个服务器进行无中断的自动检测和恢复。市场上存在的一些 in-memory 网格产品如下：

产 品 名 称	平 台	开 源	商 业 化
VMware Gemfire	Java	No	Yes
Oracle Coherence	Java	No	Yes
Alachisoft Ncache	Dot Net		
GridGain		No	Available
Hazelcast	Java	Yes	Available

利用 in-memory 数据网格，企业可以在其 IT 环境中实现以下特点：
- 横向扩展计算：每个节点将其资源添加到集群中，可以由所有节点使用。
- 快速的大数据：可以在内存中操作非常大的数据集。
- 弹性：最大限度地减少对应用程序的影响，而节点随机故障不会导致数据丢失。
- 编程模型：为程序员提供简单的单一系统映像。
- 动态可扩展性：节点可以动态加入或离开网格。
- 弹性主存：每个节点将其 ram 添加到网格的内存池中。

in-memory 数据网格通常与数据库一起使用。鉴于其分布式、弹性负载共享特性，它提高了具有巨大数据的应用程序的性能，并且支持高吞吐量的数据获取。它能够显著地提高性能，原因是磁盘读取较少，并且所有数据都存在于内存中。in-memory 数据网格的一个限制是它通常缺乏完整的 ANSI SQL 支持；在好的一面，它提供了巨大的并行处理能力。键值访问、MapReduce 和有限的分布式 SQL 查询和索引功能是关键的数据访问模式。有限的分布式 SQL 查询正在消退，因为像 GridGain 这样的公司正在为 SQL 提供非常认真和不断增长的支持，包括可插入索引、使用键值存储的分布式连接等，可以为应用程序开发人员提供更大的灵活性。数据模型和应用程序代码有着不可分割的联系，比关系型结构更为重要。

in-memory 数据网格和商业效益

企业利用 IMDG[18] 获得的竞争优势是企业现在能够更快地做出更好的决策，同时企业可以提高决策质量。

通过为用户提供更多数据，业务效率得到提高，盈利能力也得以提高。通过为用户提供更快、更可靠的 Web 服务，大大提高了用户满意度。

它为解决涉及事务、分析或混合功能的大数据问题铺平了道路，并使各种类型的数据（结构化的、非结构化的、实时的和历史的）在同一应用程序中一起被利用，在速度和规模上取得了前所未有的收益。由于高负载共享和分布式数据，IMDG 可用于即便是现在也主要由大型计算机主导的高性能交易。IMDG 的另一个主要用例是实时分析，巨大的内存可用性、各种类型的数据存储的集成以及访问模式使得组织能够实时地对巨大的数据进行分析。

IMDG 的另一个用例是使用 IMDG 作为分布式缓存机制。关键的思想是即使面对机器故障，也能为企业提供无中断的应用，从而降低企业的 IT 风险。由于在分布式环境中的数据复制，因此必须在数据一致性和性能之间进行艰难的权衡。SQL 连接无法在分布式环境中有效执行。这是 IMDG 跟随基于 MPP 解决方案选择水平扩展（向外扩展架构），而 RDBMS 选择垂直可扩展性（向上扩展架构）的关键原因。

使用 IMDG 的主要考虑因素是 IMDG 位于常规处理中的应用层和数据层之间。尽管 IMDG 适用于所有数据库，但应用程序则依赖此层进行超快的数据访问和处理。但开发人员必须对应用程序进行一些更改才能从这些新的性能功能中受益，其中还包括除 SQL 数据访问之外的 MPP 数据访问模式。

在下一节中，我们将研究市场上可用的产品之一，即 GridGain。

GridGain In-Memory Data Fabric

GridGain[19] 是 in-memory 数据网格市场的重要成员之一。在这里，我们简要讨论 Grid-Gain Data Fabric 的架构，以及如何将它用于加速应用程序。

数据网格

数据网格被设计为具有水平可扩展性，同时具有数据局部性和基于亲和度的数据路由的综合语义。它支持本地、复制和分区数据集，并允许使用 SQL 语法在这些数据集之间自由交叉查询。数据网格的主要特点如下：支持堆外内存（off-heap memory）、支持 SQL 语法、负载均衡、容错、远程连接、支持分布式连接（distributed join）、支持 ACID 事务和先进的安全性。

图 10-17 显示了应用程序、网格和数据库层之间的数据传输。

集群和计算网格

in-memory 集群和计算网格利用高性能分布式存储系统实时地在 TB 级数据集上执行计算和事务，比传统系统可能的速度快几个数量级。GridGain In-Memory Data Fabric 为用户提供了 API，用于在集群中的多台计算机之间分配计算和数据处理，以获得高性能和低延迟。

Hadoop 加速

GridGain memory fabric 的一个有趣的用例是加速 Hadoop，Hadoop 受限于批处理作业，主要是由于对磁盘进行了大量的读写操作。GridGain in-memory file system（GGFS）可以作为 Hadoop 集群中的独立主要文件系统，或与 HDFS 一起，用作 HDFS 智能缓存层。作为缓存层，它提供非常合理的直读（read-through）和直写（write-through）逻辑，用户可以自由选择要缓存的文件或目录以及如何缓存（图 10-17）。

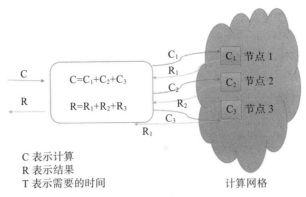

C 表示计算
R 表示结果
T 表示需要的时间

计算网格

图 10-17　用于 Hadoop 加速的 GridGain Data Fabric

10.3.7　网格计算的未来

到目前为止，我们已经看到主要用于台式机、SMP 和集群的网格计算环境。移动电话的出现为网格和分布式计算技术的潜在发展创造了令人兴奋的机会和可能性，特别是在目前强大的智能手机和平板电脑时代。智能手机目前超过一千万部，预计将进一步发展，智能手机构成了网格或分布式计算的潜在平台，原因如下：

- CPU——目前，大多数智能手机（和平板电脑设备）至少拥有 1 GHz 的处理器速度和大于 256 MB 的 RAM，而且这些规格正在不断增加。
- 连通性——移动网络的更广泛的地理覆盖范围以及 GPRS、3G、4G 和 Wi-Fi 等技术的进步。
- 存储——存储容量显著增加，已达到几 GB。
- 传感器——附加了像 GPS、加速度计、指南针、相机等传感器。这些传感器为分布式应用提供了背景。

需要注意的四项挑战是：

- 电量——任何给定时间，在移动设备上都只有有限的电量可用。大量的计算任务将迅速耗尽电池。
- 平台——针对移动平台的分布式应用程序必须在使用各种硬件、操作系统和库的异构系统上运行。像 Android 这样的流行平台大量分散，进一步增加了复杂程度。
- 网络——移动设备通常间歇性连接到网络，并且是连接到各种网络，包括蜂窝网、数据网、Wi-Fi 等。
- 社会——不能够强迫移动设备所有者让他们的设备参与到网格中，因为他们的主要顾虑是电池消耗和可能产生的连接费用，尽管为解决大问题的更大目标做出贡献令人鼓舞：

　　BONIC Mobile 是伯克利开放式网络计算平台（Berkeley Open Infrastructure for Network Computing，BOINC），它是一种用于志愿计算和网格计算的开源中间件系统，它利用个人计算机上的空闲时间来运行计算问题。BOINC Mobile，针对 BOINC 开发人员，尝试将 BOINC 平台及其项目（SETI @ Home 等）应用于基于 ARM 平台的移动设备。BOINCOID 是一个试图将 BOINC 移植到 Android 设备的项目。

云计算改变了用户的计算资源供应方式。利用商品计算机技术的进步，公司（如 EBay、Twitter、Google、Facebook）以性价比较高的方式来满足巨大的需求，方式包括自行构建巨大的数据中心，或者将基础设施需求外包给 IaaS 供应商。虚拟化的商品化加速了这一变化，从而更容易根据需要分配计算资源。正如我们之前看到的，网格和云计算重叠的部分很多。以前的企业网格类似于现在的私有网格，主要区别在于使用虚拟化进行动态配置资源。当前的主要重点已经转向面向服务的网格架构，使得部署实时应用程序变得可行。

10.4 结论

在本章中，我们学习了分布式计算在大数据分析中的作用。任务并行化是将任务分解到多个处理站，而数据并行化是将数据和处理划分到多个处理器中，这些处理器中有着相同的程序。

集群计算是将本地网络上的多个系统连接在一起，建立一个更强大的计算机系统的方法。这始于 20 世纪 90 年代初，当时的科学实验室开始使用 NoW。MPI、PvM 和新的 Hadoop MapReduce 是为我们自己构建集群计算机的一些方法。新一代集群不仅限于 CPU，正在向 GPU 集群和 FPGA 集群转移，这会给高度并行的场景带来巨大的性能飞跃。

集群和网格之间的基本区别是：计算机集群主要在本地网络上使用，网格则更为分散。网格计算可以看作是一种功利主义的计算形式。

未使用的资源可由网格系统中有需求的作业使用。以共享数据存储资源为主的网格被归类为数据网格，而以共享处理能力的网格被分类为计算网格。Globus 是网格计算的事实上的标准。in-memory 数据网格是一种新形式的数据网格，其中整个数据存储在主存中。

10.5 习题

1. 什么是网格计算？
2. 什么是集群计算？
3. 解释使用网格计算的好处。
4. 解释集群计算的好处和潜力。
5. 网格计算、云计算、集群计算之间有什么区别？
6. 解释网格计算的体系结构。
7. 解释集群计算的体系结构。
8. 详细阐述集群系统的体系结构原则和设计目标。
9. 详细阐述网格系统的体系结构原则和设计目标。
10. 解释 Globus Toolkit。
11. 解释集群计算机的编程。
12. 给出 MPI、PVM、MapReduce 编程的区别。
13. 详尽说明使用 MapReduce 编程进行图形处理。
14. 安装一个示例网格并解释步骤。
15. 为网格编写应用程序的不同方法有哪些？
16. 你认为网格计算如何影响现代生活？
17. 网格中与资源共享和资源访问有关的问题是什么？
18. 解释网格计算的一个重要用途。

19. 集群计算的进展如何？

20. 如何在网格上运行分布式数据挖掘算法？

21. 网格如何有助于分析处理？

22. 想象一下，你创建了一个网格系统，以利用未使用的计算资源。

    - 这样一个系统的设计目标是什么？

    - 你打算如何使用这样的系统？

    现在你的朋友在附近，还想和你分享资源，他拥有一个包含10台计算机的集群。

23. 这种分享有哪些优点和潜在的注意事项？

    在了解你的安排之后，所有的朋友都希望贡献自己的资源，因此你创建了一个具有1000台计算机和许多合作伙伴的网格。

24. 这个规模有什么挑战？

25. 你对这种系统有什么期望？

    在此之后，你了解到有很多资源仍然闲置，你想要销售资源。

26. 你觉得这样一个经济的潜力是什么？

参考文献

1. Udoh E (ed) (2011) Cloud, grid and high performance computing: emerging applications. IGI Global, Hershey

2. Open MPI: open source high performance computing. Retrieved August 14, 2014, from http://www.open-mpi.org

3. Sunderam VS (1990) PVM: a framework for parallel distributed computing [Journal]. Concurrency Exp 2(4):315–339

4. Apache Hadoop Introduction (2013) Retrieved October 5, 2014, from http://www.hadoop.apache.org

5. Dean J, Ghemawat S (2004) MapReduce: simplified data processing on large clusters [Conference]. In: Symposium on operating systems design and implementation

6. Facebook Engineering Blog. Retrieved September 5, 2014, from https://code.facebook.com/posts/

7. Borthakur D, Gray J (2011) Apache hadoop goes real-time at facebook [Conference], SIGMOD. ACM, Athens

8. Kindratenko VV et al (2009) GPU clusters for high-performance computing [Conference]. In: IEEE cluster computing and workshops. IEEE, New Orleans

9. RCUDA Documentation. Retrieved September 5, 2014, from http://www.rcuda.net/

10. Magoulès F, Pan J, Tan KA, Kumar A (2009) Introduction to grid computing. CRC Press, Boca Raton

11. Foster I, Kesselman C. The grid 2: blueprint for a new computing infrastructure [Book]. [s.l.]. Elsevier

12. Baker M, Buyya R, Laforenza D (2002) Grids and grid technologies for wide-area distributed computing. Softw Pract Exper 32(15):1437–1466

13. Pallmann D (2009) Grid computing on the Azure cloud computing platform, part 1. Retrieved September 5, 2014, from http://www.infoq.com/articles/Grid-Azure-David-Pallmann

14. Foster I, Kesselman C, Steven T (2001) The anatomy of the grid: enabling scalable virtual organizations [Conference]. In: First IEEE/ACM international symposium on cluster computing and the grid. [s.l.] IEEE

15. Anderson DP (2004) BOINC: A System for public resource computing and storage [Conference]. In: 5th IEEE/ACM international workshop on grid computing, Pittsburgh, USA [s.n.]

16. Globus (2014) Open grid services architecture Globus Toolkit Documentation. Retrieved September 5, 2014, from http://toolkit.globus.org/toolkit/docs/6.0/

17. Preve N (2011) Computational and data grids: principles, applications and design [Book].

[s.l.]. IGI Global

18. Out Scale (2014) In-memory data grid technology [Online]. Scaleout software: in memory data grids for the enterprise

19. Grid Gain Hadoop Accelarator. (2014). Retrieved September 5, 2014. http://gridgain.com/

进一步阅读

Pearce SE, Venters W (2012) How particle physicists constructed the world's largest grid: a case study in participatory cultures. The Routledge Handbook of Participatory Cultures

Wilkinson B (2011) Grid computing: techniques and applications. CRC Press, Boca Raton

Kirk DB, Wen-mei WH (2012) Programming massively parallel processors: a hands-on approach. Newnes

Kahanwal D, Singh DT (2013) The distributed computing paradigms: P2P, grid, cluster, cloud, and jungle. arXiv preprint arXiv:1311.3070

第 11 章
高性能 P2P 系统

11.1 引言

早期，在大型计算机的时代，大部分计算都是在中央系统上完成的，这些系统超级强大，而且相当昂贵。这种中央型、超级强大的计算机是通过计算终端来访问的。随后是互联网时代，该时代的特点是信息变得数字化，而且客户端的处理能力也在逐渐增加。此时，系统的计算负载或存储负载仍是客户端不足以处理的，所以它们主要依赖于服务器。从此，就开始了使用连接到同一网络的所有系统中未使用的资源的变化。单个系统的处理能力越高，本地系统上执行的计算就越多，而不是在服务器上。计算机作为个人系统的使用，也增加了获得更多未被充分利用的计算能力的人数。个人使用增加的越多，越多的数据和计算就会从一个地方转移到另一个地方。这增加了带宽的需求，使得更快的网络成为可能。更快的网络、强大的计算机、昂贵的服务器，共同导致更好的协作。这标志着从集中式计算到在相对不那么强大的计算机之间进行越来越多的协作计算的转变。协作增加了资源的可用性，为更大而复杂的问题找到解决方案，而这些问题最初是无法解决的。这一趋势也被 SETI@Home[16] 广泛利用，还产生了很多类似的项目。这被称为自愿计算。

这一进步也诱使用户从客户机到客户机共享文件，从而减少服务器上的负载。早期，P2P 技术最常用的方法是分发数字内容。有时，非法的和受版权保护的内容也被传输。臭名昭著的 Napster[29] 就是其中之一。然而，现在越来越多的媒体公司和其他企业正在为它们的商业应用使用这种范型。

在早些时候，信息大多是通过手写的信件、收音机和电视传播的。但是，如果把场景快进到今天，信息的完整呈现是数字化的，而通信是通过电子邮件、网站、博客、推文、Facebook 帖子、云存储来完成的，并且可以轻易地在几秒钟内就分发到全世界。信息世界不仅爆炸式增长，信息的格式也发生了变化。随着过多的数据出现，人们不得不过滤垃圾数据，才能最终找到自己感兴趣的信息。随着新时代的通信、工具、知识论坛、MOOC 学习系统、网络研讨会、实时通信的出现，物理呈现不再是一个限制因素。

P2P 计算范型可以被看作是不同节点之间协作的完美形式。在 P2P 中，具有不同计算能力的不同系统聚集在一起，共享它们的资源，如带宽、存储、计算周期和共同责任集合。P2P 中没有主控机，但是可能有一个中央服务器来协调对等节点。这与当前强调协作的团队形式是一致的。P2P 范型完全依赖于对等节点的贡献。这种贡献可以是内容本身，也可以是将内容分发给其他用户、存储和计算周期的带宽。

与传统的客户端 – 服务器模型不同，P2P 计算模型支持自组协作和通信。拥有成本被分配给对等节点。P2P 中保证了对等节点的匿名性。由于没有中央服务器，也就意味着没有单点故障，所以 P2P 可以比传统的客户端 – 服务器系统更具可扩展性。P2P 系统中的对等节点可以是任何事物，例如传感器节点、移动设备、工作站。由于 P2P 系统的去中心性质，意味着更少的瓶颈以及无单点故障，P2P 系统提供了更高的容错能力、更高的故障恢复能力以及更高的综合性能。

尽管 P2P 系统有很多优点，但它也有一些局限性。对等节点之间存在着内在的信任因素，必须建立足够的担保。对于不可信的环境，集中式系统在安全性和访问控制方面是更好的选择。

但是如今的系统已经进入这样的范型中，即用户们已经准备好提供计算资源的一部分，以获得更好的体验或者解决更加复杂的问题。即使是像 Facebook、Amazon 和 Google 这样的研究机构和跨国组织也在开发自己的、基于 P2P 的系统，以有效地利用和满足大规模计算和 PB 级数据检索。

本章的结构如下：在 11.2 节中，我们将介绍 P2P 系统的设计目标和特点。在 11.3 节中，我们将介绍 P2P 系统的不同架构，还将讨论在相应的体系结构中搜索资源的一些技术。我们将会看到基于移动自组框架以及其他框架的先进对等计算架构。在 11.4 节，我们将对 Cassandra[17, 18] 高性能系统、Cassandra 文件系统、SETI@Home[16] 和比特币进行案例研究。

11.2　设计原则与特点

在设计 P2P 系统时，主要目标是支持高性能应用和竞争性的复杂用户需求。P2P 系统的主要目标如下：

- 异构性、资源聚合和互操作性：分布式系统中的参与节点在计算能力、网络带宽和存储等方面有显著的不同。当具有不同能力的不同系统组合在一起时，互操作性变得更加重要。
- 成本分担：在集中式系统中，大多数成本承担者是满足客户需求的服务器，而对等节点在计算和带宽负载方面承担相同的责任，因此要将成本分配给所有节点。这种降低成本得益于未被使用资源的利用。
- 改进的可扩展性、增加的自治性和可靠性：没有中央服务器发出命令，对等节点间的更多的自治性，使得对等系统在发生故障时更加可靠，并使其在高端系统中更具可扩展性。大部分的工作都是在本地或邻近节点完成的。
- 匿名性和隐私：对普通用户来说，这些对等计算系统的另一个主要卖点是匿名性，即用户不希望他们的服务提供商跟踪其活动。在客户机 – 服务器系统中，保证隐私相当困难，而在 P2P 系统中，识别用户是非常复杂而困难的 [25]。
- 动态和临时协作：P2P 系统假设计算环境是高度动态的。动态性可以是（A）成员动态，其中节点的临时成员要求路由机制能够适应故障或（B）内容动态，其中随着网络规模的增加，系统中的内容也快速增加，因此内容的重新分配使得自组协作更加具有可行性和可取性。

为了实现上述目标，P2P 系统往往具有以下特征：

- 分散式：集中式的系统非常适合具有高安全性需求的任务，但是以潜在的瓶颈、低效率和高成本为代价，而在完全分散式的系统中，每个对等节点都是平等的参与者，承担着相同的责任并且它们共同分担这些成本。

- 自组织性：作为对外部或内部事件的响应，系统的组织或结构会发生变化。由于 P2P 系统的动态性是固有的，因此系统的结构必须在不需要任何人工干预的情况下进行调整[28, 34]。
- 更低的拥有成本：这指的是建立系统的成本和维护成本。P2P 计算在共享所有权范型下工作。这意味着成本由对等节点共同分担，而且总体的拥有成本大大降低。例如，SETI@Homep[30] 具有超过 5 PFlops 的处理能力，而同具有相同处理能力的超级计算机相比，成本只有其 1%。
- 高性能：网络上系统的计算周期的聚合（例如，SETI@Home）和分布式存储容量（例如，Gnutella、BitTorrent）帮助 P2P 系统实现了高性能。考虑到分散式的特性，网络很容易成为性能的一个限制因素。通过在多个系统上拥有数据副本，可以提高性能。缓存减少了获取对象或文件所需的路径长度。通信延迟是系统的一个严重瓶颈。智能路由和网络组织是另一种提高性能的技术。
- 高度可扩展性：当我们可以通过向网络中添加更多的系统来达到更多的性能时，我们可以称该系统是一个可扩展的系统。串行操作的数量、应用程序的并行性和维护的状态数据的数量通常是可扩展性的一些限制因素。

P2P 系统的其他特性是 ad hoc 连接性、安全性（取决于对等节点之间的信任链）、加密、透明和可用性、故障恢复、互操作性（因为每个对等节点可以具有不同的处理器，并且可以基于不同的平台和操作系统）。

11.3　P2P 系统架构

11.3.1　集中式 P2P 系统

属于这一类的系统可以看作是介于纯分散式系统和纯客户机 – 服务器系统之间的架构。这些系统中的中心用于定位与请求相关的资源，并协调对等节点，而不像客户机 – 服务器系统那样，由服务器完成大多数处理。对等节点首先向中央服务器发送一个查询，该查询请求特定的资源，然后中央服务器返回所请求资源的地址（例如，BitTorrent[1]），之后，对等节点直接与其他对等节点进行通信。对于 SETI@Home[15] 和 BOINC[2]，对等节点与中央服务器协作，直接获得工作单元。这些系统的主要优点是，找到资源和响应时间是有时间限制的，并且以潜在的瓶颈和可扩展性为代价，系统的组织和维护变得更加容易。

P2P 社群中的对等节点连接到一个集中式目录，在那里它们可以发布关于它们将向其他节点提供的内容的信息。当集中式目录从一个对等节点获得一个搜索请求时，它将把该请求与目录中的对等节点进行匹配并返回结果。BestPeer 可能是最接近的（尽管这可能很难确定）、最快的、最便宜的或者最可用的。当一个对等节点被选中时，将直接在这两个对等节点之间执行事务。这种算法需要一个中央服务器，这在 P2P 系统中是一个缺点。它会导致单点故障，并可以产生可扩展性问题。然而，历史表明，即使在较大的系统中，这种模型也相当强大和高效（图 11-1）。

由于该集中式架构中的系统使用服务器来实现系统的主要功能，因此这可能成为整个系统的瓶颈。这些系统的可扩展性可能会受到限制。

这种架构存在与 P2P 系统相似的问题，比如恶意软件、过时资源的分配。除了这些，集中式的 P2P 系统还存在拒绝服务攻击的弱点，以及在客户机 – 服务器体系结构中很有可能出现的中间攻击。

11.3.1.1 案例研究

Napster

Napster 引起了很多对 P2P 计算的讨论。它是允许用户直接交换 MP3 文件的 Web 应用程序，就像即时通信中的消息一样。Napster 是集中式 P2P 体系结构的例子，其中一组服务器执行其他对等节点所需的查找功能。对等节点必须首先在 Napster 服务器上建立一个账户，并提供可用的音乐文件列表。随后，它可以向 Napster 服务器发送搜索请求，并接收提供所需音乐文件的对等节点列表。然后，请求者可以选择任何一个对等节点，直接下载文件[22]。

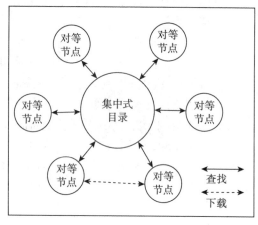

图 11-1 集中式 P2P 系统

BitTorrent

BitTorrent[1] 是用于文件共享的集中式、非结构化对等计算网络。名为 tracker 的中央服务器跟踪所有拥有文件的对等节点。每个文件都有一个相应的 torrent 文件，该文件存储在 tracker 中，其中包含关于该文件的信息，例如文件长度、名称和哈希信息。当接收到一个下载请求时，tracker 会返回一个随机的对等节点列表，这些对等节点正在下载相同的文件。当一个对等节点接收到完整的文件时，它会留在系统中，让其他对等节点至少从该节点中下载一份文件副本。由于 BitTorrent 使用一个中央服务器来存储所有关于该文件以及正在下载该文件的对等节点的信息，因此它会受到单点故障的影响。

11.3.2 分散式 P2P 系统

不像集中式 P2P 系统那样，在系统里有一个中央服务器负责协调和寻找资源，分散式 P2P 系统中没有中央服务器。在分散式 P2P 系统中，每个对等节点都具有同等的权利和责任，因为每个对等节点都只拥有整个系统的一部分信息。没有中心索引结构，这意味着请求路由是以分布式的方式完成的。对等节点通常会向它的邻居发送请求，这种情况一直持续，直到请求可以由某个对等节点来满足。用相关的数据或资源来快速定位对等节点成为一个复杂的问题。在没有中心机构的情况下，对等节点之间需要相互信任。然而，这些系统对集中式系统中的单点故障高度免疫，因为所有的任务和服务都是通过网络分发的，没有哪一个对等节点在系统中占据主导地位。因此，该系统对审查、部分网络故障、网络分区和恶意攻击具有很强的免疫力。这些纯粹的 P2P 系统具有更高的可扩展性、性能和其他优点。

这些系统可以根据网络和拓扑结构（覆盖网络）进行进一步分类。网络结构可以是平面的（单层）或分层级的（多层）。在平面结构中，对等节点均匀地分担负载和功能。分层级的系统提供了某些优点，如安全性、带宽利用率和故障隔离。

拓扑关系到系统是结构化的还是非结构化的。这两类系统之间的根本区别在于资源到对等节点的映射。在非结构化系统中，每个对等节点负责自己的资源，并跟踪与其相邻的一组邻居节点。这意味着定位资源很艰难，直到整个网络都被查询，才会有完整的答案，并且不保证响应时间。查询的路由通过消息广播来完成，每个消息会附加存活时间（TTL）值，以避免网络泛洪（flooding）。每次消息跳转都会将 TTL 值减少，一旦该值被降为 0，消息就不再被转发。分散式系统的例子有 Freenet[7] 和 Gnutella[10]。另一方面，在结构化的 P2P 系统中，数据放置会预先确定（例如，分布式哈希表，即 DHT）。在搜索成本上有一个上限（精确的或概然的），但这是通过维护拓扑的特定元数据实现。大多数结构化的 P2P 系统都采用基于关键字的路由策略来定位相关资源。CAN[27] 和 Chord[13] 使用这种路由策略。由于数据位置受到严格控制，所以拥有和维护成本相对较高，尤其是在周转率较高的情况下。为了缓解这种限制，可以使用混合拓扑，这样就仍然可以用较低的维护成本来提供自治。

这个系统是高度分散的、自组织的和对称的。有一种方法名为 Canon[3]，它可以将平面 DHT 转变成一种分层级的 DHT，从而同时利用平面结构和分层级结构的优点。在故障隔离方面，分层级的结构更有优势。使用 DHT 有助于将对象在对等节点上均匀分布。由于使用哈希函数，基于 DHT 的系统的局限性在于搜索对于精确关键字的查找非常高效，但这些系统通常不支持复杂查询，比如范围查询和 k- 近邻查询。

可扩展性

可扩展性对任何旨在成为 Web 规模的 P2P 系统来说都是一个重要的问题。在基于 DHT 的系统中，为对等节点选择的命名空间决定了系统中可以参与和共享资源的对等节点的最大数量，而非结构化系统由于大量信息泛洪而不具有高度可扩展性。基于 Skip graph 的系统（例如 SkipNet）具有高度可扩展性。

定位资源

定位资源是实现对等计算系统功能的关键任务之一。在这里我们将介绍其中的两种模型。泛洪请求模型每个查询会泛洪到整个网络。每个对等节点将请求转发到其直接连接的邻居节点，直到请求被应答或已经达到预设的最大洪泛步数为止。该模式消耗大量带宽，具有非常低的可扩展性，而在较小的网络的情况下，该模型能够很好地工作。为了增加可扩展性，可以使用超级对等节点进行资源定位，甚至可以在对等节点上进行缓存，这样也增加了被请求数据的可用性。

在文档路由模型中，数据被分配到 ID，它是基于数据本身的哈希值，而对等节点也被分配一个随机的 ID。每个对等节点都有大量其他对等节点的信息。数据被转发给具有相同或类似 ID 的对等节点。这个过程一直持续，直到数据 ID 与对等节点 ID 相同或最接近。当某个对等节点发出数据请求时，请求以相同的方式进行路由，即它将被转发到与请求的数据的 ID 相同的对等节点。在这条路由上的每一个对等节点都保存有一个本地副本。这个模型的主要好处是可扩展性更高。与泛洪模型相比，主要的限制来自于搜索的复杂性。

11.3.2.1 案例研究

Freenet

Freenet[7] 的设计目的是使无任何审查地通过 Internet 自由地传播信息成为可能。Freenet 是基于分散式 P2P 架构设计的。只要安装了 Freenet Daemon 或 Freenet Server，任何连接到 Internet 的计算机都可以成为该系统的一部分。随着对等节点交互的进行，每个对等节点都积累了其他对等节点的知识，这些知识随后被用于帮助资源发现过程。由于每个对等点都不清楚完整的 P2P 系统的全景，所以每个对等点都被认为是平等的。对等节点之间的发现和消息传递是一对一的。这些机制在带宽消耗方面是高效的，但在响应时间方面效率非常低。

Gnutella

Gnutella[8] 是另一个纯 P2P 应用程序的经典实例。Gnutella 允许匿名文件共享、容错和适应性，并支持构建虚拟网络系统。将使用专用服务器，并且消息路由通过采用广度优先机制的受限广播来完成，从而限制了跳数。当为请求找到匹配的内容时，对等节点的响应会沿着请求遍历的路径返回。泛洪消息传递影响系统的可扩展性。这里还存在 DoS 攻击的可能性，因为攻击者可能利用这种查找机制，对一些不存在的资源发出一些请求。

Chord

在 Chord[13] 中，对等节点以环的形式构成。这个环结构被命名为一个 Chord 环，其中的每个对等节点都有一个唯一的 ID，这些对等节点按照它们的 ID 顺序插入环中。Chord 上每个对等节点拥有的两个邻居节点，分别是它的前驱和后继。新的对等节点会根据 ID 顺序插入，然后将修改指向前驱和后继的指针，以反应插入动作。对等节点的正确性对于系统的运作是至关重要的。因此，为了确保这些指针的正确性，每个对等节点都保留了一个后继的列表，保存该对等节点的前 r 个后继。每个数据项都被赋予了一个 ID。这个数据项存储在它所属的对等节点和该节点的直接后继中。请求沿着 Chord 进行路由。每个对等节点都维护一个查询表（finger table），该表中有一组指针，指向与当前对等节点具有特定距离的对等节点。

11.3.3　混合 P2P 系统

混合 P2P 系统既有集中式系统快速可靠的资源定位的优点，也有分散式系统中较高的可扩展性的优点。但是混合 P2P 系统中没有中央服务器，而是有一些被称为"超级对等节点"的对等节点，它们比其他同类节点更强大，并且被赋予了更大的责任。区分中央服务器和超级对等节点的两个要点是：（a）超级对等节点的能力不如中央服务器强大，而且超级对等节点负责对等节点的子集；（b）超级对等节点不仅协调普通对等节点，还像其他对等节点那样贡献其资源。混合 P2P 架构的主要优点是对网络拓扑的优化，改善了响应时间，并且没有单点故障。

使用此架构开发的一些系统有 BestPeer、PeerDB、PeerIS、CQBuddy 和 Spotify。

寻找具有相关资源的对等节点的过程分为两步，在这个过程中，发起查询的对等节点可以将请求发送到它所属的相同的子网络，如果没有找到资源，那么查询或消息将被路由到超级对等节点，这些超级对等节点在它们内部搜索，并向它们所协同的子网络转发请求。

这些系统仍然在超级对等节点级别（它们构成了更高级别的系统）具有周转率的弱点。同其他 P2P 系统相比，可以达到更高的可扩展性。

这些系统很容易受到系统中可能存在的恶意软件的攻击。对系统进行 DoS 攻击的可能性较小，但可以发动中间人攻击。

11.3.3.1　案例研究

混合 P2P 系统

在论文 [21] 中，提出了一种混合 P2P 系统，该系统由两部分组成：一部分是核心传输（transit-network，或 t-network）网络，其中对等节点放置在与" Chord"非常相似的环状结构中，第二部分是具有类似于 Gnutella 的结构的末端网络（stub-network，或 s-network），并且该 s-network 被附加到 t-peer。使用两种不同类型网络的基本思想是：t-network 用于高效服务，而由 s-network 提供灵活性。s-network 中的查找请求通过前面看到的基于泛洪的路由传递。t-network 中的路由通过环路完成，消息泛洪对于 s-network 没有任何重大的影响，因为消息被限制在较少数量的对等节点中。泛洪简化了对等节点的加入和离开，而 t-network 解决高周转率引发的问题。然而，任何 s-peer 都可以替代连接 t-network 和 s-network 的 t-peer，从而可以将周转率的影响降到最小。在 s-network 中可以使用 BitTorrent 类型的架构，

而不是基于 Gnutella 的架构。还有一个可调参数，该参数可以决定 t-network 和 s-network 中
对应的节点数量（图 11-2）。

BestPeer

BestPeer[23] 有一组全球的名称查找服务器
（称为 LIGLO）。这些服务器为其管理的对等
节点生成唯一的 ID。LIGLO 不协助定位资源，
而是帮助识别对等节点的邻居，即使面对的是
动态 IP，它还使得对等节点动态地重配置邻居
成为可能。BestPeer 支持数据的本地计算，有
可能扩展计算并共享资源。BestPeer 有助于让
对等节点能够更好地回应邻近的查询，从而减
少响应时间。

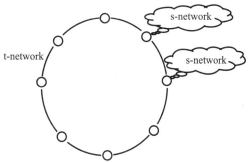

图 11-2　具有类似 Chord 环的 t-network 和类似
Gnutella 的 s-network 的混合 P2P 架构

对等节点加入系统时使用 LIGLO 服务器进行注册，这为对等节点提供了唯一的标识符
BPID。LIGLO 服务器还返回一组对等节点以及它们的 BPID 和 IP，以完成对等节点的自举。
无法访问的对等节点则从列表中移除。当一个旧的对等节点想要加入网络时，LIGLO 服务
器会简单地更新该对等节点的 IP 地址。这不会影响之前存储的数据，因为它仍然完整。

较新的 BestPeer[23] 支持基于角色的并发编程模型，以实现高效和异构的数据处理。它
还支持基于 DHT 的索引和搜索，可以使用 MapReduce[9] 框架来进行批量分析。

11.3.4　高级 P2P 架构通信协议和框架

在文章 [32] 中，Traintafillow 等人提出了一种基于文档分类和对等节点集群的系统，从
而在资源定位期间减少大多数对等节点的负载。这些文档通过关键字分组在一起，并将它们
根据语义分为不同类别。基于文档的语义类别将对等节点聚类在一起。负载均衡通过两个步
骤实现：首先是对等节点集群之间的均衡，方法是通过将不同文档类别分配给不同的集群，
第二种方式是通过在同一集群的对等节点之间分担负载来进行负载均衡。使用路由索引或元
数据来关联语义类别和对等节点集群。

像 TCP 和 UDP 这样的普通的网络协议，对于 P2P 系统来说不能很好地工作，即使像
STCP 和 DCCP 这样的标准化协议，也不能提供足够的模块化，以便在 P2P 和 HPC 中达到
最佳粒度和性能。为了消除这一局限性，人们引入了一种新的基于 Cactus 框架 [12, 33] 的 P2P
自适应通信协议 [5]。该协议依赖于微协议，并且基于应用层级的选择（例如，同步通信 / 异
步通信和网络拓扑）自动选择恰当的通信模式。这种模式与中间件 BOINC 完全不同，因为
这里不需要对等节点间相互通信。已经完成的 Cactus 框架的主要扩展是，在网络模型中的
各层之间复制的不是消息，只是指向消息的指针。开发了一个简单的类似 Socket API 的编程
接口。通过这个 API，可以发送、接收、打开和关闭连接、获取会话状态、状态变化等。

参考文献 [24] 中已经开发的高性能 P2P 分布式计算架构具有一个同应用程序和环境进
行交互的用户守护进程，有将对等节点组织成集群并维护对等节点和集群之间的映射的拓
扑管理器，还有分发子任务和汇聚结果的任务管理器以及负载均衡器来估计对等节点的工作
负载，并将工作负载从负载重的对等节点传输到到负载不重的对等节点。该架构已经应用于
障碍问题 [31]。此架构的一个有趣的应用是基于位置坐标来隔离用户请求。基于位置的服务，
如酒店推荐等，完美适用于这种基于位置的网络架构。在 Geodemlia[11] 中，架构的思想是对

等节点位于一个球体上，每个对等节点能够通过 GPS 位置（经度，纬度坐标）定位自身。每个对等节点都有一个随机 ID，对象与特定位置相关联，并且具有唯一的随机 ID。当对任何对象发起请求时，将会对应于特定位置。对等节点 q 位于对等节点 p 的路由表中的概率与它们之间的距离成反比。当节点查询无法访问它的对等节点或节点查询随机位置时，会进行路由结构维护。

在图 11-3 中，我们可以看到 Geodemlia 的路由表结构，它将整个球体分成方向的集合。将 Geodemlia 与 Globase[17] 进行了比较，Globase 是一种分层次的基于树的模型，并且 Geodemlia 的成功率要高大约 46%。它非常适合基于地理位置的服务。

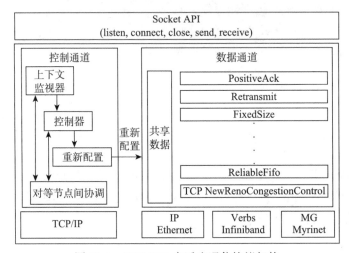

图 11-3　HPC P2P 自适应通信协议架构

11.4　高性能 P2P 应用

所有的 P2P 应用程序可以分为四类：边缘服务（edge service），将相关内容推送到客户端，有助于平衡服务器和网络上的负载，增加存储空间，降低维护和带宽成本。这种服务的一个例子是 Intel Share and Learn Software（SLS）[14]。协作 P2P 可用于实时更新个人和团队的通信与协作。[4] 协作的作用体现在通信（ICQ、IRC、即时通信）、内容分发和 Internet 搜索等方面。文件共享，这一直是 P2P 应用的重点。分布式计算，P2P 可以用来解决业界的大规模问题。通过聚合资源，未使用的计算资源能够更容易地获得。志愿者计算也属于这一类，即客户捐赠了他们的计算资源来解决一个特定的问题。总体成本将大大降低。使用这种模式的一个主要例子是 SETI @ Home[16]。

我们已经简要介绍了 P2P 模型的应用领域。下面将简要介绍一些基于 P2P 技术的高性能应用和系统。

11.4.1　Cassandra

Cassandra[18, 19] 是一个分布式数据库，用于处理跨多个集群的 PB 级数据，以高可用性作为其独特的卖点。Cassandra 通过 P2P 交互和复制实现了高可用性。Cassandra 最初是为了解决 Facebook 的收件箱搜索问题而开发的。它受到 Google Bigtable 的面向列的数据模型和 Amazon Dynamo 的完全分布式设计的启发。目前，采用 Cassandra 的有 Cisco、Netflix、Rackspace 和 Twitter。

Cassandra 的一个实例就是被配置到一个集群中的独立节点的集合。在 Cassandra 中，每一个节点是平等的，分担共同的责任，被称为对等节点。意味着在 Cassandra 的对等节点之间不存在主控节点或任何其他中央服务器。这是一个纯 P2P 系统。Cassandra 的拓扑结构是圆环。正如我们在分类中所看到的，这是一个结构化、分散式 P2P 系统。

P2P 通信通过 gossip 协议完成。通过该协议传递状态信息和对等节点发现。如果 Cassandra 找到故障节点，则请求被转移。如果对等节点希望加入集群，首先需要访问配置文件，然后与其所属的集群中的种子节点进行联系。数据被写入提交日志以及称为 memtable 的 in-memory 结构。这个 memtable 类似于回写缓存。一旦这个 memtable 已满，数据将写入 SSTable 数据文件形式的持久存储中。所有写入的数据文件都在 Cassandra 集群中进行分区和复制。不时地会对 SSTable 进行合并，标记为已删除的列被丢弃。Cassandra 是一个面向行的数据库。可以通过与 SQL 类似的 CQL（Cassandra Query Language）访问数据。CQL 支持异步响应。来自客户端的读取或写入请求可以通过集群中的任何节点进行路由。当客户端向节点发出请求时，该节点充当该请求的协调器（见图 11-4）。

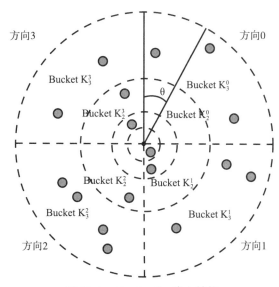

图 11-4　Geodemlia 路由结构

Cassandra 支持一致性的调节，我们可以将一致性的级别从"一致写入"调整到"可读副本"或中间的某种状态。Cassandra 可与 Hadoop MapReduce[9] 集成，以进行批量分析（图 11-5）。

Cassandra 的核心特征有分散式、可扩展性、容错性、数据分区和复制。可以选择数据如何在集群中分区。基于行关键字，列族（column family）数据在节点之间分区。Cassandra 提供各种各样的分区工具。默认的分区策略是使用 MD5 哈希来确定存储特定行的节点的随机分区工具。主要由第二版支持的其他分区工具是有

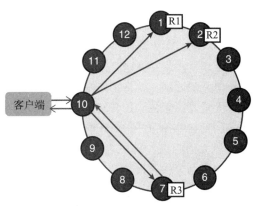

图 11-5　客户端请求一个节点，节点作为请求协调器

序分区工具，它保证行关键字按照排序顺序存储。

确保数据高可用性的主要措施之一是复制。按名称复制意味着将数据项的副本存储在某个其他节点中，可以在原节点发生故障或需要分担负载的情况下使用。最简单的复制机制是将副本存储在后继节点上，而不考虑数据中心的位置或机架情况。推荐的更为复杂的复制策略是使用网络拓扑来存储副本。这是通过将副本放在不同机架上的节点上并通过顺时针移动来完成的。主索引基于行关键字，而且列值支持二级索引。

在论文 [26] 中，将 Cassandra 与其他 NoSQL 数据库和分片 MySQL 进行了比较。Cassandra 在最大节点数时达到了最高吞吐量，而且在高插入速率下的性能最高。

11.4.1.1 Cassandra 文件系统

Cassandra 的一个有趣的应用是来自 Datastax[20] 的 Cassandra 文件系统（CFS）。CFS 的主要目标是取代来自 Hadoop 的 HDFS。CFS 尝试解决 HDFS 中的单点故障问题（即存储文件元数据的 NameNode）。CFS 的另一个设计目标是为 Cassandra 用户轻松实现与 Hadoop 的集成。Hadoop 被认为是一个集中式 P2P 系统，我们将在高性能集群的章节中了解更多相关内容。

为了支持 Cassandra 中存储的大量文件，CFS 已被设计为具有两个列族的键空间（keyspace）。HDFS 和 CFS 之间的区别在于 CFS 中无法设置每个文件的复制。这两个列族代表了两个至关重要的 HDFS 服务。保存跟踪文件、元数据和块的位置的 NameNode 服务由"inode"列族所取代。HDFS 中存储文件块的 DataNode 服务由"sblocks"列族所取代。这些更改为文件系统带来了可扩展性和容错性。

存储在 inode 列族中的元数据包括文件名、文件类型、父路径、用户、组和权限。块 ID 基于时间戳并按顺序排列。"sblocks"列族拥有实际的文件块，其中每行表示与 inode 记录对应的数据块。列是压缩并按时间排序的子块。这些块组合之后将等于一个 HDFS 块。所以对于 Hadoop 来说，sblock 中某一行中各列所包含的块看起来像一个块，所以 MapReduce 中的作业分割不发生变化。

11.4.2 SETI @ Home

科学项目需要巨大的计算能力。传统上，这一需求是通过高性能超级计算机实现的，但是维护和拥有的成本太高。Search for Extraterrestrial Intelligence at Home（SETI @ Home）是使用 Internet 末端附带的计算资源的先行者，边际成本很低，该项目还引发了一系列其他志愿计算项目，如 Einstien@Home、Folding@ Home 和 Genome@Home。SETI@ Home 有一个很大的目标，即检测地球之外的智能生命。SETI@Home 将复杂的计算任务分解成容易计算的工作单元，并将它们分配给对等节点（参与 SETI @ Home 的志愿者的计算机）。一旦这些工作单元被处理，就将结果发回中央服务器，并且对等节点可以再获取一些其他的工作单元。随着大量志愿者的注册，SETI@ Home 已经发展成为世界上最强大的计算机之一 [15]。SETI@ Home 于 1999 年 5 月 17 日推出，目前已有超过 500 万参与者。事实上，SETI@Home 是世界上最大的超级计算机之一，平均处理能力为 3.5 PFLOPs。用户来自 200 多个国家。加州大学伯克利分校开发了通用分布式计算项目：BOINC[6]。

SETI@Home 有五个组件：屏幕保护程序（SETI @ Home client）、用户数据库、数据采集器、数据服务器和科学数据库。数据采集器是射电望远镜或天线系统，以无线电信号的形式接收来自外太空的数据，并将接收的信号记录到 Digital Linear Tape（DLT）中。数据分割器将这些信号划分为可管理的工作单元，这些工作单元被传送到临时存储（通常可以容纳大约47 万个工作单元）。数据服务器处理工作单元的分配并存储返回的结果。这些工作单元将分发到客户端（安装屏幕保护程序的计算机）。这个屏幕保护程序可以很容易地下载到客户端，客户端不需要是台式机，也可以是有客户端 App 的手机。该客户端应用程序运行在空闲的CPU 周期。典型的工作单元需要 2.8～3.8 Tflop，在 2 GHz 家用电脑上需要计算大约 4～6小时。科学数据库包含关于时间、频率、天空坐标的信息，以及有关工作单元发送到 SETI @ Home 用户多少次的信息以及已经收到结果的次数。用户数据库是跟踪 SETI@Home 用户信息、工作单元、磁带、结果等的关系数据库。客户端的处理完成后，会为每个工作单元返回几个潜在信号。通过将信号同允许值进行验证来发现在处理过程中产生的错误，并将相同的工作单元发送给多个志愿者，然后对结果进行交叉验证（图 11-6）。

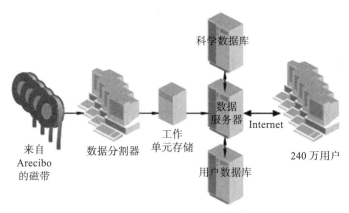

图 11-6　SETI @ Home 架构

SETI@home 是一个高性能系统，但是由于使用了中央服务器，仍然容易受到单点故障的影响。SETI@home 的瓶颈在于提供更多的连接、结果的存储空间和工作单元。由于服务器的能力有限，SETI@home 无法实现更高的可扩展性。对于工作单元结果的验证，会定义阈值时间间隔，如果在阈值的时间内未返回结果，则之后返回的结果会被丢弃，并将工作单元分配给其他对等节点。

11.4.3　比特币：基于 P2P 的数字货币

比特币是基于 P2P 货币创建和验证的数字货币系统。2009 年由中本聪（Satoshi Nakamoto）作为开源软件推出。每笔付款都用被称为比特币的货币记录在公开的账本中。所有这些付款都是以 P2P 方式完成的，没有任何中央存储库。

比特币是作为对支付处理工作的补偿而产生的。这项工作涉及用户花费他们的计算资源对公共分类账中的交易进行验证和记录。这种处理被称为挖矿，是为了交换交易费用或为了新生成的比特币。此外，比特币还可以通过提供服务、产品甚至金钱来获得。用户可以以电子方式发送和接收比特币，以降低交易费用。

比特币被定义为数字签名链。比特币的转移是通过对之前的交易的哈希以及和转移的目标客户端的公钥进行数字签名来完成的。可能出现的问题是付款人可能会双重支付。在集中式资金转移的情况下，中央机构确保付款人不会双重支付。这个问题通过使用时间戳服务器得以解决。时间戳服务器对事务区块的哈希加上时间戳，且在发布时包含之前的时间戳，这样构成一个链。但是要使它工作在对等型系统上，应该有一些工作证明。这种工作证明包括扫描一个值，该值一旦经过哈希处理，得到的结果中会包含许多为零的比特。因此，一旦 CPU 资源被消耗以满足工作证明，在不重新做整个工作的情况下，交易区块无法更改。随着区块链的增加，这项工作呈指数增长（图 11-7）。

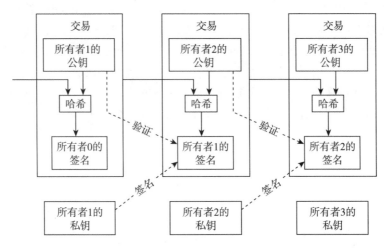

图 11-7   比特币的所有权链

节点认为最长的链是正确的，并继续努力扩展这个链。节点向所有节点广播事务。每个节点将这些新事务聚合到一个区块中，并尝试为该区块找到工作证明，一旦找到之后就将它进行广播。节点只有在所有事务都完成后才接受此区块，一旦接受到区块，将会将被接受的块作为前一哈希。

任何货币体系中最重要的一点就是防止未经授权的货币转移。由于比特币交易将所有权转移到新地址，并且在隐私部分不赞成公开声明所有交易的义务，因此使用基于公钥 / 私钥的哈希方案可以对与交易相对应的用户进行匿名化。由于每个交易都是用付款人的私钥签署的，私钥必须保密。否则，可以跟踪具有所有常用私钥的交易，并且跟踪与其关联的所有比特币，哪怕是已经花费过的。使用不同的密钥对可以在一定程度上解决这个问题，但仍然有一些相关的影响是不可避免的。

虽然在一些报告的事件中对比特币的安全性有争议，但使用 P2P 计算资源形成虚拟货币的想法可能为下一代创新铺平道路。

11.5   结论

我们已经了解了 P2P 系统的重要性，并将其与客户端 - 服务器系统进行了比较。我们介绍了系统的设计目标和特性，如匿名性、安全性等。我们了解了诸如集中式系统、分散式系统和混合系统之类的不同的 P2P 系统的体系结构。

在集中式架构中，我们研究了 BitTorrent 和 Napster，并分析了系统的安全问题，如单点故障和 DoS 攻击。我们已经看到，与其他架构相比，这种架构为何可扩展性较差。我们还研究了集中式架构下的 SETI @ Home，以及 SETI @ Home 如何在志愿者计算机之间分配工作，并发展为地球上最快的计算机之一。

在分散式架构中，我们再次基于网络拓扑将系统分为结构化覆盖和非结构化覆盖。我们研究了 Chord、Freenet 和 Gnutella 等各种系统以及它们的架构。在案例研究中，我们研究了 Cassandra 和基于 Cassandra 的文件系统以及如何在 Cassandra 上部署高性能应用程序。

在混合系统中，我们研究了基于超级对等节点的系统如何结合分散式架构和集中式架构的优势。我们研究了 BestPeer 和其他混合系统，以及它们与之前介绍的架构有何不同。

我们还研究了一些将语义附加到节点和集群的先进的体系结构。我们研究了 Geodemlia，它的数据分布在全球，并形成了基于位置的服务，然后，我们看到了采用微协议的基于 Cactus 框架的高性能系统。

最后，我们尝试通过研究比特币（基于 P2P 架构的虚拟货币）来了解高性能 P2P 系统。

11.6　习题

1. 客户端 – 服务器系统与 P2P 系统之间有什么区别？
2. 解释 P2P 系统。
3. 使用 P2P 系统有哪些优点？
4. 解释 P2P 系统的缺点。
5. P2P 系统的重要性是什么？
6. P2P 系统的几个特点是什么？
7. P2P 系统背后的设计原则是什么？
8. 解释 P2P 架构的不同架构。
9. 解释分散式系统的安全问题。
10. 解释混合 P2P 系统的各个方面。
11. 将 P2P 系统与基于客户端 – 服务器的系统进行比较。
12. 如何对分散式系统进行分类？
13. 简要描述结构化的分散式系统。
14. 解释本章讨论的任意一种混合 P2P 系统。
15. 阐述比特币中的交易处理。
16. 阐述 Cassandra。
17. 你对 P2P 文件系统有什么了解？
18. P2P 系统面临的挑战是什么？
19. 尝试 Cassandra 并简要介绍一下你的使用体验。
20. 基于 BitTorrent 协议开发一个应用程序。

参考文献

1. BitTorrent Protocol. Retrieved July 5, 2014, from http://bittorrent.org
2. Anderson DP (2004) BOINC: a system for public-resource computing and storage. In: 5th IEEE/ACM international workshop on grid computing. Pittsburgh, USA
3. Vu QH, Lupu M, Ooi BC (2010) Architecture of peer-to-peer systems. In: Peerto-peer computing. Springer, Berlin/Heidelberg, pp 11–37
4. Barkai.D. (2002). *Peer to Peer computing: Technologies for sharing and collaborating on the net.* Intel Press.
5. Baz DE, Nguyen T (2010) A self-adaptive communication protocol with application to high-performance peer to peer distributed computing. In: The 18th Euromicro international conference on parallel, distributed and network-based computing, Pisa
6. *BOINC* (2014). Retrieved from BOINC: http://boinc.berkeley.edu/

7. Clarke I, Sandberg O, Wiley B, Hong T (2000) Freenet: a distributed anonymous information storage and retrieval. In: ICSI workshop on design issues in anonymity and unobservability. Berkley, California

8. Crespo A, Garcia-Molina H (2002) Routing indices for peer-to-peer systems. In: Proceedings of the 22nd international conference on distributed computing systems. IEEE, pp 23–32

9. Dean J, Ghemawat S (2008) Map reduce: simplified data processing on large clusters. Commun ACM 51(1):107–113

10. Gnutella (n.d.) Development home page. Retrieved from http://gnutella.wego.com

11. Gross C, Stingl D, Richerzhagen B, Hemel A, Steinmetz R, Hausheer D (2012) Geodemlia: a robust peer-to-peer overlay supporting location-based search. In: Peer-to-peer computing (P2P), 2012 IEEE 12th international conference on. IEEE, pp 25–36

12. Hiltunnen MA (2000) The catcus approach to building configurable middleware services. DSMGC2000, Germany

13. Stocia I, Morris R (2003) Chord: a scalable peer-to-peer lookup protocol for internet applications. IEEE/ACM Trans Netw 11(1):17–32

14. Intel Ltd (2001) Peer to peer computing, p2p file sharing at work in the enterprise. USA. Retrieved from http://www.intel.com/eBusiness/pdf/prod/peertopeer/p2p_edgesvcs.pdf

15. Korpela EJ, Anderson DP, Bankay R, Cobb J, Howard A, Lebofsky M, ... Werthimer D (2011) Status of the UC-Berkeley SETI efforts. In: SPIE optical engineering+applications. International Society for Optics and Photonics, p 815212

16. Korpela E, Werthimer D, Anderson D, Cobb J, Lebofsky M (2001) SETI@Home-massively distributed computing for SETI. SETI – University of Berkeley. Retrieved from http://seti-athome.berkeley.edu/sah_papers/CISE.pdf

17. Kovacevic A (2010) Peer-to-peer location-based search: engineering a novel peer-to-peer overlay network. ACM SIGMultimed Rec 2(1):16–17

18. Lakshman A, Malik P (2010) Cassandra: a decentralized structured storage system. ACM SIGOPS Oper Syst Rev 44(2):35–40

19. Lakshman A, Malik P (2009) Cassandra – a decentralized structured storage system. LADIS

20. Luciani J (2012) Cassandra file system design. Retrieved from Datastax: http://www.datastax.com/dev/blog/cassandra-file-system-design

21. Yang M, Yang Y (2010) An efficient hybrid peer-to-peer system for distributed data sharing. Comput IEEE Trans 59(9):1158–1171

22. Napster (n.d.) Napster: protocol specification. Retrieved from opennap: opennap.sourceforge.net/napster.txt

23. Ng WS, Ooi BC, Tan K-L (2002) BestPeer: a self-configurable peer-to-peer system. Data Engineering. IEEE, San Jose

24. Nguyen T, Baz DE, Spiteri P, Jourjon G, Chua M (2010) High performance peer-to-peer distributed computing with application to obstacle problem

25. Pfitzmann AW (1987) Networks without user observability. Comput Secur 6:158–166

26. Rabl T, Sadoghi M, Jacobsen H-A, Villamor SG, Mulero VM, Mankovskii S (2012) Solving big data challenges for enterprise application performance management. VLDB Endowment, Vol. 5, No. 12, Istanbul, Turkey

27. Ratnasamy S, Francis P, Handley M, Karp R, Shenker S (2001) A scalable content-addressable network, vol 31, No. 4. ACM, pp 161–172

28. Rhea SWC (2001) Maintenance free global data storage. Internet comput 5(4):40–49

29. Saroiu S, Gummadi KP, Gribble SD (2003) Measuring and Analyzing the characteristics of Napster and Gnutella hosts. Multimedia Syst 1(2):170–184

30. Introduction to SETI. Retrieved May 5, 2014, from http://setiathome.ssl.berkeley.edu/

31. Spiteri P, Chau M (2002) Parallel asynchronous Richardson method for the solution of obstacle problem. In: 16th Annual International Symposium on High Performance Computing Systems and Applications, pp 133–138

32. Triantafillow P, Xiruhaki C, Koubarakis M, Ntamos N (n.d.) Towards high performance peer to peer content and resource sharing system, Greece

33. Wong G, Hiltunen M, Schlichting R (2001) A configurable and extensible transport protocol. IEEE INFOCOM '01. Achorage, pp 319–328

34. Zhao BK (2001) Tapestry: an infrastructure for fault tolerant wide area localization and routing. Computer Science Division, Berkeley

进一步阅读

Asaduzzaman S, Bochmann G (2009) GeoP2P: an adaptive and fault-tolerant peer-to-peer overlay for location-based search, ICDCS, 2009

Boxun Zhang, Kreitz G, Isaksson M, Ubillos J, Urdaneta G, Pouwelse JA, Epema D (2013) Understanding user behavior in Spotify, INFOCOM. In: Proceedings of the IEEE, On page(s), pp 220–224

Dominik Stingl, Christian Gross, Sebastian Kaune, Ralf Steinmetz (2012) Benchmarking decentralized monitoring mechanisms in peer-to-peer systems ICPE'12, April 22–25, 2012, Boston

Tran D, Nguyen T (2008) Hierarchia multidimensional search in peer-to-peer networks. Comput Commun 31(2):346–357

Mihai Capota, Johan Pouwelse, Dick Epema (2014) Towards a peer-to-peer bandwidth marketplace. Distributed computing and networking ICDCN 2014, LNCS 8314, pp 302–316

Meulpolder M, Meester LE, Epema DHJ (2012) The problem of upload competition in peer-to-peer systems with incentive mechanisms. Article first published online: 2 MAY 2012 doi:10.1002/cpe.2856

Viswanath B, Post A, Gummadi KP, Mislove A (2010) An analysis of social network-based sybil defenses. In: Proceedings of the ACM SIGCOMM 2010 conference applications, technologies, architectures, and protocols for computer communication. ACM, New York, pp 363–374.

doi:http://doi.acm.org/10.1145/1851182.1851226

第 12 章
高性能大数据分析的可视化维度

12.1 引言

数据是事实的集合。这些事实可以是观察的结果、文字、测量的结果、数字，甚至是对事物的描述。这些数据之所以如此重要，是因为数据是我们所监控的一切事物的基础，而且我们想要分析这些数据，以便找到复杂问题的答案。数据的另一个有趣的方面是，在特定的环境中，它所表达的信息不会随着解释而改变。例如，如果一个特定的博文的总浏览量是 X，那么对于博客作者、访客、博客排名软件，它依然是 X。数据经过处理后，给我们提供了进一步分析的信息，使我们了解和明白市场的运行方式、人们如何相互作用，以及许多其他因素。

"大数据"现在正在发生：它不再是未来的趋势。这里的新情况是，公司和组织正在意识到收集和存储数据的好处，因为这些数据可以用来提供更好的产品和服务，使交互更加个性化和安全。通过复杂的数据收集和存储，我们已经生成和记录超过一个 ZB 的数据。但这并不是全部：专家预测，很快我们将会产生 50 倍于现在的数据。这是巨量的，但是收集和存储数据并不意味着什么，除非我们能够从存储的数据中获得一些洞见。大数据的另一个重要方面是非常快的速度。除非我们能够以数据产生的速度进行分析、可视化和制定策略，否则在某些情况下，收益将是有限的。这种大数据革命不是关于数据量的，相反，它是基于我们从数据中获得的洞见和采取的行动。改进的存储、分析工具、先进的可视化和自动操作是这场革命的关键。

在分析和根据洞见采取行动之间的一个必要步骤是我们如何解释和理解结果。例如，假定有三个销售员：A、B 和 C。他们在相应销售区域的销售情况如表 12-1 和图 12-1 所示。

表 12-1　销售员的月销售额

销 售 员	销售范围	销 售 额
A	100	40
B	50	30
C	100	30

现在，假设他们的公司有一个程序来决定谁是最好的销售员。我们如何知道哪一个是最好的表现？如果我们按总销售额来做，那么我们就会奖励"A"，但是如果我们按每平方米

的总销售额来做，那么"B"就会得到奖励。如果我们将这些数据存储在一个条形图中，每条来表示每平方米的销售额，那么我们就可以轻松地挑选出最优秀的人，即使有数百个销售员。

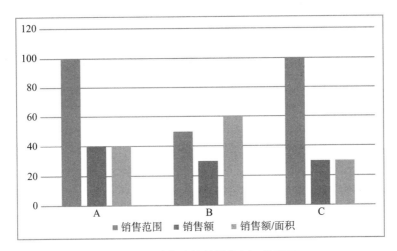

图 12-1　销售员的月销售额：条形图

我们对视觉事物的理解要远胜于对分析数字的理解。这种理解更有助于采取有利的行动。这个实现就是信息可视化的全部内容，也就是说，以一种我们能够很容易理解的方式来表示信息，并允许我们采取战略性行动。

如果我们能够理解并应对我们所面对的铺天盖地的信息，那么我们就更有可能做出决定，判断哪些信息值得我们更深入地了解，哪些信息与我们无关。因此，可视化就是关于提供决策知识。这种能力很快就变得很重要，因为我们不断地处理信息，而这些信息的规模已经是我们无法轻易理解的。

数据可视化[6]是信息的图形化或可视化表示，它的简单目标是提供对其所代表的信息的定性理解。这些信息可以是简单的数字、过程、关系或概念。可视化可能涉及操纵图形实体（点、圆、线、形状、文本）和视觉属性（强度、颜色、大小、色调、位置、形状）。

信息可视化是抽象信息的图形化或可视化显示，主要有两个原因：一是理解数据，二是传达相同的理解或解释。

正如谚语所说，"百闻不如一见"，在合适背景下的合适的图往往更是如此。用正确的可视化技术来表示非常明显的模式，如果查看表格或销售数字，则可能很难找到。例如，我们可以以销售员 12 个月的销售记录为例（表 12-2 和图 12-2）。

表 12-2　销售员 12 个月的月销售额

人员	1 月	2 月	3 月	4 月	5 月	6 月	7 月	8 月	9 月	10 月	11 月	12 月
A	10	20	30	15	23	31	17	25	33	20	29	40
B	25	24	26	25	25	60	24	26	25	25	25	25

通过表来表示数据的优点在于销售数据的准确性。但如果我们想要了解这些销售数字的情景或故事，这样的表示就有严重的缺陷。现在，如果我们以线图的形式表示相同的数据，我们会发现一些规律：在季度开始，销售员 A 的销售量直线下降，在季度末的时候，逐渐超过了 B，而 B 的销售保持稳定，除了在 2014 年 6 月的月销售额有一个陡峭的峰值。

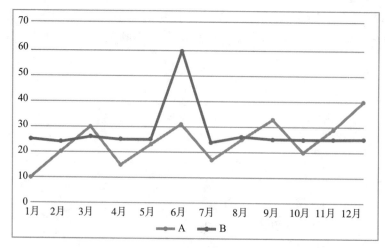

图 12-2　销售员 12 个月的月销售额

对于这些数据，当数据被表示为表格形式时，我们无法看到其中的规律，当我们用可视化的方式表示时，我们能够了解规律从而理解数据。这是可视化的优势。

信息可视化不仅描述了数量值之间的关系，它还可以展示指定数据之间的关系。例如，对于 Twitter 上的关注者，每个人都被表示为一个节点，并且在某个人与其所关注的人之间存在一个链接。这种类型的表示可以用来回答简单的分析问题，例如"谁在关注谁？""你可能认识谁？"这些关系可以通过量化信息来增强，比如"你与和你相关的人有多亲密？"这种强度可以显示为连接两个人的线的粗细程度（图 12-3）。

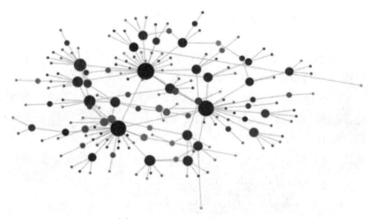

图 12-3　社交网络可视化

尽管具有上述优点 [15]，但以正确的方式进行可视化也同样非常重要。错误的技术或过于拥挤的显示屏会损害理解的简易性。可视化只能在通过对信息进行转换使得我们更容易理解它们时才会取得成功。好的可视化的目标是以一种简单、准确和高效的方式来表示信息。

长期以来，人们用表格的格式表示数据，但 Rene Descartes 发明了具有 x 轴和 y 轴的二维图。William Playfair 在 18 世纪提出了数据可视化，他是很多图形的先驱，也是第一个显示时间序列等数据的人。根据他的《 The Semiology of Graphics 》一书，Jacques Bertin 于 1967 年制定了视觉感知的原则，可用于直观、准确以及高效地对信息进行可视化。然后，Princeton 的 John Tukey 创立了探索性数据分析。

进入21世纪后，数据可视化随着许多产品成为主流，帮助人们理解数据，同时创造出漂亮的视觉效果。当然，数据可视化是将大数据转化为可行的洞见的一种手段。诸如SAS之类的数据分析工具生成描述性、预测性和规范性的数据分析，从而赋予数据意义。即使在这种情况下，可视化也使得表示描述性数据、规范性数据（最好的替代解决方案）和预测分析（反应数据之间的关系）变得更加简单。

那么，什么是好的可视化呢？一个好的可视化如下所示：

- 有效的，从某种意义上来说，它很容易被用户理解。
- 准确的，以便代表数据，用于进一步的分析。
- 高效的，每一种可视化都是为了传达清晰的信息或目标而设计的。可视化不应该偏离这个前提，应该在直接的消息中表示目标，而不需要牺牲相关的复杂性，且不让用户使用不合适的或无关的数据。
- 美学，意味着适当地使用几个视觉元素，如轴、颜色、形状和线条，作为传递预期信息的必要条件，突出结论，揭示关系，同时增加视觉吸引力。
- 灵活，在视觉上可以调整以满足可能出现的多种需求。
- 知识性的，以便视觉可以向用户提供有知识的信息。在设计可视化时，需要考虑几个因素，但目前与我们相关的最重要的因素是预期消息的传递（图12-4）。

门捷列夫的元素周期表

化学元素及其属性的非常流行的可视化显示。这些属性周期性地发生，因此将元素按照行和列的形式组织，以反映这种周期性。表的结构由数据给出，从而能够快速获得指定元素的属性，并且能够预测未发现元素的属性。这种可视化毫无疑问是信息丰富的、高效的。

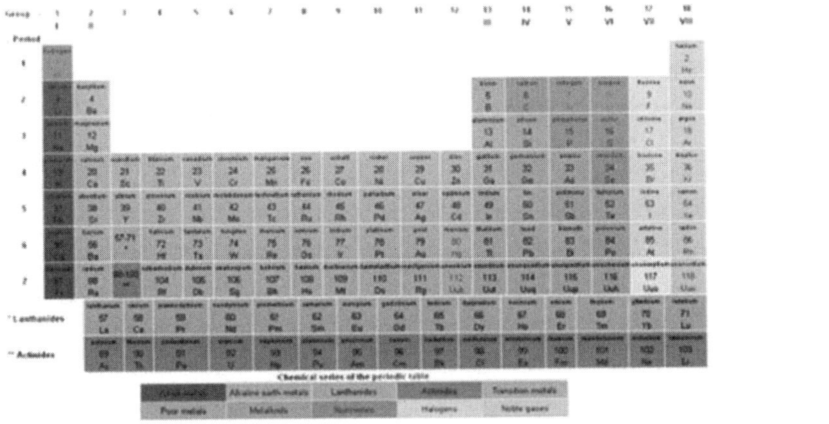

图12-4 元素周期表

信息可视化的一个重要方面是，在适当的背景下，它有助于更好地叙述故事。在合适的背景中，利用数据作为故事的一部分，有助于对观众产生持久的影响[17]。并不是所有的可视化都需要故事。有些视觉化只是一种艺术效果。可视化的过程是通过以下关键步骤完成的。

1）提出问题：问题推动着故事。这种方法有助于采集和过滤数据。聚焦在以数据为中心的问题上，有助于可视化的目的。从“什么”“哪里”“多少或多频繁”开始的问题让我们在搜索数据时更加聚焦。以“为什么”开头的问题是一个很好的信号，表明你正在进行数据分析。

2）收集数据：数据的搜集可能会花费大量的时间和精力。我们的政府正在提供开放的数据目录，人口普查数据也可以免费使用。如果你要回答一些商业问题，那么很可能你必须获得必要的数据。确保你拥有正确的数据格式，以便保证数据集里面的数据是相关的。

3）应用视觉表示法：现在，我们知道需要回答什么问题，基于什么数据能回答这些问题。在这个阶段，需要对数据进行描述。因此，我们需要选择一种数据的可视化表示，该数据表示应该是简单的视觉维度，并且可以与数据相对应。

a. 大小：这是最常用的表示形式，因为它非常有用和直观的表示：根据它们的大小来区分两个对象比较容易。例如，在比较两个国家的 GDP 时，比如中国和阿富汗，看到这两个国家的 GDP 的相对大小比看到这些数字更有效。这种表示法也经常被误用。

b. 颜色：对于庞大的数据集来说，这是一个非常好的视觉表示方法。在渐变中很容易识别多种深浅不同的颜色，所以颜色是代表高级别趋势、分布等的自然选择。

c. 位置：这个视觉表示将数据链接到某种形式的地图或与位置对应的视觉元素。

d. 网络：它们显示两个不同数据点之间的连接，有助于查看关系。社交图、作业图等都是可以通过网络来表示的代表性完美案例。

e. 时间：随着时间的推移发生的数据的变化（文化水平、股票表现），可以根据时间轴（传统的）或某种高级动画来描述。

12.2 常用技术

数据可以以多种方式表示[5]。目前正在使用数以百计的可视化技术。我们的目标是介绍一些最重要的可视化技术[2, 4]，并展示它们的适用性。

在介绍技术之前[16]，让我们简要地看一下数据。数据中的值可以是单个变量，例如，直方图或销售量，也可以是多个变量，如网站访问次数和流失率。数据可以是定量的：可以作为数值计算或测量的数据。数据可以是离散的：只有有限个可能值的数值数据。数据可以是连续的：在一个范围内的数值，例如，一年中的温度。数据还可以作为一个单一类别分类和组合在一起，就像在产品销售类别中的用户分组一样。无论我们选择何种数据可视化技术，它都应该能够有效地表示数据的类型。

12.2.1 图表

图表用于高效地表示单个变量数据，例如饼状图或柱状图。

12.2.1.1 柱状图

柱状图是非常通用的，它使用水平数据标记来表示数据。这些图表可以用来显示随时间变化的趋势，或者对离散的数据进行比较。柱状图可以是水平的，也可以是垂直的。柱状图的一个版本被称为堆叠柱状图，它能将不同的类别作为一种部分与整体的关系进行比较。请记住，颜色需要保持一致，用户应该能够毫不费力地查看数据（图 12-5）。

12.2.1.2 饼状图

这是最受欢迎的图表类型之一，尽管有些反对者认为，并不是每个人都能一致地解释角度。这种类型用于表示整体与部分的关系。更时尚的饼状图是一个甜甜圈形状，在中间嵌入了总值或一些图形。最好不要使用多个饼图来比较不同的类别，在这种情况下，更好的选择是使用一个堆叠柱状图。为了确保所有的数据加起来达到 100%，各

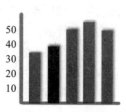

图 12-5 柱状图

个部分按照这样一种方式排序，即最大的部分从 12 点钟的位置开始，这样可以增加可读性。这些表示被认为是非常危险的图表，除非我们能够一致地区分角度之间的小的差异。堆叠柱状图是用来显示部分与整体的关系（图 12-6 和图 12-7）。

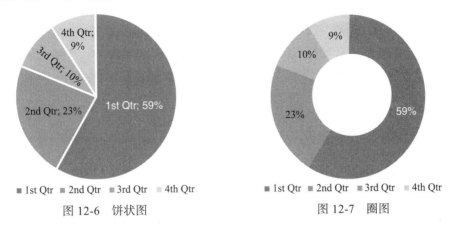

图 12-6　饼状图　　　　　　　　　图 12-7　圈图

12.2.1.3　折线图

折线图按一定的间隔绘制数据，这些数据通过线段连接。这些图表可以使用连续数据来表示时间序列关系中的数据。这些图有助于显示趋势、加速、波动等。如果在一张图中绘制了超过 4 条线，那么它就变得难以理解；这种情况下，应该使用多个图进行更好的比较（图 12-8）。

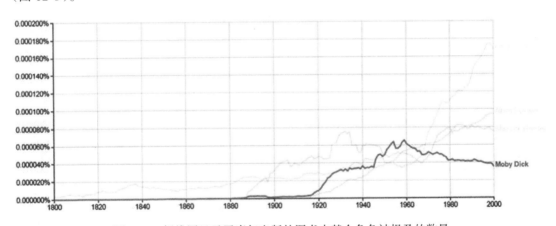

图 12-8　折线图显示了当年出版的图书中某个角色被提及的数量

12.2.1.4　堆积区域图

区域图描述了一个时间序列关系，就像折线图一样，但是区域图也可以表示量。一个堆积区域图可以用来表示整个关系的各个部分，这可以用来帮助显示每个类别对累计总数的贡献。这些图表也可以用来强调随时间变化的幅度变化。确保波动较小的数据放置在底部，反之亦然，不要显示离散的数据，因为连接线意味着中间值，并且永远不要使用超过 4 个数据类别，以便用户更容易理解（图 12-9）。

12.2.2　散点图

散点图基于两组变量显示各项之间的关系。数据点用来绘制横轴和纵轴方向上的两个度量。我们可以使用更多的变量，如圆点的大小和颜色来表示其他的数据变量。使用趋势线帮助绘制变量之间的相关性并显示趋势（图 12-10）。

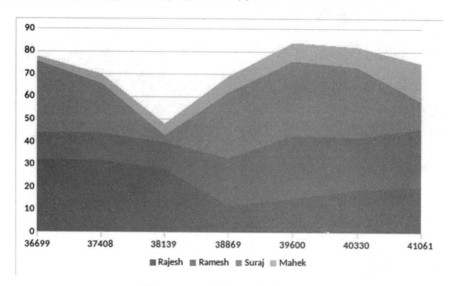

图 12-9 10 年内 4 人的工资数量

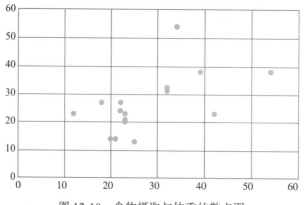

图 12-10 食物摄取与体重的散点图

12.2.3 树状图

树状图（treemap）是用来表示大量的具有层次结构的数据。图形被分割成矩形，这些矩形的大小和颜色代表量化的变量。层次结构中的级别可以显示为矩形中的矩形；图形中的矩形是有序的，最大的矩形显示左上角，而最小矩形则位于右下角部分。这个顺序在层次结构的所有层次上都是有效的，并且可以通过 drill down 的选项实现交互性（图 12-11）。

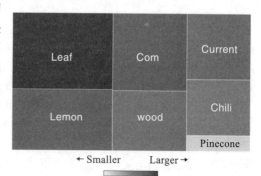

图 12-11 显示最大空间的树状图

12.2.4 箱形图

箱形图将数据分割为分位数。这些箱形图对于显示数据值的统计分布很有用，比如中值、下四分位数和上四分位数，以及异常值。异常值被绘制成图表中的离群点。它们被用来更好地理解值是如何分布在不同的数据集的。这些可以用来跟踪多路径上实验结果的一致性，也可以用来将数据分成不同的类别（图 12-12）。

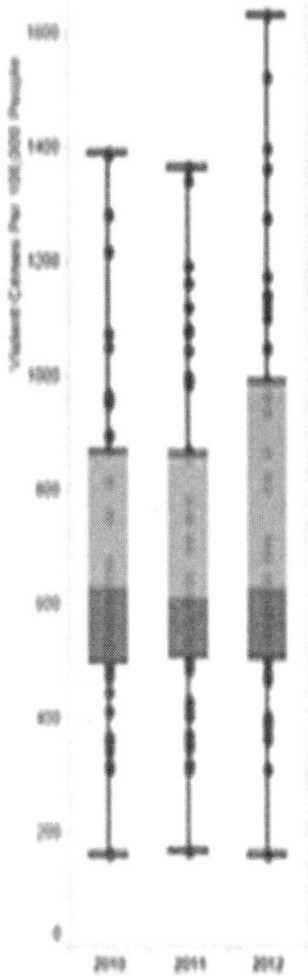

12.2.5　信息图

信息图是可以清晰、快速地呈现复杂信息的数据可视化技术。这些是某个故事的数据丰富的可视化，也可以被看作是一种讲故事的形式。这些图形可以包含其他可视化，并且可以和一个故事叠加在一起。这些对于复杂概念的简单概述非常有用，并且有助于沟通想法和信息。

信息图本质上是改变人们体验故事的方式。信息图使信息展示变得更加简洁并且适合普通观众。提供这些可视化技术的工具有 Protovis、D3.js 和 piktochart.com（在线服务）。

一个精心设计的信息图可以将一个复杂的话题简化为一个更简单的版本，否则将会是一个糟糕的体验（图 12-13）。

12.2.6　热图

热图是数据的二维表示。数据中的值以颜色表示，在某些情况下也可以用大小表示，以可视化格式提供信息的即时总结。更详细的热图帮助用户理解复杂的数据集。

图 12-12　一个箱形图的例子

热图可以用一个盒状图来表示，甚至可以覆盖在地图、网页或任何图片上。例如，可以使用热图来了解应用程序中的哪些功能是热门的，哪些是在一段时间内没有使用过的，或者检查哪个州在议会席位的数量更多。另一个例子是股票列表：经常交易的股票可以显示出更大的热门性（图 12-14）。

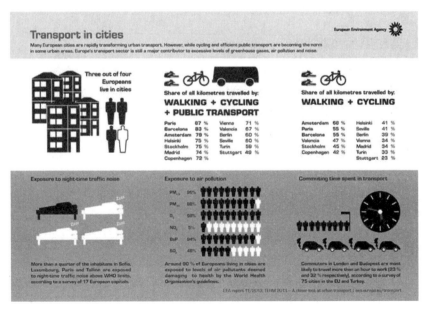

图 12-13　与 European Union 运输相关的信息图

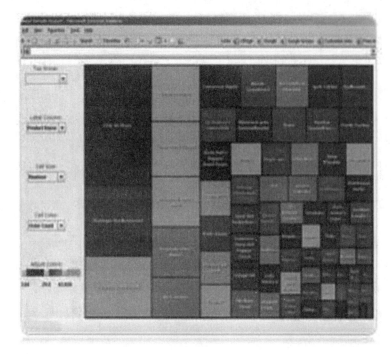

图 12-14   热图

热图是强大的、非常有用的数据分析工具之一。通过不同的大小和颜色表示每行数据，就可以很容易地理解多行数据。对之前的销售员的例子进行扩展，假设我们有 100 个销售代表，而且我们有一个月的总销售额和订单数量。一个简单的柱状图会在这种情况下起到很好的作用，而在热图中，可以用大小和颜色分别表示订单数量和总销售额。使用热图后，解释结果要容易很多。

可以用来创建热图的在线服务有 openheatmap.com、heatmap.me、heatmap.js 以及 Google maps API。还可以使用 Excel 或 Tableau 来生成热图。

12.2.7   网络和图的可视化

为了将那些不适合树形结构的更加复杂的数据可视化，可以使用网络，例如表示人与人之间的关系，或者事物、事件、分子之间的关系。在回答诸如谁与谁有关、两个人有什么共同之处等问题时，可视化网络都很有帮助。这些都用于进行探索性的数据分析。

社交网络的可视化可以用来了解你的社交范围有多大或多集中，以及你的社交网络中的某个人有多大的影响力。例如，你创建了一个职业社交图，其中将注明人们的技能，在这种情况下，你可以搜索并找到拥有你想要学习的技能的人，或者接触那些对你的职业有益的人。下面是一个使用 socilab.com 创建的 LinkedIn 可视化（图 12-15）。

一些可以用来绘制这些网络的开源工具有 Gephi、Cytoscope 以及 Socilab.com。

12.2.8   词云与标签云

词云是一个有效的可视化工具，用于分析文本数据和工具的简单通信：这是易于使用和便宜的可视化技术，更突出词的出现频率而不是词的重要性。这些视觉效果并不表示任何背景，而使用这种技术的最佳方式是预处理和过滤数据。不过，这是一个很好的探索性文本分析工具。当与主题相关的词采用正确背景和形状进行显示时，它将产生相当大的影响。

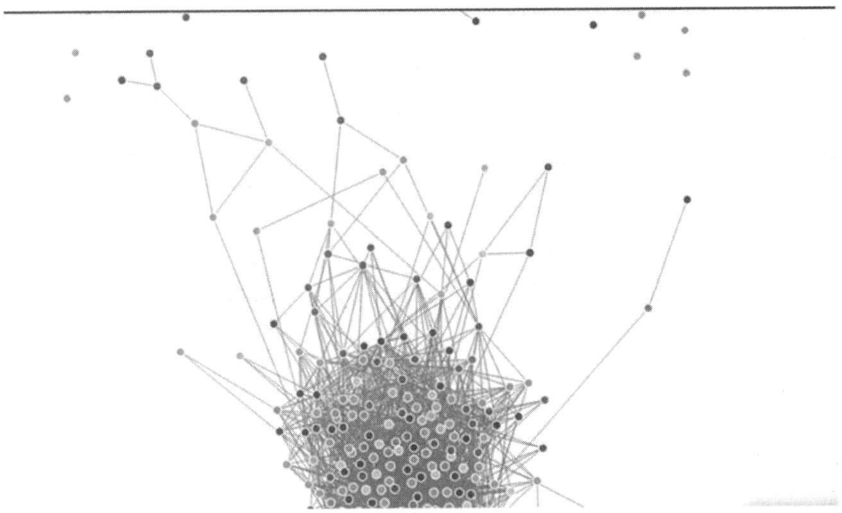

图 12-15　职业社交网络[3]的网络可视化，其中每一种颜色表示属于不同部门的人

　　在这种技术中，词的大小与词的频率成正比。这有助于快速理解和观察可能在段落中无法找到的模式。这些视觉效果在 20 世纪 90 年代以标签云的形式开始出现。像 Wordle 和 Tagxedo 这样的工具使用户可以更轻松地快速生成这些可视化的视觉效果。以下是某个演讲的标签云表示（图 12-16）。

图 12-16　某个演讲的词云表示

12.3　数据可视化工具与系统

12.3.1　Tableau

　　Tableau[7] 是一款易于使用的商业智能和分析工具。Tableau 强大的商业智能提供了一种简单快捷的视觉分析方式。无论是数据可视化、数据发现还是创建漂亮的仪表板，Tableau 均可满足用户的需求。该工具具有创建交互式数据可视化功能，无须创建多个变体。即使不是 IT 专家的人也可以轻松设计复杂的报表。Tableau Server 可以用于在同事之间共享可视化。

　　Tableau Desktop 是创建工作簿的主要应用程序。人们可以在几分钟内创建、发布和使用任何类型数据的可视化，从而生成高度交互式的报告。一般来说，将有一个超级用户具有 Desktop 的许可，它创建可视化，并将其发布到 Tableau Server，用户可以通过它来查看可视化的结果。Tableau Server 是使用 Tableau Desktop 创建的工作簿的存储库。与 Tableau Server 上的工作簿进行交互不需要特殊的专业知识。

Tableau 的优点是：易于创建仪表板；简单的数据导入；借助数据混合功能，可以利用来自不同来源的数据来构建分析。它有一个非常活跃的论坛（图 12-17）。

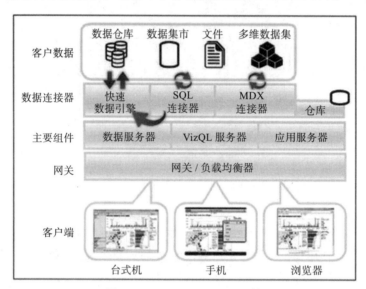

图 12-17   Tableau Server 组件

客户数据存储在由数据层组成的异构数据环境中。Tableau 利用 in-memory 数据存储，但是并没有强制将所有数据放入内存。可以用现有的数据平台来回答问题。

针对数据库（从 Oracle 到 Cloudera Hadoop）以及没有本地连接器或 JDBC 连接器的系统，存在优化的数据连接器。数据可以通过实时连接或 in-memory 数据存储引擎进行交互。通过实时连接，Tableau 可以利用以动态 SQL 为基础设施的现有数据以及直接到数据库的 MDX 查询。通过 in-memory 数据引擎，Tableau 实现了快速的查询响应。它首先将所有数据提取到内存中，然后处理查询。

Tableau 服务器的工作分为四个部分。

- 应用程序服务器：此服务管理 Tableau 移动和 Web 界面上的权限和浏览可视化。
- VizQL 服务器：一旦用户检查完成并且视图被打开，VizQL 服务器接收来自客户端的请求。代表客户端的 VizQL 进程向数据源发送查询，并将数据呈现为图像后将结果返回给客户端。VizQL 是一种有专利权的查询语言，可将视觉、拖放操作转换为数据库查询，然后以图形方式呈现响应。
- 数据服务器：此进程主要管理和存储数据源，并保留元数据，如来自 Tableau Desktop 中的计算和定义。
- 网关或负载均衡器：这是将请求路由到其他组件的主要组件。在分布式环境中，这也是一个负载均衡器。

Tableau Server 可用于保存使用 Tableau Desktop 创建的工作簿。尽管 Tableau 几乎在数据可视化工具的每个调查中都位于第一流，但一些主要的问题是它不提供 ETL 功能；在

某些情况下，将 Tableau 与大数据集共同使用时会观察到性能损失；最后，没有办法扩展
SDK，限制了环境的定制（图 12-18 ）。

　　Tableau Public 是一种免费服务，公开保存使用 Tableau Desktop 创建的工作簿。图 12-18
是使用 Tableau Public 创建的，以热图形式显示了不同状态的成年肥胖率和肥胖与吸烟之间
的关系，并用散点图显示运动与饮食。

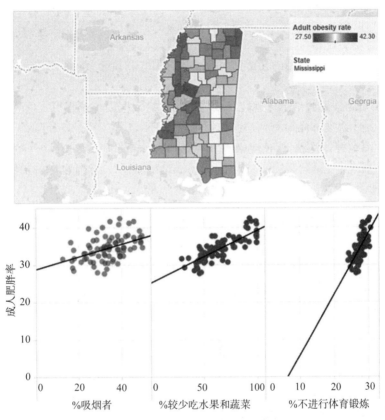

图 12-18　各个州的成人肥胖率和吸烟者、饮食和运动的百分比比较。使用 Tableau Public 创建

12.3.2　Birst

　　Birst[2] 是一个基于云的商业智能（BI）套件。尽管它没有提供强大的数据转换功能，但
它非常简单，易于开发。通过 Birst，我们可以在云端创建数据仓库，并且相对容易地显示
报告和仪表板。

　　Birst 划分每个部署，允许公司的不同部门访问和分析共享数据存储库。每个空间提供
数据仓库存储库、仪表板设置和用户访问权限。可以在浏览器中上传平面文件（flat file）。
Birst 连接可用于从桌面上传，基于云的提取器可用于从云存储库中提取数据。

　　Birst 提供自定义图表、基于浏览器的仪表板和调度报告。报表设计器选项卡可用于通
过指导选择图表类型和各种其他参数来设计报表。此选项卡具有业务数据的预定义度量，可
使已经通过拖放界面简化过的仪表板设计变得更加轻而易举。Birst 提供各种图表模板，如
计量器、漏斗图和映射选项，还可以使用 Bing 地图在地图上显示数据。

　　Birst 的几个缺点是可视化是静态的，不能够做 what-if 分析或 ad hoc 可视化。因为抽离

了 SQL，所以复杂的查询绝对是不可能的，尽管它提供了自己的 Birst 查询语言来允许时间序列分析。

12.3.3　Roambi

Roambi[1] 是一个优秀的移动报表和分析应用程序，它区别于其他工具的地方在于是完全以移动为中心的 BI 工具。这一工具的优秀特性包括以多触屏为中心的用户界面、通过出色模板实现轻松的可视化创建、与其他分析解决方案的集成、访问控制、本地化、与大量数据源的集成、自动刷新和与活动目录的集成、高级安全功能等。

该应用程序可以完美适用的几个实例有：执行报告和仪表板、持续移动的销售代表、与客户的互动。

Roambi 是完全移动的信息可视化工具，可用于将数据以可视化形式呈现在移动设备上。创建可视化与上传数据一样简单，这些数据可以是 Excel、CSV、Salesforce crm 数据、SAP 业务对象或其他来源。选择"how want to view the data"，自定义视图并发布。下次打开 Roambi 时，可视化信息将自动下载。它不仅仅是静态演示：你可以深入了解数据并发现模式（图 12-19 和图 12-20）。

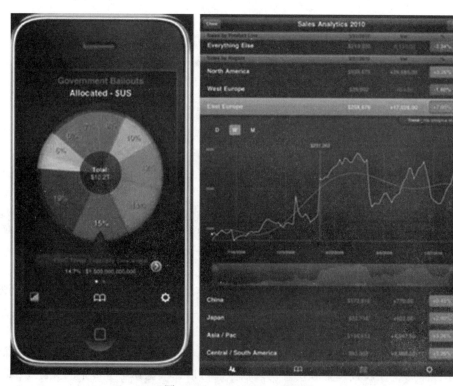

图 12-19　Roambi Ios 界面

Roambi Flow 允许用户在文档中嵌入可视化，并为移动设备创建专门的企业发布平台。此应用程序使用内部部署的 RoamBk Es 服务器，可与一系列 Bio 服务器集成，如 IBM Cognos、SAP Business Objects 等。基于 Web 的 Roambi 流程发布者为我们提供了模板，可以放置文本和图像、解释你的分析，或讲一个引人注目的故事。Roambi Flow 系统提供高级安全功能，如用户访问控制、远程擦除数据和设备锁定等。

图 12-20   Roambi 的 flow story

12.3.4   Qlikview

Qlikview[10] 是可视化市场的主要成员之一。Qlikview 生成交互式可视化，使企业用户更容易通过较少的应用程序中获得多个问题的答案。所有可视化都支持移动设备。用户可以使用免费下载的 Ajax 客户端访问 Qlikview 服务器上的可视化。用户可以实时协作，并提供 in-app 线程讨论。Qlikview Desktop 可用于创建安全 App。Qlikview Desktop 是一个 Windows 应用程序，开发人员可以通过该应用程序创建类似 SQL 的脚本，用于收集和转换数据。还有一个 visual studio 的插件。数据可以使用 ODBC 连接器，用于标准源、XML 或 Qlikview 数据交换，以便从非标准源（如 Google BigQuery）导入。它还具有用于 SAP ERP 系统和 Saleforce.com 的连接器。事实上，可以从任何 SQL 兼容的数据源导入数据。

Qlikview 使用 in-memory 存储来实现更高的性能。如果数据不能存储在内存中，则直接查询数据源。为多个用户在内存中保存共享数据有助于减少等待时间。它还可以实时计算聚合，并自动维护数据中的关联。它压缩 in-memory 数据，显著减少用于分析的 in-memory 数据的大小。向下钻取路径（drill-down path）不像其他可视化工具那样预先定义。它遵循的理念是"从任何地方开始，到任何地方"（图 12-21）。

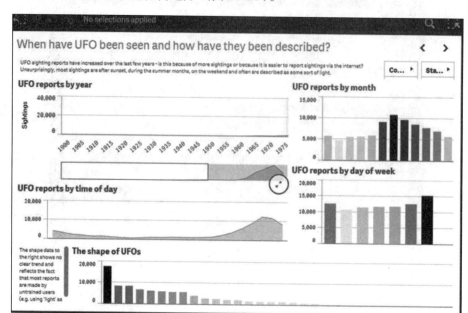

图 12-21　Qlikview 示例仪表板：各州的 UFO 目击

Qlikview Sense 是一个自助服务的数据可视化应用程序。通过拖放可视化，创建可视化和数据挖掘更为简单。单个 App 中使用的数据可以来自不同的来源：这提供了集成到网站中的标准 API，并扩展了标准功能集以满足客户的要求。

12.3.5　IBM Cognos

IBM Cognos[9] 是传统的企业级商业智能（BI）套件，具有多个组件，包括数据库管理工具、查询和分析工具、仪表板创建、ETL 和报告创建与分发，这对于部署由信息技术（IT）部门管理和监督的大型企业很有用。该平台的主要优点是具有高度可扩展性、广泛的功能集以及成熟的企业级 BI 平台。它的缺点是：对于用户来说不是很直观，需要专业知识和培训。可视化效果有点陈旧、平淡。

从历史上看，IBM Cognos 的美学并不是特别强的一点，尽管它得到了赞誉。但随着 Cognos 10+ 的发布，这已经发生了变化。随着 RAVE（快速自适应可视化引擎）的到来，可以创建至少与其他可视化工具一样美观和强大的交互式可视化。

12.3.5.1　Many EYEs

Many EYEs 是一个网站，人们可以上传数据来创建交互式可视化，协作和使用可视化作为开始讨论的工具。Many EYEs 是一个拥有可视化技术数量非常多的免费网站。对于爱好者而言，这个网站提供了很好的服务。上传数据和创建可视化是非常容易的（图 12-22）。

12.3.6　Google Charts 和融合表

Google Charts[13] 是一个简单的图库，可用于支持多种图类型，这些图类型被表示为 JavaScript 类。这些图可以在网站上自定义和共享。它们是高度互动的，支持可用于创建复杂仪表板的事件。数据使用 DataTable 类填充，它提供了排序和过滤数据的方法，支持任何数据库或数据，提供 Chart Tools 数据源协议，如 Google 电子表格、Google Fusion table、Salesforce 等。

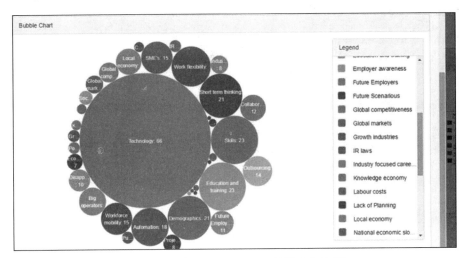

图 12-22　使用 Many EYEs 的填充气泡图

虽然这是将可视化功能整合到一个网站上的绝佳方法，但网站访问可以由现有的安全基础设施进行控制，这些基础设施需要 JavaScript 的专业知识，因此与企业数据源或纯分析平台或 Vertica 等分析数据库的集成是不可能的。此外，这不是一个主要的产品或开源的产品，所以这个库的可用性是由 Google 自行决定的，这使得它不能成为企业信息可视化的竞争者。（图 12-23）。

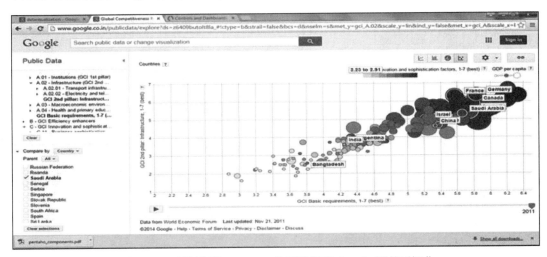

图 12-23　创新指数：Google 公开数据和 Google 图的可视化

12.3.7　Data-Driven Documents（D3.js）

D3.js[14] 相对较新，但是 Internet 上的流行的库使用它来进行数据可视化。使用 D3，可以将任意数据绑定到文档对象模型（DOM），然后可以根据数据将任何转换应用于文档。强调网络标准并利用现代浏览器的全部功能，使用 HTML、SVG 和 CSS D3，为数据带来活力。D3 遵循编程的声明式风格和功能风格，允许通过组件和插件代码重用。D3 具有最小的开销，它非常快，支持动态行为和大型数据集进行交互和动画。

D3 的社区非常活跃，但与 D3.js 相关的几个缺点是可视化主要由软件开发人员和设计师开发。新的商业用户开发可视化可能相当困难。可以使用事件提供交互式分析和数据挖掘，但是在使用 D3 构建复杂动画时，代码可能变得笨拙（图 12-24）。

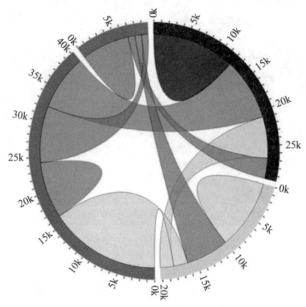

图 12-24　Chord 图，使用 D3.js Chord 图显示一组实体之间的定向关系。有关使用 D3 创建 Chord 的说明，请参见 https://github.com/mbostock/d3/wiki/Chord-Layout

12.3.8　Sisense

Sisense[18] 是与其他许多竞争对手（如 Tableau）不同的独一无二的全栈 BI 产品。它基于 Elasticube，一个 in-memory 列式数据库。Sisense 弥合了昂贵的传统的全栈工具（这是烦琐的）以及更加现代的商业友好的可视化工具（缺乏后端的处理大数据的能力）之间的差距。使用 Sisense，用户可以加入多个独立的数据集，然后分析和显示它们（图 12-25）。

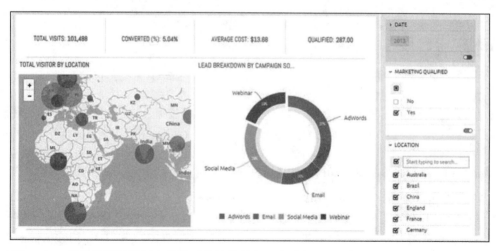

图 12-25　根据位置显示用户数量以及转换数据的仪表板。可以在 http://www.sisense.com/demo/ 访问 Sisense Demo 仪表板

12.4　结论

数据可视化是使用诸如尺寸、形状、颜色和长度等视觉特征的可视化数据表示。作为人类，如果以视觉格式展示数据，我们将更了解数据。对于大数据，要理解的数据量已经超出了我们的限制。理解这一点的最好方法之一是使用数据可视化，这从用户易于解释的角度而言是有效的。

为了使数据可视化达到美观，它应该是信息丰富的，能够给观众一些知识，精确且高效，即 ink-to-data（数据笔墨）比例应该很小，而且可视化应该具有美学价值。

可视化的过程开始于形成需要通过可视化来满足的问题或目标。下一步是收集相关数据，最后可视化地表示数据。

一些重要的可视化技术是条形图、线形图、散点图、面积图、热图、网络图、字云、位置图和信息图，此外还有更多的可视化技术。

市面上的一些可视化工具是 Tableau、IBM Cognos、Sisense、Birst、D3.js 和 Google Charts。

12.5　习题

1. 什么是信息可视化？为什么它对于成功实施 BI 至关重要？
2. 怎样才能得到漂亮的可视化？解释你的观点。
3. 信息可视化如何帮助我们了解复杂的信息？
4. 创建成功的可视化的过程是什么？是科学还是艺术？以一个例子解释。
5. 创建信息可视化时采用什么设计原则？
6. 假定你想了解一个城市的房价如何随着时间的推移而变化，你将会使用什么样的可视化方法？为什么？
7. 如何可视化你的 LinkedIn 社交网络，以便可以与更有趣的人员联系并进行有意义的对话？
8. 调查市场上可用于数据可视化的工具，并列出其利弊。
9. 上述哪些工具是你最喜欢的？为什么？
10. 可视化对大数据有什么影响？可视化如何帮助企业和组织？
11. 使用 Tableau 创建可视化，显示你所在国家/地区的成年肥胖率，并分享你的经验。
12. 使用 Roambi 为移动设备构建可视化。
13. 数据可视化在整个数据管道中处于何处？是否有工具专注于全栈分析，而不仅仅是前端或后端分析工具？详细阐述这个想法及为什么它是有用的。
14. 想象你正在为一家公司工作，即 datum.org，你的工作是创建报告和可视化来协助销售和营销部门。
    A. 你被给予了五类销售数据，目标是比较这些类别的销售数据。你会使用什么可视化技术？为什么？
    B. 现在你也被要求达到给定的利润率。现在你将如何比较各个类别？为什么你做这种选择？
    C. 现在，你的任务是创建一个可视化，以便在不同位置的销售之间进行简单的比较。你将如何看待它？
    D. 现在运输部门要求你创建一个简单的可视化，以了解交付订单的运输路线。你将如何使用各地的运输记录数据和销售分布来实现这一要求？

参考文献

1. Fayyad UM, Wierse A, Grinstein GG (eds) (2002) Information visualization in data mining and knowledge discovery. Kaufmann, San Francisco
2. Few S (2009) Introduction to geographical data visualization. Visual Business Intelligence Newsletter, pp 1–11
3. Lieberman M (2014) Visualizing big data: social network analysis. In: Digital research conference
4. Friedman V (2007) Data visualization: modern approaches. Smashing Magazine, 2
5. Chi EH (2000) A taxonomy of visualization techniques using the data state reference model. In: IEEE symposium on information visualization, 2000. InfoVis 2000. IEEE, New York, pp 69–75
6. Yau N (2012) Visualize this! Wiley, Hoboken
7. Tableau 9.0: Smart Meets Fast. Retrieved March 1, 2015, from http://www.tableau.com/new-features/9.0
8. Sisense Business Analytics Software Built for Complex Data. (n.d.). Retrieved February 13, 2015, from http://www.sisense.com/features/
9. Cognos software. Retrieved February 18, 2015, from http://www-01.ibm.com/software/in/analytics/cognos/
10. Qlik Sense Architecture Overview. Retrieved January 5, 2015, from http://www.qlik.com
11. Roambi Mobile Analytics. Retrieved February 5, 2015, from http://roambi.com/
12. Cloud BI and Analytics|Birst. Retrieved February 5, 2015, from http://www.birst.com/
13. Google Charts. Retrieved February 5, 2015, from https://developers.google.com/chart/
14. D3.js – Data-Driven Documents. (n.d.). Retrieved September 5, 2015, from http://d3js.org/
15. McCandless D (2010) The beauty of data visualization. TED website. http://bit.ly/sHXvKc
16. Soukup T, Davidson I (2002) Visual data mining techniques and tools for data visualization and mining. Wiley, New York
17. Visualising Data. Retrieved February 5, 2015, from http://www.visualisingdata.com

进一步阅读

Bertin J (1983) Semiology of graphics: diagrams, networks, maps
Few S (2004) Show me the numbers. Analytics Press, Oakland
Steele J, Iliinsky N (2010) Beautiful visualization: looking at data through the eyes of experts. O'Reilly Media, Sebastapol
Ware C (2012) Information visualization: perception for design. Elsevier, Amsterdam

第 13 章
用于组织增权的社交媒体分析

13.1 引言

　　分析的使用为当今的组织提供了很多商业价值。自从商业智能盛行的 20 世纪 80 年代早期以来就已经有证据表明了这一点，商业智能基于决策支持，而决策支持通过使用从组织的各种数据库或数据仓库中收集的数据来产生。如今，分析在成熟度方面已经从商业智能阶段进展到了多个阶段。它涵盖了组织的几个方面，如管理、企业绩效管理（EPM）以及风险与合规。能够巧妙利用数据获取商业洞见的组织在商业上已经比那些缺乏此能力的组织发展得更远。在分析方面，两个值得注意的趋势如下：

- 新的大数据时代的演变中，不同类型、规模和不同来源的多种数据在组织中被同化。
- 由于社交媒体以及博客、维基和其他知识社区等各种形式的社会合作的繁荣而导致的社会革命。现在的客户希望他们的意见能被组织认真对待。这导致了一个新的分析倾向的出现，它专注于分析社交数据。这个分析被称为社交媒体分析。下面的图总结了社交媒体分析的各个方面。

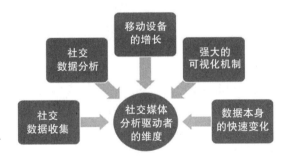

13.1.1　社交数据收集

　　组织应当仔细跟踪社交媒体的讨论和对话，以了解客户对品牌的情感和关注。除了社交媒体之外，还有一些论坛在组织内外存在，比如博客、专题和维基百科。在这些论坛中发生的社会协作和讨论将为组织提供丰富的信息和洞见。此外，社交媒体呼叫中心的概念也呈现增长的趋势。这些呼叫中心设有监听平台跟踪关于组织或产品品牌的讨论，如果有问题，它们会设法解决这个问题并解除顾虑。社交媒体分析将大大有助于提高顾客的忠诚度。许多像 Salesforce.com 这样的组织已经拥有成熟的社交媒体呼叫中心，它们可以随时跟踪和回应客户的疑问。

13.1.2　社交数据分析

所有类型的相关信息都应该能够被所有员工访问和使用。这有助于将属于不同业务部门的员工聚集在一起，并促进整个组织的思想民主化。这种民主化对于将创新引入企业文化有很大的帮助。据估计，在传统企业中，只有 25% 的员工可以获得相关信息。但是，在社交企业的观念中，100% 的员工应当获得与其相关的信息。这将使他们获得额外的信息，从而使他们的工作变得更加容易。在社交企业中，鼓励员工分享知识，进而促进组织的筒仓（silo）间的有效合作。

社交企业中的有效分析远远不止客户数据的分析。它利用从预算、关键绩效指标和其他一些可能有利于组织整体发展的参数中得出的数据，促进组织各业务部门之间的合作。

组织间共享的数据有助于明确具体问题的根本原因。例如，假定组织中一个业务部门的签证拒绝率一直很高，这反过来就会因取消重要商务旅行而影响该业务部门的收入。分析显示，大量的拒签案例可能是因为销售团队的销售计划不佳，因为销售团队总是设法在最短的时间内安排客户会议，从而使得为旅行和签证处理所计划和准备的时间非常少，所以导致签证拒绝和旅行取消率较高。

13.1.3　移动设备的发展

随着许多组织在实施自带设备（BYOD）概念方面取得了长足的进步，移动设备和智能手机已成为组织发展不可或缺的工具。全球移动设备用户群平均每年增加 100 多万。在过去的 4 年里，大约增加了 10 亿新的移动用户，而且这个数字预计在今后几年还会增加。这使得移动设备和其他同移动设备相关的大量技术具有了强劲的增长轨迹和创新空间。分析工具不再是具有高端配置的个人电脑或服务器，许多移动应用程序也可以作为具有复杂功能的强大分析工具使用。这些能够在移动设备和平板电脑上运行的移动应用程序非常直观，具有强大的分析功能。移动设备上分析功能的可用性为数据分析开创了一个新的时代，而且由于移动设备上的多个社交媒体应用程序，对于社交媒体数据分析更是如此。

13.1.4　强大的可视化机制

在早期，分析结果主要使用复杂的电子表格来显示。近年来，可视化工具和技术发生了革命性的变化。如今，电子表格的时代已经过去，现在的可视化工具使用图表、可视化和交互式模拟等多种技术来表示分析结果。许多可视化工具还提供了分析结果的仪表板视图，从而可以进一步向下深钻来进行更深入的数据分析。

可视化领域的另一个重要事件是在移动设备提供可视化功能的工具的出现。根据 Gartner 2012 年的预测，移动设备将成为商业智能和分析的重点领域，以至于在未来几年，三分之一以上的商务智能（BI）和分析功能将由移动设备接管。市场上一些著名的移动商务智能可视化工具有 Roambi、Tableau 和 Cognos BI。

13.1.5　数据本身的快速变化

商业生态系统正在迅速变化。因此，实时捕获数据并将其用于决策是非常重要的。要想使分析在当前上下文中取得成功，就必须确保实时捕获数据，并将数据提供给分析工具执行实时分析，从而为业务主管提供及时的洞见。实时数据采集领域的迅速发展和实时数据传输的高速网络是实时数据分析的重要推动力量。

在社交媒体方面，社交媒体监听平台非常强大，能够实时跟踪和捕捉社交媒体网络中特定品牌或产品的信息。组织可以对这些信息保持警觉，从而迅速采取行动，对社交媒体论坛上顾客所讨论的问题进行补救。这将大大有助于提高客户忠诚度和客户满意度。

使用适当设备为合适人员提供正确的洞见对于实时数据分析的成功也是至关重要的。移动设备通过促进全天候访问实时数据洞见而成为关键推动因素。移动 BI 可视化工具的可用性开启了实时数据分析所带来的商业价值领域的新纪元。在这方面，摩托罗拉的一项研究显示，当配备了移动技术时，75% 的零售员表示提供了更好的店内购物体验，这一点非常重要。同一项研究表明，67% 的购物者表扬在某个商店里有着更好的体验，在这个商店里，员工和经理使用最新的移动技术来呈现实时的数据洞见[1]。

13.2　社交媒体分析入门

社交数据数量呈指数增长。根据最近的统计数据，Twitter 用户每分钟产生 100 000 条推文。另外，在每天的每一分钟，48 小时的视频内容都会上传到 YouTube 上。其他一些关于社交媒体网络的惊人统计数据如下所示：

- 47 000 个 App 从 Apple 下载。
- 684 478 件物品在 Facebook 上共享。
- Twitter 上出现 100 000 个新的帖子。
- 每分钟向 Google 发送 200 万个搜索查询。

这些大量的社交媒体数据需要很多关于如何管理和利用数据获得商业利益的想法。流入组织的数据量迫使当今的组织打破现有界限，超越现有的信息时代。对于组织来说，下一步走向网络化智能是非常关键的。网络化智能的整体理念是利用人类大脑的力量，通过明智地使用社交网络来协作，并分享和获取洞见。研究表明，与未采用社交化经营方式的组织相比，转型为社交企业或社交组织更具竞争力。所有这些方面都是分析分支独立发展的关键驱动因素，这个分析分支专门用于分析社交数据并从中获取洞见。这个分析分支称为社交媒体分析。换句话说，社交媒体分析被定义为一个分析学科，它可以通过检查下面列出的各种内部和外部论坛的数据，使组织能够分析和衡量社交媒体数据对其品牌价值的影响。

社交媒体分析可以为组织的各种功能单元提供大量商业价值。它们是：

市场营销　使用社交媒体分析，营销团队将有能力实时响应客户的意见。我们首先看一个新产品发布的例子。当新产品上市时，它对市场的影响可以立即通过社交媒体对该产品的评论来评估。使用社交媒体分析工具可以获取各个方面的许多有价值的洞见，例如：

- 产品评论或反馈。
- 各类社交媒体论坛上关于产品的大量讨论。
- 对产品特性表示赞赏的客户百分比。
- 需要改进或改变的产品特性。

所有这些洞见都将有助于营销团队评估产品是否需要重新包装、调整或停止。如今，大多数组织的营销团队都通过分析进行决策。

> **沃尔玛营销团队如何使用分析来预测啤酒的销售**
>
> 沃尔玛营销团队通过分析客户数据发现，在预计会出现飓风的地区，对啤酒和蛋挞的需求会大幅上升。他们能够相应地调整啤酒的价格以此来增加利润。

客户服务　顾客对某一特定产品或品牌所反映的意见对客户服务团队非常有用，这有助于他们感谢顾客的正面反馈或迅速解决顾客的负面反馈。Facebook、LinkedIn、Twitter 和 Google+ 等社交网络上的会话分析，是客户服务团队了解顾客情绪的实时晴雨表。关于客户体验的主要问题是，没有一个单一版本的真实或编撰的客户历史记录。这个问题的一个快速解决方案是使用主数据管理（MDM）。MDM 是指为确保客户信息维护的一致性，在组织内部收集、聚合、管理和分发数据的一系列工具和流程。

研究与开发　可以通过分析社交媒体网络中关于产品或产品特性的讨论来缩短产品研发周期。例如，如果在社交媒体网络上有许多关于特定产品的功能 "a" 使用困难，而且缺乏产品功能 "b" 的讨论，那么在产品的下一个版本中就需要改进功能 a，添加功能 b。在 McKinsey 调查的高管中，超过 70% 的人表示经常通过 Web 社区和社交媒体网络对话来创造价值。

人力资源　可以通过在诸如 Vault.com、Glassdoor.com 以及员工校友网络这样的特定专业网络上听取员工交谈来了解员工意见和雇主品牌。社交媒体网络可以为管理者提供大量关于员工对组织的意见的信息。这将有助于管理者制定适当的维系策略来留住关键员工。

财务　可以利用社交媒体网络收集到的数据，了解和规划组织决策的策略。可以从社交媒体网络获得若干参数，如影响组织现金流出的因素，可能影响组织提供的各种产品销售的因素等。

13.3　建立一个用于企业社交媒体分析的框架

社交媒体分析给组织带来的好处是巨大的。但是，不是所有组织都能从社交媒体分析中获益。某个组织采用社交媒体分析，意味着能够为组织实现直接的商业利益。下面给出的框架详细说明了组织为了实现直接的商业利益需要遵循的步骤。

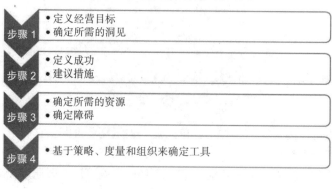

- 步骤 1
  - 定义经营目标
  - 确定所需的洞见
- 步骤 2
  - 定义成功
  - 建议措施
- 步骤 3
  - 确定所需的资源
  - 确定障碍
- 步骤 4
  - 基于策略、度量和组织来确定工具

步骤 1 策略——这是组织对使用社交媒体分析的预期应该明确的关键步骤。如果为了达到组织的期望，需要对现有流程进行更改，则应进行可行性研究，以评估变更对本组织现有业务的影响。

步骤 2 度量——应该明确规定衡量社交媒体对组织影响的指标。无论是推动品牌意识，提高对竞争对手的认识，提升销售，创造商业机会，或者其他任何方面都应该在这一步中定义。如果需要任何具体的措施来衡量度量标准，那么在这个步骤中应该清楚地提到这些操作。

步骤 3 组织——应该正确评估组织对采纳和使用社交媒体分析的准备。这是通过评估以下参数来完成的：

- 资源可用性。
- 社交媒体分析工具中的技能可用性。
- 社交媒体分析工具或流程的可用性。

步骤 4 技术——之前所有的步骤一旦完成，策略、指标和技能可用性将有明确的方向。在这最后一个步骤中，要选择执行社交媒体数据分析所需的工具。在选择时，重要的是要评估各种参数，如成本、产品的成功率、培训曲线以及更新或升级的许可维护过程。

13.4 社交媒体内容指标

组织在使用社交媒体的关键方面是在社交媒体上发布的内容类型。社交媒体内容的开发需要谨慎地进行，而且应该由一套指标来管理，以便为各种类型的社交媒体网络设计有效的内容开发策略。这反过来又允许公司利用社交媒体营销获取最佳的投资回报。用于度量内容有效性的 4 种不同类型的指标是：

content-to-contact ratio：这衡量了一个组织发布有吸引力的内容的能力，这些内容反过来会帮助它们在社交媒体网络中产生新的社会形象。平均而言，对于一个一般的组织，所观察到的 content-to-contact ratio 为 8:1（这意味着每发布 8 件内容，会创建一个新的社会形象）。对于最好的公司来说，content-to-contact ratio 可以高达 1:1。在这种情况下，术语"平均"和"最佳"指的是公司在社交媒体营销领域的经验。因此，对于所有的组织来说，最初使用社交媒体营销的反应可能是迟钝的，随着组织在社交媒体营销领域获得更多的经验，这种反应会随着时间的推移而增加。

comments-to-content ratio：这衡量了一个组织的内容活动的影响。comments-to-content ratio 可以通过各种社交媒体参数（如"喜欢"和"评论"）来衡量。comments-to-content ratio 也衡量一个组织发起成功的社会形象活动的能力。更多的评论和喜欢意味着更高的参与度。在社会化媒体营销方面有经验的组织，具有远高于新进入社会媒体营销领域组织的 comments-to-content ratio。

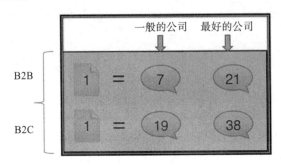

comments-to-profile ratio：这衡量了一个组织随着时间的推移与现有的社会形象联系起来的能力。这个比率是基于这样的假设衡量的，即现有形象的评论数越多，顾客购买时品牌在顾客头脑中保持新鲜度的可能性就越高。据观察，与 B2B 公司相比，一流 B2C 公司的 comments-to-profile ratio 显著较高。

content-to-share ratio：这衡量了内容延伸到社交媒体边界以外的其他网络、论坛或社区人群的能力。比率越高，内容的成功率越高。这一假设基于这样一个事实，即只有当人们喜欢某些内容时，他们才会花更多的时间来为该内容进行注册，并与网络之外的其他人分享内容。较大数值的 content-to-share ratio 也预示着一个组织的品牌和产品的新的社会前景。

13.5 社交媒体分析的预测分析技术

近来，预测分析技术被广泛应用于社交媒体数据，以产生有价值的洞见。有一些 API 和工具可以访问来自社交媒体网络的数据，还有一些服务提供者，他们访问社交媒体数据，并将其转换成可以执行分析的形式。

文本挖掘是对数据进行情感分析的技术。文本挖掘利用社交媒体网站上发布的文本内容来判断对产品、品牌或任何其他组织的情感是正面的还是负面的。随着诸如标签云等强大的文本挖掘技术的出现，利用文本挖掘进行情感分析已经非常普遍。

情感分析是在一个适当的主观性词汇基础上进行的，它能够理解一个词语或表述相对积极、中立或否定的语境。这种理解是基于语言和语境的。下面给出了一个很好的例子：

我觉得在 X 公司工作非常好，也很舒服，尽管薪水要稍微少一点。

在上面给出的句子中，有三个表达情感的词。它们是：

- 好
- 舒服
- 少

这个句子的整体情感被认为是积极的，因为句子中有两个肯定词和一个否定词。除了单词外，还有一个限定词用于增强正面词（非常），而否定词则使用限定词"稍微"表达情感。

词汇可以有不同层次的复杂性和准确性。由词产生的结果也是基于这些与词汇相关的参数。文本挖掘的几种测试算法和工具的可用性使得利用文本挖掘进行的情感分析成为一种功能强大的工具，组织可以用来进行社交媒体分析。

另一种在社交媒体分析中比较常用的预测分析技术是网络分析。网络分析是这样一种技术，它利用特定主题上的不同个体之间的沟通，建立它们之间的各种联系，并检测诸如某一品牌或组织的强烈追随者及其在特定主题或讨论中的影响等各个方面。所有其他的现有预测分析技术，如聚类、建模和评分，只有在输入数据可以转换成这些技术所需的特定格式时，才能用于社交媒体分析。

13.6 使用文本挖掘的情感分析架构

在此架构中考虑的数据类型的基本假设如下：

- 一篇文章是对社交媒体网络的最初贡献。
- 一篇文章可能有评论和注释，可以看作是对文章的回复。
- 包含所有评论和注释的文章被认为是一个单用户文档。
- 结构将有各种组件，它们将分析每个文档，并决定它的情感是积极的还是消极的。

正如前面所讨论的，一个词可以被认为是积极的或消极的，基于它本身或它所使用的语境。在整个文档中，消极和积极词汇出现的频率被用作划分文档态度的基础。同样，所有文档中特定用户使用的消极和积极词汇的频率也被用作对用户态度进行分类的基础。一个特定用户使用的否定词越多，用户的态度就越消极。相反，用户使用的积极词汇越多，用户的态度就越积极。

在下图给出了使用文本挖掘的情绪分析结构模型。结构的各个组成部分是：

- 单词库（BoW）节点。
- 词频节点。
- 标签转换为字符串节点。
- 文档评分节点和用户评分节点。

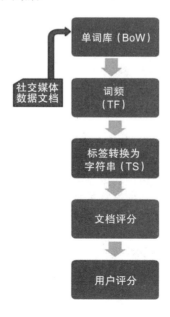

各个节点的作用解释如下：
- BoW：由用户生成的社交媒体数据所创建的文档作为对单词库节点的输入。BoW 节点为每个文档输入创建一个单词包。BoW 由至少两列组成：一列给出作为输入的文档，另一列包含每个文档中出现的词。
- 词频（TF）：此节点计算每个文档中每个词的相对词频。TF 是通过将文档中出现的一个词的绝对频率除以该文档中的所有词的总和计算出来的。
- 标签转换为字符串（TS）：此节点根据计算的 TF 确定每个文档中存在的情感的性质，并根据文档中存在的积极词汇和消极词汇的数量将标签分配给文档。
- 文档评分：此节点根据文档中出现的积极词汇和消极词汇的数量，将分数分配给文档。
- 用户评分：此节点根据用户在每个文档中使用的积极和消极词汇给每个用户分配一个分数。

13.7   社交媒体数据的网络分析

社交媒体数据的网络分析是一种著名的预测分析技术，它通过网络理论来表示社交媒体关系。网络的主要组成部分是描述网络中参与者的节点和描述个体之间关系的节点之间的链接，如 Facebook 的朋友、粉丝、响应等。网络分析是一种广泛应用的技术，它在几乎所有的商业领域都有着不同的应用，而且它还提供了丰富的各种参数的宝贵数据，可以用来促进业务。

让我们举一个零售业网络分析样本输出的例子，以及零售组织如何利用它来促进其业务。

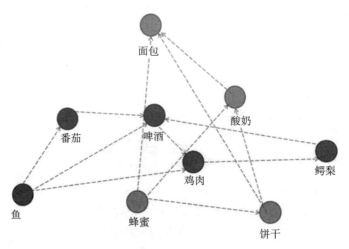

在上面的网络图中，圆圈以不同颜色表示共同购买的产品，连接线表示交易的数量。

零售组织如何利用这个输出获得好处？

零售企业可以预测个体产品的销售，也可以预测购买客户的购买模式以设计销售量较少的某些产品的促销，减少某些产品的比例来提高它们的销售，而且改变收银通道位置的商品的货架安排，这样某些产品组合就可以销售得更好。

13.7.1   社交媒体数据的网络分析入门

进行网络分析的社交媒体数据的主要来源有哪些？

下面列出了这些主要来源。

社交媒体数据的网络图提供了社交媒体主题的有用洞见，这对每个人都很重要。网络图提供了一种简单的方法来分析围绕在社交媒体网络中讨论的特定主题而演变的社会交往结构。网络图还提供了一种简单的方法来解释特定社交媒体网络中的群组使用 URL、hashtag、单词、@usernames 和短语的不同方式。

以下是社交媒体在网络分析中使用的一些关键术语[1]：

术　语	解　释
度	有多少人可以直接联系到这个人？
中介中心度	这个人有多大可能是网络中两个人之间最直接的路线？
接近中心度	这个人能多快到达网络上的所有人？
特征向量	这个人与其他关系良好的人有多好？

13.7.2　使用 Twitter 的网络分析

网络分析最重要的用例之一就是挖掘 Twitter 生成的社交媒体数据。网络分析是在 Twitter 数据上进行的，用来衡量关于以下方面的对话：

- 关于某个特定的 hashtag（井号标签）。
- Twitter 账户。
- 品牌。
- 公共政策等。

有 6 种基本类型的 Twitter 社交网络分析图。它们是[1]：

- 极化网络图：两个互联较少的稠密聚类。
- In-Group：内部之间存在许多联系的少数无连接的隔离群。
- 品牌或公共话题：许多断开连接的孤立群和一些小组。
- Bazaar：许多中型规模的组，其中有些是隔离群。
- 广播：被许多无关联的用户转发的中心。
- 支持：对许多无关联的用户进行响应的中心。

13.7.3　极化网络图

这些类型的网络图通常是在讨论政治问题时形成的。值得注意的一点是，这些类型的图是由不同群体对特定问题的意见之间存在巨大差异而形成的。

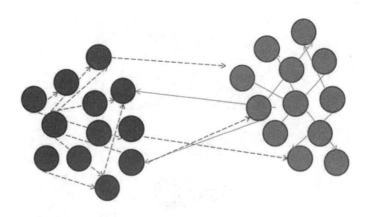

13.7.4   In-Group 图

这些类型的图经常被看作是在讨论组和紧密联系的群体或社区之间进行交流时进行演化的。这种类型的图的特点是，网络成员不在其成员之外进行尝试。从营销角度来看，这些类型的图有助于通过 Twitter 跟踪技术产品的对话。这张图为组织提供了灵活性，为他们的产品创建 hashtag，然后使用 hashtag 跟踪对话，并在 Twitter 图的帮助下关注这些产品的评论。总之，这些类型的图是非常有用的，对于在其领域具有技术产品的特定组织或品牌是必需的。

13.7.5   Twitter 品牌图

这些类型的 Twitter 图提供了非常好的可视化和数据解释功能。以下是这些图提供的一些功能：

- 跟踪关于特定品牌的对话。
- 追踪品牌或产品的主要影响者和连接者（连接者是能够创建大量粉丝或对话的社交媒体用户）。

它使得组织可以选择联系连接者以获得反馈，并尝试在下一个版本的产品中使用关于缺少的特性或功能的反馈。

13.7.6   Bazaar 网络

Bazaar 通常意味着市场。这些类型的网络图包含不同类型的 Twitter 聚类。这些类型的网络图由中等规模的公司创建，用户的参与程度各不相同。

13.7.7   广播图

这些图通常由特定的个人或群体支配。这些特定的个人可能属于最有影响力的人或群组。像橄榄球队、板球队等这样的个人或团体可以根据他们的广播图来衡量他们的品牌价值。

13.7.8   支持网络图

这些类型的图被一些组织用于使用社交媒体网络提供客户支持服务。这些类别的图是不同类型的网络图中最稀有的。

戴尔社交媒体监听指挥中心

戴尔的经营理念是"每个人都在监听"，并于2010年12月创建了社交媒体监听指挥中心。尽管戴尔在社交媒体方面是采取整体模式进行组织的，但它采用整体和协调混合模式进行监听。目标是将社交媒体作为一个组织，并作为工作日的一个组成部分，同时使用社交媒体"空中掩护"来支持所有员工。而社交媒体监听指挥中心包括一个地面控制团队，这不是员工监听的唯一地点。除了指挥中心和社交媒体团队之外，戴尔公司超过10万名员工中的大部分都将监听社交渠道作为日常工作的一部分。

13.8　组织的社交媒体分析的不同方面

组织可以通过各种方式利用社交媒体分析来获得商业利益。社交媒体分析的各种可能用例在下图中给出。

品牌宣传与健康度管理：如今，组织非常重视品牌价值，并不断寻求提升品牌价值的步骤。社交媒体包含有价值的信息，这将有助于组织跟踪它们在市场上的品牌价值。在前面的网络分析部分讨论了一些跟踪品牌价值的 Twitter 机制。品牌健康度跟踪和监视通常涉及使用特定关键字和 hashtag 跟踪关于特定组织或产品的社交媒体对话。

以下是品牌健康度监测可以为组织提供的一些商业利益：

- 能够跟踪和监测品牌渗透率最高的地区或地点，并据此设计产品投放或试点。
- 评估特定品牌与竞争对手的类似品牌的实力对比。
- 了解特定领域的最优品牌。
- 跟踪并维护特定品牌影响力的数据库。
- 分析人们对特定品牌的情绪（这是通过"喜欢"的数量或积极的评论来衡量的）。

净推荐值（Net Promoter Score）是决定顾客品牌忠诚度的关键参数之一。净推荐值背后的基本假设是，所有客户可以分为以下三类之一：促进者、被动者、贬低者。

促进者　这应该是对组织品牌最忠诚的顾客。他们通常在10分制中得9或10分。促进者被认为对于推动组织品牌的发展非常重要。组织应该不惜一切代价采取措施保留他们。

被动者　这是对产品满意的客户类别。但是，他们总是容易被竞争对手的品牌所吸引走。他们一般在 10 分制中得 7~8 分。组织应谨慎处理这类客户，并应通过向客户提供定制的折扣优惠和预先包装的交易来保留这些客户，从而使其远离竞争对手的品牌。

贬低者　这是不满意的客户类别。也可以预测他们甚至可以传播一个特定品牌的消极方面。他们在 10 分制中得 0~6 分。组织应该特别关心这类客户。应该试着了解这些客户不满的原因，并采取适当措施予以纠正；否则，这类客户可能成为组织品牌价值的主要威胁。

净推荐值可以通过几种方式来计算，比如跟踪关于一个品牌的喜欢和正面评论以及一个品牌的粉丝的数量，以及通过主持调查。

优化市场传播计划　现今的组织大量投入传播计划和其他营销活动。所以对他们来说，评估和理解营销活动的有效性是非常重要的，这样他们就可以更多地聚焦于一种特定的活动模式，而不是投资所有不同形式的活动。社交媒体的回应和调查可以作为一个非常有效的工具来跟踪活动的有效性。

除了利用社交媒体来衡量营销活动的有效性外，社交媒体本身还可以作为传播计划的媒介。这个在当今越来越受欢迎的概念被称为社交营销。在社交营销中，一个非常重要的概念就是参与度分析。参与度分析有助于衡量营销活动对不同社交媒体平台的影响。参与度分析的各个步骤总结在下图中。

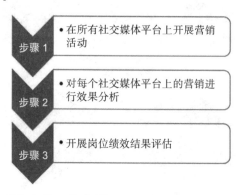

以下是参与度分析在商业中的一些应用：

- 监控并跟踪喜欢营销活动中所使用的内容的人员。
- 分析人们对营销活动以及营销活动中所销售的产品的看法。
- 跟踪活动的有效性。
- 了解适当的年、月、日时间，以举办不同类型产品的促销活动。
- 分析每个地理区域最有效的活动类型。

13.8.1　收入及销售的潜在客户开发

社交媒体不能直接用于创收。但是，它们可以被用作产生和转换潜在客户的手段。为了在这个过程中取得圆满成功，重要的是了解社交媒体在客户购买过程中的重要性，然后调整它以影响客户对特定品牌或产品的态度。

量化社交媒体对潜在客户开发过程的影响以及追踪使用社交媒体产生的潜在客户数量通常是一项艰巨的任务。下面给出一个可用于跟踪使用社交媒体生成潜在客户的高级公式：

社交媒体的潜在客户开发效率＝使用社交媒体开发的潜在客户数量／潜在客户总数

另一种测量潜在客户开发效率非常有用的度量方法是 content-to-contact ratio。

这个用例的一些具体应用如下：
- 跟踪每个社交媒体渠道开发的潜在用户。
- 使用每个社交媒体渠道跟踪潜在客户转化。
- 跟踪社交媒体营销对搜索结果和搜索引擎优化的影响。
- 评估社交媒体营销对客户忠诚度的影响。

13.8.2　客户关系和客户体验管理

客户体验管理反过来形成了客户关系管理的基础，对社交媒体网络的依赖程度很高。社交媒体可以在管理客户体验方面产生持久的影响，从而在提高品牌价值方面为组织带来诸多好处。

在使用不同类型的社交媒体渠道的组织中，可能会有不同程度的客户期望。例如，当涉及技术社区或论坛等特定渠道时，客户愿意分享他们的关注点，并利用社区其他成员的意见来解决问题。

以下是针对组织的客户体验管理的一些用例：
- 监控特定产品功能／问题的强度。
- 评估组织客户关系管理方面的薄弱环节。
- 监测组织通过社交媒体回应客户关注的时间。

13.8.3　创新

现在，许多组织利用社区和网站来收集众包（crowd source）和创新的产品特征及产品创意，这已经成为一种趋势。这种组织行为的一个突出的例子是由星巴克维护的网站（http://mystarbucksidea.force.com）。但是，一些没有能力维护这种创新思想收集专用网站的组织，则是利用社交媒体网站来收集与其领域相关的创新产品理念和产品特征理念。但是，为了从社交媒体中收集这些创新的想法，组织必须不断使用社交媒体的监听工具和平台来监听社交媒体网络。我们将在下一节讨论更多关于社交媒体工具和监听平台的内容。

13.9　社交媒体工具

本节将讨论一些先进的社交媒体工具。社交媒体工具大致可以分为两类：社交媒体监控或监听工具和社交媒体分析工具。

13.9.1　社交媒体监控工具

这些工具主要使用文本分析来找出在特定社交媒体网络和其他论坛中使用的特定术语。大多数社交媒体监听工具会监听单词或短语并跟踪和报告。在大多数情况下，这些工具只提供监视功能，而且没有使用社交媒体网络生成的数据来支持强大的社交媒体分析所需的功能。下面讨论一些社交媒体监听工具的例子：

1）Hootsuite：这是一个非常受欢迎的社交媒体监听工具，可以监控多个社交媒体网络，如 Twitter、Facebook、LinkedIn、WordPress、Foursquare 和 Google+。这个工具有能力管理在线品牌，并提交由 Twitter、Facebook、LinkedIn、WordPress、Foursquare 和 Google+ 提供的社交媒体服务的消息。此工具还通过生成每周分析报告来提供有限的社交媒体分析功能。

2）TweetReach：此工具可以通过测量 tweet 的传播距离来评估 tweet 的效应和影响。它具有帮助追踪特定组织或品牌中最有影响力的追随者的功能。这些有影响力的追随者可以在以后的阶段作为品牌大使来推广和宣传特定的品牌。

3）Klout：这个工具衡量特定品牌或个人在社交媒体上产生的效应或影响，然后根据创建的影响力分配一个叫作 Klout 分数的分数。这里的影响是指人们对社交媒体网络和其他在线论坛上发布的内容的反应、社交媒体内容的追随者数量等。

4）Social Mention：这是一个免费的社交媒体监听工具，可以监视一百多个社交媒体网站。该工具可以从 4 个不同方面分析来自社交媒体网站的数据：强度、情绪、激情、影响范围。

5）HowSociable：这个工具衡量一个品牌的社交媒体知名度，并且还具有与竞争品牌的社交媒体知名度相比较的功能。这个工具提供了两种类型的账户选项：

- 免费账户：使用免费账户，可以跟踪 12 个社交媒体网站。
- 付费账户：使用付费账户，可以追踪 24 个其他网站。

该工具还可以根据品牌在不同社交媒体平台上的反应来为品牌分配分数。这将为组织提供洞见，即哪个社交媒体平台是最适合品牌宣传的。

13.9.2　社交媒体分析工具

社交媒体分析工具有测量基准的社交媒体参数的能力，并提供深入的分析洞见和模式。预测模式是为了目前和未来的场景。这些预测有时会作为报告提供。简而言之，社交媒体分析工具的主要区别因素是能够将分析应用于社交媒体数据以获得深入的洞见。市场上的一些主要产品有 Adobe 的 Insight、Salesforce 的 Radian 6、IBM 的 Cognos Consumer Insights 和 Brandwatch。

13.10　结论

在本章中，讨论了社交媒体分析的重要性以及社交媒体分析扩散的关键驱动因素。本章的第一部分也详细讨论了当今组织进行社交媒体分析的不同用例。一种称为情感分析的社交媒体分析新变种正在获得很多突出的成就。情感分析的各个方面也在本章中讨论。本章的第二部分重点介绍可用于执行社交媒体分析的各种工具。

13.11　习题

1. 解释社交媒体分析的不同方面。
2. 用实例解释不同类型的社交媒体内容指标。
3. 描述组织的社交媒体分析的不同用例。
4. 写一个关于社交媒体分析工具的简短说明。
5. 在社交媒体分析的背景下解释网络分析的概念。

参考文献

1. 75 percent of Retail Associates Report Latest Mobile Technology Leads to Better Customer Experience, Motorola Solutions Survey (2011) Motorola Solutions, Inc., Dec 20, 2011

第 14 章
医疗保健的大数据分析

14.1　引言

　　现在世界上有很多数据，而对这一巨大数据做出贡献的行业之一就是医疗保健。

　　数据正以无法控制的速度增长。有效地使用数据是非常重要的，同样，数据分析也是必需的。数据分析并不是什么新鲜事物，甚至在人们了解如何使用正确的分析方法之前，数据分析就已经进行了很长时间。随着科技的进步和医疗的改变，人们观察数据的方式发生了变化。分析已经改变了医疗保健的运作方式，给健康带来新的意义。大量人口、不健康人口的增加、技术革新和循证医学方法是导致巨大数据的若干原因。大数据正在发现医疗保健领域中更大的机遇。从海量数据中获取价值是大数据分析所期望的职责。将数据转化为有用的洞见的是大数据分析。图 14-1 显示了导致医疗数据量巨大的各种来源。

图 14-1　大数据来源

　　医疗保健的另一个挑战是研究如何以有效和安全的方式处理数据。大数据分析在医疗保健领域具有不同的维度：将所谓的"大数据"转化成有用的洞见，改善医疗保健来为患者提供更好的照顾，使用高性能计算机进行医疗保健，降低医疗成本。

　　在本章中，我们将讨论医疗保健领域的大数据、所涉及的挑战、大数据分析的益处以及医疗保健领域高性能计算的需求，并会有几个有趣的活动，所以尽情阅读这一章吧！

活动 1

让我们从一个有趣的活动开始！

拿一张卡片并画一棵有许多树枝的树，每个树枝都有树叶和果实。

现在，在每个分支上，指定一个提供医疗保健数据的来源，将这些叶子标记为从该特定来源传输数据的设备，并将果实标记为从设备中传出的数据。把树干命名为大数据来源（图 14-2）。

图 14-2   大数据来源

来源的例子可以是家庭监测（将它放在分支中），其中设备可以是传感器（在来自同一分支的叶子上写入），来自传感器的数据可以是血糖、血压、体重等（把它写在特定分支的水果上）。

用这样的细节填满树。尝试确定尽可能多的医疗保健来源。

图形化表示使数据捕捉更加生动，而且相同的内容理解起来更容易。

14.2   影响医疗保健的市场因素

影响医疗保健的市场因素有很多。老年人口的显著增加，日益增加的与生活方式有关的健康问题以及慢性疾病为很多医疗保健方面的机会开启了大门（图 14-3）。

随着医院就诊人数的增加，提供各种健康解决方案的消费者之间的竞争也在加剧。增加的医疗保健费用正在敦促更好的报销政策。医疗保健正期待着提供商和供应商携手并进的更为集成的交付系统。

基于技术的解决方案被视为医疗保健部门业务发展的希望。随着许多医生和护士使用移动设备与病人保持同步，同时也伴随着医疗实践的进步，医疗行业正在走向移动化。

创新是发展的关键。卫生机构不得不寻求创新的解决方案，这有助于降低成本，并为其成员提供更优质的服务，从而提高透明度。

图 14-3   推动医疗保健的市场因素

随着这些新变化的到来，医疗行业将如何保持其质量和降低成本？这就是大数据分析被视为一线希望的地方。

你知道吗？

世界上有很多数据，其中 90% 产生自过去的两年。

医学数据每 5 年翻一番。

81% 的医生每个月甚至不能腾出 5 个小时来跟上不断增长的数据。

到 2020 年，医生将面临 200 倍的医疗数据增长。

来源：http://www-03.ibm.com/systems/in/power/solutions/watson/

14.3 不同的相关方设想不同的目标

不同的相关方对大数据分析有着不同的目标和希望：

- 供应商希望大数据分析能够帮助他们更好地做出明智的决定。他们希望技术能够极大地帮助改善病人的护理服务。为了实现大数据分析，供应商需要实时获取病人的医疗记录和其他临床数据。大数据可以帮助提供者根据循证方法进行决策。
- 病人希望技术成为他们日常生活中的一种增强剂。他们正在寻找一种简单易懂、方便使用和一站式的医疗保健，并在病人、提供者和医疗机构之间进行更好的协调。
- 制药公司希望更好地了解疾病的原因，并得到合适的患者进行临床试验。他们正在寻找更成功的临床试验，这将帮助他们的市场更安全，并帮助他们准备更有效的药物。
- 付款人正在从为服务支付费用转向为效果支付费用的新业务模式。他们正在把大数据视为一个机会，帮助他们选择一个更好的商业模式，其中将包括健康管理和其他数据分析。
- 医疗设备公司正在从各种医疗来源收集数据，例如定期收集患者数据的传感器，从而确保在早期阶段预测问题。但是这些公司主要关心的是如何处理每天收集的巨量数据，因为存储数据需要大量的投资。
- 研究人员正在寻找新工具，借助这些新的工具，有助于他们改进实验的结果。它将提供更好的开发新型治疗方案的洞见，以成功地满足监管批准和市场进程。
- 政府期望通过颁布法律来降低医疗成本，确保每个人都获得优质的医疗保健。政府在提供以患者为中心的医疗服务方面有很多负担，既要质量最好，同时要保证低成本。
- IT 团队希望有更好的机会来为这个巨大且不断增长的新市场服务。软件开发团队非常兴奋，因为创新是这里的关键，每个人都在寻找能够更快地响应大量数据和新技术改进的创新产品。

14.4 大数据对医疗保健的好处

通过有效利用大数据，能够令卫生组织受益，这些卫生组织从单一供应商组织，到多供应商组织、大型医院供应商和医疗保健机构。优点包括提高工作效率和医疗服务质量、管理具体的健康人群和个体、在早期阶段检测疾病、为患者提供循证治疗方案、检测医疗系统中的早期欺诈行为。一些大数据的优点包括：

医疗效率和质量

早期疾病检测

欺诈检测

人口健康管理

14.4.1 医疗保健效率和质量

医疗保健费用呈指数增长，人们无法应付突然上涨的成本。医疗机构的首要任务之一就是降低成本，以便为患者提供满意的体验。另一方面，像糖尿病这样的慢性疾病正在以无法控制的速度增长。这也是大比例的卫生资源被利用的原因之一，并且导致医疗成本的增加。

电子健康记录（EHR）和良好的大数据分析工具的实施将为卫生人员提供许多机会（图 14-4）。

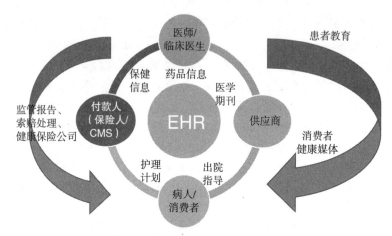

图 14-4　推动医疗保健的市场因素

下面的例子说明了数据是如何在以 EHR 为中心的领域中流转的，其中病人护理是最重要的，从而提高效率和医疗保健质量。

14.4.2 早期疾病检测

如今，有很多传感器被用来追踪病人的日常检查，在家休息的病人的血压、血糖和心率的变化可以传送到临床医生办公室。有很多数据存储在这些类型的传感器当中。

这个领域的研究很多，从这些设备传来的数据可以用于疾病的早期检测，从而挽救生命。还可以通过分析来检测药物的副作用以及过敏或感染的发展。

这种远程感知可以让病人从医疗机构得到更好的护理。

14.4.3 欺诈检测

大数据有望改变索赔支付系统，在这种系统中支付的索赔是以传统的按服务付费方式由人工核实的。使用大数据工具和技术，可以改变人工流程，从而防止系统中出现错误的索赔。大数据分析可以帮助检测欺诈行为，从而提高美国医疗保健系统的质量（图 14-5）。

图 14-5 是一个典型的欺诈模型，索赔来自输入系统，如门诊、药房、医院等。索赔的有效性在规则引擎中被预定义的规则证明是合理的。有效的索赔被推送到付款。在验证的第一步中，不正确或暂停的索赔会作进一步调查。这些信息连同索赔被怀疑的具体原因也会被发送到报警引擎。将可疑的索赔进一步发送到验证的第一步，在那里进行处理，并根据数据分析计算新的公式和趋势，该数据分析用于改进规则引擎，该规则引擎随着每个新数据的输入而不断变化。这些细节可以用来对欺诈和错误造成的财务风险做出更明智的决定。

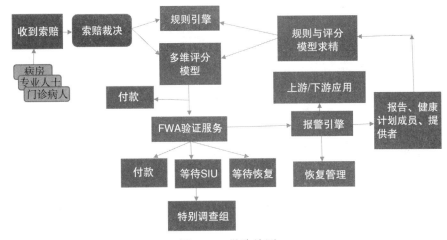

图 14-5　欺诈检测

14.4.4　人口健康管理

利用有影响力的大数据工具和技术，大数据分析可以应用于人口健康管理。糖尿病、心脏病、癌症、中风和关节炎等慢性病是最常见的疾病。有大量人口死于这些慢性疾病。大数据分析将帮助医生在预防这种疾病发生方面做出明智的决定。定期对这些慢性病高发人群进行健康检查，有助于及早发现疾病并预防疾病。同时关注健康计划也有助于教育人们健康生活的重要性（图 14-6 ）。

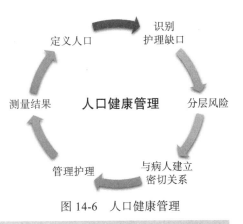

图 14-6　人口健康管理

> **活动 2**
> 已经有很多理论研究，现在让我们进入一个小的活动。
> **人口健康管理**
> **介绍：**
> 　　我们看到了几个可以使用大数据分析的领域。这些只是少数重点领域。你们应当都已经体验过医疗保健系统，并且可能对大数据分析的使用有许多想法。
> 　　**进入活动：**
> 　　确定医疗保健中可以使用大数据分析的其他领域。写出共同点，并显示图形表示。也可以在白板上通过便利贴来完成。
> 　　**提示：**
> 　　想想与医疗保健服务领域相关的看法。
> 　　例如：提供者、病人、制药公司等。

　　想法示例：这里给你提供一个小例子！

　　无论何时因某个特定症状去拜访提供者，提供者都会分析你的症状并给出相同的处方。病人数据库中有很多处方细节。有了这些关于症状和处方的大量数据，我们可以做点什么吗？是的，大数据分析就是从你觉得可能根本没用的数据中带来价值。

14.4.4.1　大数据理念

将所有症状及其相应的处方数据加载到特定医院网络的数据库中。比较症状，看看是否有类似的症状。如果你发现类似症状，请执行以下操作：

- 分析由不同的医生给出的针对相同症状的药物。
- 如果药物是相同的，检查给药的剂量。这实际上可以帮助确定具体药物过量使用还是剂量不足。
- 较少的剂量可能是患者重新入院的原因。而另一方面，过量使用可能是一个风险。
- 找到医生并询问他们的剂量水平以及给予相同剂量的原因。
- 另一方面，如果不同的医生对同一种药物提供不同的药物疗法，那么分析为什么会这样做。
- 为医生提出一个药物治疗方案，这帮助他们选择质量好、成本低的最佳药物。

上述想法通过跟踪药物剂量和跟踪任何问题帮助减少再入院，并帮助为患者提供高质量的药物。

这只是一个例子，与此类似，你也可以提出有利于使用大数据分析的好主意。

14.5　大数据技术采纳：一个新的改进

技术通常被称为推动者；另一方面，技术也是障碍。在大数据分析领域，技术已成为开辟创新的新路线图的推动者。

信息技术解决方案的出现，如电子健康记录，标志着从硬拷贝时代发展到数据数字化时代，而临床决策支持系统正推动着临床和商业智能应用的发展。

如今，有很多令人惊叹的新技术解决方案，医疗保健如黑暗寒冷中的一缕阳光显现。

让我们看几个医疗保健行业中使用的技术推动者。

14.5.1　IBM Watson

经过几十年的程序化计算，我们终于进入了一个时代，其中机器可以理解人类的语言，能通过分析大量数据来回答问题，并具有学习和思考经验的能力。这是一个改变游戏规则的机器，它可以做我们难以想象的事情。IBM Watson 通过名为 Jeopardy 的智力竞赛面世。IBM Watson 击败了 Jeopardy 的所有冠军！从那时起，Watson 已经从一个智力竞赛获胜者演变成一个能够提供最佳认知解决方案的创新系统。

总结一下：

- IBM Watson 是一台能够回答自然语言问题的超级计算机。
- Watson 可以读取非结构化数据，也可以支持开放领域问题。
- Watson 能够以每秒 80 万亿次的速度处理数据。
- Watson 可以访问超过 2 亿页的信息。

14.5.2　IBM Watson 架构

IBM Watson 架构如图 14-7 所示。Watson 的工作原理是使用深度内容分析和循证推理。它使用先进的自然语言处理、分析和信息检索、自动推理和使用并行假设生成的机器学习。它的工作方式不是问一个问题然后得到答案，相反，它是一个系统，通过产生一个带有置信水平的广泛的可能进行诊断。置信水平是通过基于现有数据，收集、分析和评估证据来实现的。

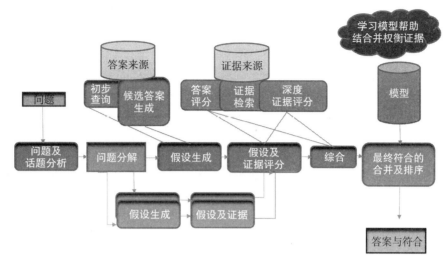

图 14-7　IBM Watson 架构

　　对于每个问题或案例，Watson 首先构建用户信息需求的表示，并通过搜索生成许多可能的响应。对于每个可能，Watson 查看独立的线程，它们将结构化和非结构化来源的不同类型的答案组合在一起。它提供了一系列可能的答案，并且将它们根据描述支持证据的资料进行排序。

14.6　医疗保健领域中的 Watson

14.6.1　WellPoint 和 IBM

　　根据美国医学研究所的数据，每年花费在美国医疗保健上的钱中有 30% 是浪费的。原因有很多，其中一个主要原因是医疗服务的利用管理（UM）。UM 流程负责所有医疗手术的医疗保险项目的预审批流程。业界一直致力于提高准确性和响应时间，但这是一项艰巨的任务，因为在分析数据时会产生大量数据。

　　WellPoint 是美国最大的纳税人之一，正寻求加快医生处理请求的流程，节省时间并提高成员在审批过程中的效率，同时仍继续在医学证据和临床实践指南采用 UM 决策。

　　为了实现这一目标，WellPoint 与 IBM 签订了合同，将 Watson 作为改善病人护理和提高医疗保健质量的解决方案：

　　1）Watson 被用作加速预审批流程的解决方案。

- WellPoint 已经使用 18 000 个历史案例对 Watson 进行了训练。现在，Watson 使用假设生成和循证学习来生成建议，帮助护士做出有关医疗服务使用情况管理的决策。

　　2）Watson 正在采用基于证据的方法帮助医生做出明智的决定。

- Watson 用于 Sloan Kettering Cancer Center。

在这里，Watson 正在帮助肿瘤学家做出明智的决定，并为癌症患者确定最佳的治疗方案。

14.7　EHR 技术

　　EHR 是指电子病历。EHR 是一个系统的特定病人或人群的健康记录收集。

　　EHR 的优势在于它是数字格式的，可以在不同的医疗保健中心共享。

EHR 可能包括各种数据，包括人口统计、病史、实验室数据、放射学图像、生命体征和病人的个人资料，如身高、年龄、体重和账单信息。

电子病历技术的设计是为了在任何时间点都能够获得关于病人的准确数据。它允许出于各种医疗目的查看患者完整病史。

下面显示的是一个典型的图表，它显示了数据如何在 EHR 中流动。请按照图中的步骤逐步理解细节。

> **你知道吗？**
>
> 人工智能对于 IBM 而言并不是什么新鲜事物。IBM 有自己的人工智能的历史，从 20 世纪 50 年代的 Arthur Samuel 的跳棋玩家和 Deep Blue 国际象棋计算机（20 世纪 90 年代）开始，现在我们有了 Watson！

14.7.1　EHR 数据流

EHR 数据流如图 14-8 所示。

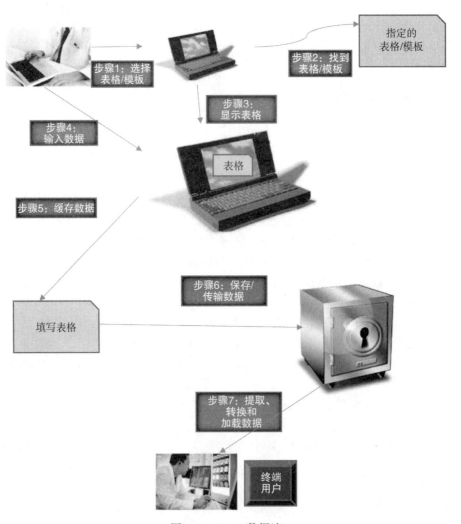

图 14-8　EHR 数据流

14.7.2　EHR 的优点

- 与纸质记录相比，它需要更少的空间。
- 患者信息可在一个地方获得，这使得数据检索非常容易。
- EHR 提高整体效率。
- EHR 数据可用于质量改进、资源管理等领域的统计报告。
- EHR 数据支持在安全网络上使用和共享信息。
- EHR 数据可以在任何工作站和移动设备上读取。
- EHR 系统可以通过分析病人记录来自动监测病人的临床事件，这些记录可以检测并预防不良事件。

> **你知道吗?**
> EHR 也被称为 EMR，是电子病历。

14.8　远程监控和传感

远程监控是指对临床中心以外的患者进行监测，患者可能在家中。远程监控通过降低医疗保健成本，增加了病人护理的机会。

远程监控和传感:

- 改善慢性病管理。
- 可以监视病人对药物的反应。
- 减少医疗并发症。
- 减少住院时间。
- 限制急诊科就诊。
- 提高家庭护理和门诊预约的效率。

14.8.1　技术组件

大多数远程监控设备由以下四个部分组成:

- 无线传感器，可以测量生理参数。
- 病人家中的数据存储，它将介于传感器和其他集中数据库以及提供者目标地址之间。
- 集中存储库，存储来自传感器、本地存储器以及提供者目标地址的数据。
- 诊断应用程序，提供治疗建议和其他警报，以使得患者清楚他的健康状况。

安装的传感器取决于患者的问题。不同的患者可能会有所不同（图 14-9）。

14.8.2　应用远程监控的医疗保健领域

- 糖尿病: 为了控制患者的糖尿病，所需的数据是血压、体重和血糖。血糖和血压的实时数据将有助于在需要时提醒患者和医疗保健提供者进行干预。这在许多情况下都被证实是非常有效的。
- 心脏衰竭: 有许多医疗设备可用于监测心率和心脏功能。心脏衰竭患者的家庭监护有助于提高他们的生活质量和医患关系，减少在医院的住院时间，降低医疗成本。
- 痴呆症: 对于有很大跌倒风险的痴呆症患者，将传感器安装在个人或行动装置上，如助步车和手杖。传感器通常监测病人的位置、步态、线性加速度和角速度，并利用数学算法预测跌倒的可能性，并在病人跌倒时提醒护理人员。

- 不孕症：许多患者选择了体外受精（IVF）治疗，有许多用于监测不孕症的传感装置，多数案例证明这是有效的。

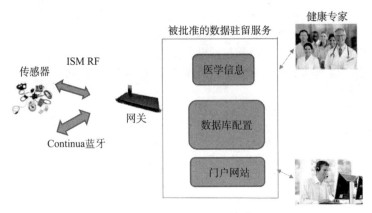

图 14-9　远程监控和传感

14.8.3　远程监控的局限

- 远程监控取决于要监控的个人利益。
- 成本是远程监控的障碍，因为设备和辅助设备非常昂贵。
- 报销方面的规定还没有设置好。
- 需要专门的医疗保健提供团队，这将不得不持续监测患者的健康状况。
- 远程监控高度依赖于广泛的无线通信系统，在许多情况下可能不适合在农村地区安装。

> **你知道吗?**
> 远程监测和传感通常称为 RPM，也就是远程患者监控。

14.9　面向医疗保健的高性能计算

世界各地的研究不仅在为患者找到解决方案，而且希望用不同的大数据工具改进诊断和治疗方法。

其中一种方法是使用高性能计算技术，它可以改善患有疾病的人的生活质量，并且还改善诊断和治疗期间的患者体验。高性能计算都是关于并行处理，即在有限的时间内可以更快地处理数据。

高性能计算技术被看作是可以降低医疗保健成本的新型创新驱动平台。

现在我们来看几个高性能计算在医疗保健领域的应用。

14.10　人脑网络的实时分析

功能性磁共振成像（fMRI）是诊断神经系统疾病的一个重要工具。但是功能性磁共振成像非常昂贵，而且分析数据需要花费将近一周的时间。当前的流程需要进行多次扫描才能得到正确的结果。

使用高性能计算可以更快地得到结果、更准确的诊断、更好的结果以及使用较便宜的扫描设备时间。通过 HPC 进行脑部扫描，可以对测试进行干预，并在扫描过程中根据需要进行调整。这种潜力已经允许诊断各种脑部疾病，包括精神分裂症、自闭症、老年痴呆症、多动症。通过将分析分解成简单的模型，高性能计算将有助于分析过程自动化。

下面描述的是一个架构，它展示了可以处理和响应传感器输入的神经网络的开发过程（图 14-10）。

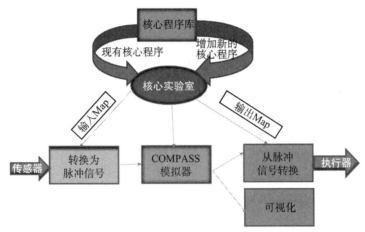

图 14-10　人脑网络的实时分析

以上内容包括：

1）脉冲（数字型）神经元电路。

2）SDK——基本单元构成的可编程单元，映射单元交互，将 I/O 映射到网络。

3）模拟器，用来预测神经网络代码将做什么。

4）示例库——包含预制的核心程序示例，还包括实时执行器和传感器示例。

上面的例子使用了认知计算，利用更少的空间和能耗，但更快地产生了结果。

14.11　癌症检测

全球癌症发病率正在上升。许多研究人员正致力于寻找能够治疗并预防癌症发生的药物。主要癌症包括肺癌和头颈部癌症。

大量分析用于开发算法，这些算法能够识别癌症的常见特征、诊断的进展、医疗条件和治疗能力。

高性能计算有助于验证患者使用的抗癌药物是否真正起作用。例如，分析患者的基因状况，以确定哪些药物对患者有效，哪些不起作用。比较需要分析的数据，传统的计算机不可能进行这种分析。HPC 有助于加快计算速度，减少分析大量数据所需的时间。

癌症领域中的另一个高性能计算的用途是白血病，在这个领域，通过检测分子行为来制造药物。HPC 平台被用于治疗白血病的模组选择。这就可以以相对较少的成本实现更快的药物开发。

14.12　3D 医学图像分割

MIR 和 CT 扫描图像等医学图像帮助医生详细检查和诊断健康问题。但局限是需要处理的大量数据。现在很多高性能计算架构被用来处理大量的数据。

今天我们看到的最重要的进步之一就是 3D 图像的出现。3D 图像的另一个好处是可以在不同的维度上查看数据，从而做出准确的医疗决定。这导致了大量的数据传输。因此，处理大量的数据将执行时间从几个小时缩短到几分钟。现在研究人员正在提出并行处理解决方案，能在有限的时间内提供更快的输出。

> **你知道吗?**
> Intel 与公司合作推动高性能计算，这大大降低了成本，缩短了 DNA 测序和索引时间，从而使研究人员能够推进与癌症和其他疑难病症的斗争。
> 在过去的 5 年中已经产生了 99.5% 的基因组数据。
> 来源：http://www.intel.com/content/www/us/en/healthcare-it/computing-for-next-generation-of-medical-therapies-video.html

14.13 新兴医疗方法

高性能计算被用于新一代医疗。预测科学以及调制和仿真将是新一代医疗的关键部分。基因组学是当今研究最多的话题。以前，我们无法看到人体内的 DNA 数据，但今天却完全有可能。人体内的一个细胞有 6 GB 的数据，在人体中有 100 万亿的碱基对，是 6 GB 的 14 倍。因此，需要大量的计算机能力来分析和诊断数据。

个性化医疗非常难以理解。使用基因组学图谱来引入可能的治疗方法，这将在现在或将来 20 年内，对我们的治疗非常重要。而这一切都需要使用高性能计算的并行处理，以更快的速度分析数据。

14.14 BDA 在医疗保健方面的用例

有很多用例可以引用大数据分析。图 14-11 显示了 BDA 的一些用例。

图 14-11　大数据用例

我们将详细介绍在医疗保健领域的一些大数据用例。

14.15　人口健康控制

下面提供了一种可以使用大数据工具和技术的人口健康控制方法（图 14-12 ）。

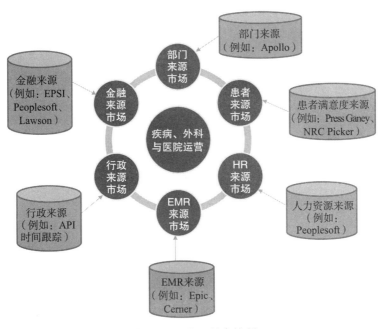

图 14-12　人口健康控制

维持人口健康控制应当采取的步骤：

1）加载分析所需的所有关键数据。

2）分析数据并隔离出真正重要的数据，特别是那些消耗高资源并被认为有改进机会的数据。

3）一旦确定了重点数据，下一步就是使用分析应用程序来发现正确的病人群体，该应用程序根据各种行政和临床标准来确定病人群体。

14.16　护理流程管理

下面给出的是 IBM 的一个护理流程管理，它满足了诊所、医院和可信赖的护理机构对循证医学的需求。CPM 架构可以部署在州、省或政府级别（图 14-13 ）。

CPM 参考架构具有以下关键价值主张：

- 提供核心和增强的 IT 功能的灵活性。
- 遵循用户、业务和信息分离的体系结构最佳做法。
- 基于成熟的参考架构，结合了 SOA、BPM 和决策管理。
- 是安全的。
  - 与企业目录和安全架构集成。
  - 为企业角色提供基于角色的访问定制。

14.16.1　核心 IT 功能

虽然可以使用广泛的 IT 服务组合来实现 CPM，但提供所要求的最低 IT 功能只需要四个功能组件。随着需求的变化，可以将其他服务（加上安全性）加入解决方案中：

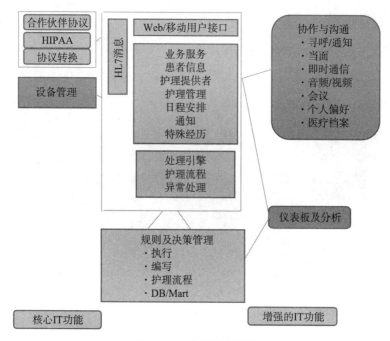

图 14-13　护理流程管理

- BPM 引擎：护理流程在 BPM 引擎中执行。引擎执行以下对于 CPM 至关重要的功能：
  - 病人入院时、请求咨询时、病人出院时通知护理人员。
  - 代表医生和护士创建和维护多部门活动计划的电子版本。
  - 代表护理人员管理护理活动的任务分配、重新分配和覆盖范围。
  - 可以与外部系统集成来安排医疗程序或设备。
- 业务服务：实现用户接口和外部应用程序访问 CPM 功能的服务。
- Web 或移动用户接口：为护理人员提供参与护理流程和访问患者信息的途径。可以使用 IBM BPM 移动应用程序提供 iPad 或平板电脑的移动访问。但是，BPM 还支持 Safari 移动浏览器，可以使用 Dojo 实现自定义的用户体验。
- HL7 消息：提供基于标准的 Health Level 7（HL7）的信息交换，包括患者、健康信息、临床医嘱和结果、健康记录、账单和报销等。HL7 消息允许 CPM 环境与其他 IT 系统集成，例如：
  - 患者开始入住或入院就创建 MDAP。
  - MDAP 随着护理活动的进展而更新。
  - 患者出院或看病完毕后，MDAP 暂停或终止。

IBM 已经使用 IBM Business Process Manager 和 WebSphere Message Broker 实现了 CPM 的核心功能。

14.17　Hadoop 用例

在我们继续讨论大数据用例的同时，我们将看到有多少医疗机构使用 Apache Hadoop 来克服大数据方面的医疗挑战。

一些 Hadoop 用例包括：

预测分析	实时监控	历史 EMR 分析
·心脏病患者使用可以无线传输数据到健康中心的体重秤在家中自行测量 ·如果算法分析数据表明重新入院的高风险，则提醒医生	·每分钟使用无线传感器传输患者统计数据 ·如果生命体征超过阈值，工作人员可以立即对患者进行处理	·Hadoop 降低了存储临床操作数据的成本，使人员配置决策和临床结果的数据保留时间更长 ·通过分析这些数据，管理人员可以提升个体和实践，以实现最佳结果

医疗设备管理	研究群组选择
·对于生物医学设备维护，传感器数据可用于管理医疗设备。团队可以知道所有设备的情况，而不会浪费太多时间 ·数据可用于决定何时维修或更换设备	·教学医院的研究人员可以访问 Hadoop 中的患者数据进行群组发现，然后将样本呈现给内部审查委员会

下面给出了 Hadoop 的架构图（图 14-14）。

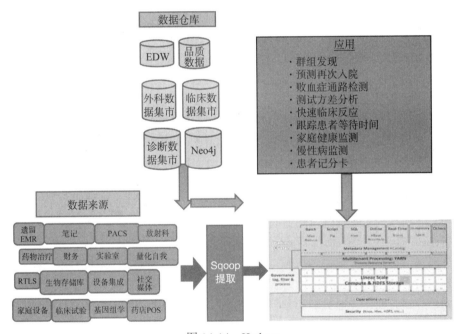

图 14-14　Hadoop

数据分析如何与 Hadoop 协同工作

1）源数据的来源与上图所示的来源不同。

2）Apache SQOOP 包含在数据平台中，用于将外部结构化数据存储（如 Teradata、Netezza、MySQL 或 Oracle）之间的数据传输到 HDFS 或 Hive 或 HBase 等相关系统中。

3）根据用例不同，数据进行分批处理（使用 Hadoop MapReduce 和 Apache Pig）、交互式处理（使用 Apache Hive）、在线处理（使用 Apache HBase）或流式处理（使用 Apache Storm）。

4）一旦数据被存储和处理，就可以在一个集群中进行分析，或者导出到关系数据存储器中进行分析。这些数据存储可能包括：

a. 企业数据仓库

b. 品质数据集市

c. 外科数据集市

d. 临床数据集市

e. 诊断数据集市

f. Neo4j 数据库

活动 3

我们来做一个小型的活动来了解更多关于大数据用例的知识。

互联网上充斥着大量数据在医疗保健领域付诸实践的领域。

使用图形表示法，尽可能多地列出你在互联网上看到的有关来自不同公司的大数据用例。这项活动的目的是要了解医疗大数据分析领域的实际情况。

14.18 大数据分析：成功案例

以下是关于大数据为医疗保健提供价值的成功案例。

- 安大略大学技术学院与 IBM 合作，开发了 Artemis 项目，这是一个高度灵活的平台，利用流式分析来监控医院 ICU 的新生儿。使用这些技术，医院能够在症状出现之前 24 小时预测感染的发作。医院还对所有经过软件算法修改的时间序列数据进行标记。在发生诉讼或医疗询问的情况下，医院必须同时给出原始数据和修改后的数据。此外，医院制定了保护健康信息的政策。

- 《New Yorker》杂志发表的医学博士 Atul Gawande 的一篇文章，描述了波士顿的布列根和妇女医院（Brigham and Women's Hospital）的骨科医生如何依靠自己的经验，结合从对关节置换手术成功关键的一系列因素的研究中收集的数据，系统地对膝关节置换手术进行标准化，由此带来更成功的结果并降低了成本。同样，密歇根大学医疗卫生系统规范输血管理，减少了 31% 的输血需求，每月节省 20 万美元的费用。

- 美国退伍军人事务部（VA）成功展示了多种医疗信息技术（HIT）和远程病人监护计划。VA 卫生系统在遵循建议的病人护理程序、坚持临床指南以及实现更高的循证药物治疗率方面，普遍优于私营部门。这些成就在很大程度上可能是因为 VA 基于绩效的问责框架和电子病历（EMR）以及 HIT 所实现的疾病管理实践。

- 总部位于加利福尼亚州的综合管理医疗联盟 Kaiser Permanente 将临床和成本数据结合在一起，提供了一个重要的数据集，从而发现药物不良反应并随后将药物 Vioxx 从市场撤出。

- 约翰霍普金斯医学院的研究人员发现，他们可以使用 Google Flu Trends（一个免费的、公开的相关检索词聚合器）的数据，在疾病预防控制中心发出警告之前一周，就能够预测出流感相关的急诊室的病患数量将会大增。同样，Twitter 更新与 2010 年 1 月地震后海地发生霍乱蔓延的官方报告一样准确，他们也是提前两周发出的预测。

- IBM 的研究人员设计了一个原型程序，根据患者的历史健康数据以及与特定医生的联系、管理协议、与人群健康管理平均值的关系，预测糖尿病患者可能的预后。

活动 4

从上面的列表中取得上述任何成功案例并创建一个模型。模型应该描绘成功故事的流程。我把每个成功的故事都称为一个项目。

以下是要纳入的要点：

1）项目的输入。

2）处理流程——描述如何使用大数据。

3）输出——从项目中获得的收益。

前提：

在开始模型创建之前，请收集所选项目所需的所有输入。在一张纸上画一个粗略的图形，提出一个描述模型外观的流程图。可以使用任何材料：聚苯乙烯、便利贴、塑料玩具、彩纸等。

只要看看你的模型，任何外行都应该能够理解流程。

你最多可以花 15 天来创建模型。

14.19　BDA 在医疗保健方面的机会

大数据将会是医疗保健的未来。大数据与分析是一个完美的组合。健康记录数字化与电子健康记录的持续增长提供了新的机会，可以利用大数据来做出临床上重要的决定并回答以前似乎无法回答的问题。

大数据存在机会的几个领域包括临床决策支持，大数据可用于提供更好的治疗建议和决策；个性化护理，突出使用基因组学的疾病的最佳治疗方法；人口健康控制，社交媒体和基于网络的数据可以用来确定可能在特定人群中发生的疾病。

现在我们来详细讨论一些 BDA 的机会。

14.20　Member 360

由于医疗保健成本的大幅上涨，雇主们非常恼怒，并正在寻求降低负担的方法。结果是医疗保健成本可能会转移到员工身上。增加了医疗保健成本负担的员工会寻求增值服务和个性化服务。

Member 360 提供以会员为中心的解决方案，为所有服务区域的会员提供个性化的服务。这是一个单独的解决方案，它提供了一个架构，该架构可以降低数据集成的成本，并提供企业和会员数据的单一企业视图。通过将数据作为 Member 360 的一部分进行维护，健康计划可以通过降低医疗成本和提高客户满意度来帮助其成员更好地管理计划。

Member 360 将有助于实现以下目标。

14.21　基因组学

基因组学是关于将疾病同人类的遗传因素关联起来的学科。这是一种独特的方法来深入了解哪些疾病可能会影响到特定的人，或者对患有特定疾病的人进行正确的药物治疗。基因组学可以帮助确定哪些药物真正对人有用，哪些不起作用。这可以帮助防止由于药物而引发的副作用。许多大数据分析工具被用来研究基因组学，以改善个性化护理。

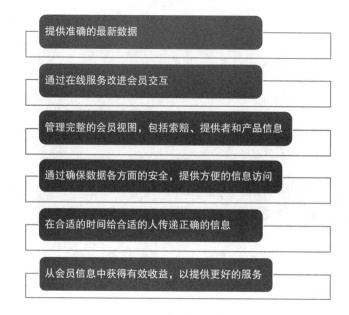

基因组学包括测序、绘制和分析广泛的 DNA 编码，目的是确定它们的行为，进而预防或治愈疾病。

现在让我们看看促进基因组学的因素（图 14-15）。

图 14-15　驱动基因组学的因素

许多公司正在研究许多有效地使用基因组学的方法，以便病人能够在正确的时间选择合适的医生用正确的治疗方案。

以下是关于基因组学如何产生结果的数据流（图 14-16）。

图 14-16 说明了我们对单倍型数据和基因表达数据进行联合建模的方法。单倍型模型是单倍型数据中的相关性的统计模型。在基因组中紧密相连的 SNP 变体与相邻 SNP 非随机关联，导致单倍型中的块状结构，其中块在不同个体之间保存。我们的目标是使用一个单倍型模型来捕获数据中的相关结构，以紧凑地表示观察到的整个单倍型序列。SNP 可以以两种主要方式影响基因的功能性：基因编码区中的 SNP 影响基因编码的蛋白质，而调节区中的 SNP 影响基因的表达量的多少。

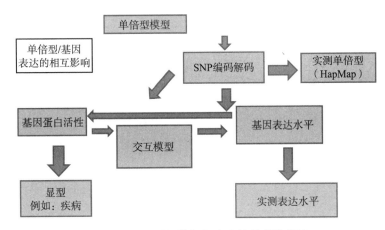

图 14-16　基因组学如何产生结果的数据流

　　我们的框架将这两种途径分开，以便可以用不同的方式对基因表达的直接和间接影响进行建模。基因经常被共同调节或共同表达，导致不同基因之间表达水平之间的强相关性。这些已经在以前的基因表达模型中检验过。由于我们有来自编码 SNP 的信息，我们计划将这些模型扩展到更丰富的相互作用模型，该模型还模拟蛋白质活性水平和基因表达水平之间的细胞内关系。我们分析的最后阶段将是确定单倍型模型和相互作用模型与样本个体的显型或疾病之间的相关性。这将确定遗传变异和基因表达之间的关系，从而提高对人类疾病遗传病因的理解。

14.22　临床监测

　　可以通过各种传感器或医疗设备测量人体内部或内部的生理活动的设备称为临床监测。当今市场上有许多智能手机应用程序可以采集数据，通过获得血糖、心率等数据来监测患者行为。这可以帮助防止可能给患者带来问题的不利情况。患者接受个性化护理后，护理质量得到改善。

　　对这些不同大小、类型和体积的数据进行捕获、索引和处理，对大数据来说是一个巨大的挑战。但在高性能计算的帮助下，许多公司引入了并行处理技术，可以帮助更快地处理数据并获得正确的结果。

14.23　BDA 在医疗保健中的经济价值

　　麦肯锡全球研究所（MGI）在 2011 年进行的一项研究表明，BDA 有能力改变全球经济，显著改善组织绩效，努力改善国家和国际政策。总体来说，MGI 预测，如果美国医疗保健机构为了提高效率和质量而创造性地、有效地使用 BDA，该部门每年可创造超过 3000 亿美元的价值。如图 14-17 所示。

　　麦肯锡的研究指出，诸如患者行为以及关于患者周围环境的要求和效率等有价值的洞见，都埋没在非结构化或高度多样的数据源中。该报告引用了美国和国际上成功的试点项目，这些项目利用 BDA 来发现

如果能够创造性地、有效地使用大数据，美国医疗机构可以创造3000亿美元的价值。

对大数据分析的有效使用，能够将美国医疗保健开支降低8%。

图 14-17　医疗保健影响全球经济

临床操作的效率，分析远程监测患者的数据，评估新疗法的临床和成本效率，并在公共卫生监测和疾病反应中使用分析。

MGI 报告中预测价值 3000 亿美元的一个重要组成部分来自诊疗业务以及 BDA 如何对提供临床护理方式产生影响。例子包括：

- 基于成果的研究，通过分析全面的患者和结果数据来比较各种干预措施的有效性，从而确定哪种治疗方法对特定患者最有效（"最佳治疗途径"）。
- 预诊断，自动挖掘医学文献，创建一个医疗专家数据库，能够根据患者的健康记录为临床医生提供治疗选择。
- 对慢性病患者进行远程病人监护，并分析结果数据以监测治疗依从性，减少住院病人住院天数，减少急诊就诊次数，改善护理院护理和门诊医生预约的针对性，减少长期的健康并发症。

14.24　医疗保健的大数据挑战

一个公认的事实就是有大量的大数据被用来帮助改变我们的医疗保健业务，提高护理质量，并提供个性化的病人护理。但是大数据有很多挑战，根除这些挑战会使生活更轻松。"根除"这个词使用起来很容易，但实施起来并不容易。以下列表显示了我们今天面临的一些大数据挑战（图 14-18）。

数据安全性及隐私
- 个人健康信息泄露是主要风险。
- 必须重新审视现有政策，确保 PHI 数据得到极为小心的处理。

熟练资源集合
- 需要有数据科学家和数据分析师来进行大数据分析。
- 在 BDA 必需技能人才方面存在大量的短缺。

数据所有权
- 有大量的数据流，包括基因组、远程传感、社交媒体、移动 App 和许多其他数据类型。
- 谁来拥有和监管这些数据是一个巨大的问题。

医疗保健模式
- 需要在医疗保健方面有足够的商业案例来衡量投资回报。
- 此时此刻，我们已经拥有所需的证明了吗？

资金类型
- 必须对融资模式进行重新审视，以确保更好的医疗。
- 对提供优质护理服务的医生和那些低于标准的医生应当有不同的激励。

治理
- 大数据分析将影响治理政策。
- 现有法律、治理和信息管理流程将受到高度影响。

图 14-18　大数据挑战

14.25　医疗保健大数据的未来

大数据无疑是医疗保健的未来。大数据分析对于解决许多与医疗保健相关的业务问题以及使这个世界成为一个健康的生活场所非常重要。以下是一些在不久的将来被视为改进医疗保健的领域（图14-19）。

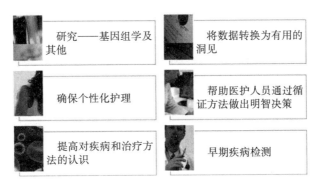

研究——基因组学及其他

将数据转换为有用的洞见

确保个性化护理

帮助医护人员通过循证方法做出明智决策

提高对疾病和治疗方法的认识

早期疾病检测

图 14-19　医疗保健大数据的未来

14.26　结论

大数据是医疗保健的潜力所在。大数据在将数据转化为健康信息方面起着重要的作用。通过在研究方面更多的投资，卫生机构可以寻找更好的方法来改善对其成员的护理。开箱即用的思维是今天的要求。在各个方面的创新不仅有助于实现更好的医疗保健，而且有助于实现我们未曾想象到的医疗保健。适当的分析和创新解决方案可以使地球成为一个健康的生活场所。

14.27　习题

选择题

1. 2015 年将累计的近似数据是_____。

　a. 20 亿 TB

　b. 850 万 TB

　c. 85 亿 TB

2. 到 2020 年，医生将面对的大量医疗数据和事实是人类可能处理的数据量的_____。

　a. 100×

　b. 200×

　c. 250×

3. _____是指来自不同来源的不同类型的数据。

　a. 数据量（Volume）

　b. 多样性（Variety）

　c. 真实性（Veracity）

4. IBM Watson 可以处理的数据类型是_____。

　a. 结构化

b. 非结构化

c. a 和 b

5. 如果大数据被有效和高效地使用，美国的医疗保健可以创造_____的价值。

a. 3000 亿美元

b. 4000 亿美元

c. 5000 亿美元

简答题

1. 什么是推动医疗保健的不同市场因素？

2. 医疗保健类型有哪些？详细解释每个部分。

3. 为什么医疗保健需要高性能计算？

4. 解释在医疗保健方面的大数据挑战。

5. 什么是 IBM Watson？解释 IBM Watson 及其好处。

6. 解释大数据分析的用例。

7. 什么是基因组学？为什么基因组数据非常重要？